风力发电技术基础

中国大唐集团公司赤峰风电培训基地　编著

中国电力出版社
CHINA ELECTRIC POWER PRESS

内 容 提 要

风力发电企业生产系统员工掌握基础知识是夯实安全基础的根本保证，为提高风电从业人员的职业技能水平，特编写本书。本书共六章，讲述了风力发电概况和技术发展趋势、风能资源知识、风力发电空气动力学、风力发电机组主要组成部分、风力发电机组控制及保护系统等、风力发电机组新技术应用。

本书立足基础知识的前提下突出新技术应用，贴合风电场技术人员工作实际，实用性强，本书可作为风电行业新入职员工、安全管理人员、风电场运行检修人员技能培训教材使用，也可供职业院校风电专业师生及从事风电行业的技术人员自学使用。

图书在版编目（CIP）数据

风力发电技术基础/中国大唐集团公司赤峰风电培训基地编著．—北京：中国电力出版社，2020.6（2022.10 重印）

ISBN 978-7-5198-4677-0

Ⅰ.①风… Ⅱ.①中… Ⅲ.①风力发电 Ⅳ.①TM614

中国版本图书馆 CIP 数据核字（2020）第 084126 号

出版发行：中国电力出版社
地　　址：北京市东城区北京站西街 19 号（邮政编码 100005）
网　　址：http：//www.cepp.sgcc.com.cn
责任编辑：宋红梅　马玲科
责任校对：黄　蓓　马　宁
装帧设计：郝晓燕
责任印制：吴　迪

印　　刷：三河市万龙印装有限公司
版　　次：2020 年 6 月第一版
印　　次：2022 年 10 月北京第三次印刷
开　　本：787 毫米×1092 毫米　16 开本
印　　张：14
字　　数：267 千字
印　　数：3001—4000 册
定　　价：68.00 元

本书编委会

主　　编　李清义

副 主 编　孙利群　路　涛　柴有琢

编审人员　贾　伟　杜连强　于　洋　王琳雅　孙广超
郭东明　郑　贺　张舒翔　李宏斌　黄太林
丁号月　韩广明　姜福超　蔡　鹏　任智丛
孙庆龄　张泽莹　陈　雷　张明远　徐　健
张玉洁

前　言

中国作为能源使用的超级大国，能源的绿色发展越来越重要，近十多年来绿色新能源发电装机及发电量占比不断提高。截至2018年底，我国新能源发电累计装机容量3.6亿kW，同比增长22%，占全国总装机容量的比重达到19%，首次超越水电装机。尤其是风力发电在新能源发电中处于龙头地位。2018年，我国风电新增装机2101万kW，同比增长超过30%，占新增装机总量的17.1%。截至2018年底，风电装机容量达1.8亿千瓦，同比增长12.9%，且海上风电发展尤为迅速，2018年累计海上风电装机容量达到363万kW，同比增长63%。风力发电及并网技术也不断取得新突破，陆上风电单机容量和轮毂高度持续增大，海上风电单机容量继续增加，人工智能技术在智慧风电场得到广泛应用，风电投资成本持续下降。从区域分布看，截至2018年底，我国“三北”地区风电装机规模约为1.3亿kW，约占全国风电装机总规模的72.1%。从省份分布看，内蒙古风电装机规模已超过2500万kW，位居全国首位。

随着风力发电的快速发展，近年来对风力发电技术人才及工程建设、风电场运行维护等人才的需求也更为迫切。中国大唐集团赤峰风电培训基地成立于2013年，是集教学、培训、科研等多项功能为一体，特色鲜明的专业化培训基地，承担着大唐集团内、外风电专项技术培训，风电专业职业技能鉴定，新入职员工培训以及新能源人才培养等主要任务。培训基地以因材施教为宗旨，以实际应用为导向，以专业建设为基础，通过与大专院校实施产学研用的合作模式，建成了设备条件先进，管理科学规范，培训项目完善的专业培训基地。培训基地现有风电场运行仿真电教室，风电场运行混仿、风电机组及重要电气回路故障模拟、发电机并网、风电安全等12个实训室，近年来年培训人次均达到1000人以上。结合丰富的培训工作经验，培训基地编写出版了《风电场运行专业知识题库》，以及《风电机组偏航系统检修技术规程》等风电技术标准。

为进一步强化风力发电技术培训工作，培训基地历时两年多编写了风力发电技术丛书，此书为《风力发电技术基础》分册，本书在阐述风力发电理论基础知识的前提下，重点讲述了风力发电机组及关键设备、风力发电机组主要系统、风力发电机组新技术等内容。全书立足培训工作实际，突出了新技术、新知识、新工艺的应用，贴合现场生产实际，图文并茂地介绍了相应的知识。

在本书编写过程中，得到了沈阳工业大学的支持和帮助，以及相关设备厂家的支持，在此特表感谢。另外，也欢迎读者对本书中出现的不足及问题多提宝贵意见，以便后续进行完善和提高，在此一并表示感谢。

编　者

2020.4

目　录

第一章　概　　述

自 1891 年丹麦首台风力发电机投入运行以来，风力发电历史已逾百年，大型风力发电机的研制也有三四十年的历史，目前风力发电已经发展为一个成熟的产业。

纵观全球，欧洲与美洲是风力发电发展最早的地区，尤其是欧洲，自 20 世纪 90 年代起便已开始大力发展风力发电。近几年来，随着亚洲各国风力发电市场的发展及对清洁能源重视程度的提高，世界风力发电的发展中心已经从欧美转向以中国、印度为首的亚太地区，风力发电产业已呈现出“席卷全球、遍地开花”的发展态势。目前全球范围内已有 60 多个国家致力于风力发电产业的发展，其中中国在近十年内实现了爆发式的增长，是世界风力发电发展的主要力量。风能作为最主要的清洁能源给国家带来了明显的社会效益和经济效益。

第一节　风力发电发展概况

一、 全球风力发电装机容量

从 2000 年开始，全球风力发电年装机容量连续十八年呈增长的趋势。截至 2018 年底，全球风力发电累计装机容量达到 591.55GW，年均增长率为 7%。盘点世界风力发电装机容量前十位的国家，中国是世界风力发电领域的领导者，拥有世界 1/3 以上的风力发电装机容量，达到 221GW。美国位居世界第二，装机容量为 96.4GW。德国在欧洲的风力发电装机容量最高，为 59.3GW。印度是亚洲风力发电装机容量第二高的国家，也是除中国外唯一挤入世界风力发电装机容量前十位的亚洲国家，总容量为 35GW。西班牙在风力发电方面表现强劲，容量为 23GW。英国是该榜单上的第三个欧洲国家，总容量略高于 20.7GW。法国风电装机容量为 15.3GW。巴西拥有 14.5GW 风力发电装机容量，是南美地区最大的风力发电国家。加拿大风力发电装机容量为 12.8GW。意大利风力发电装机容量为 10.1GW。图 1-1 为全球风力发电年累计装机容量（2000—2018），图 1-2 为全球风力发电装机容量前十位国家占比图（2018）。

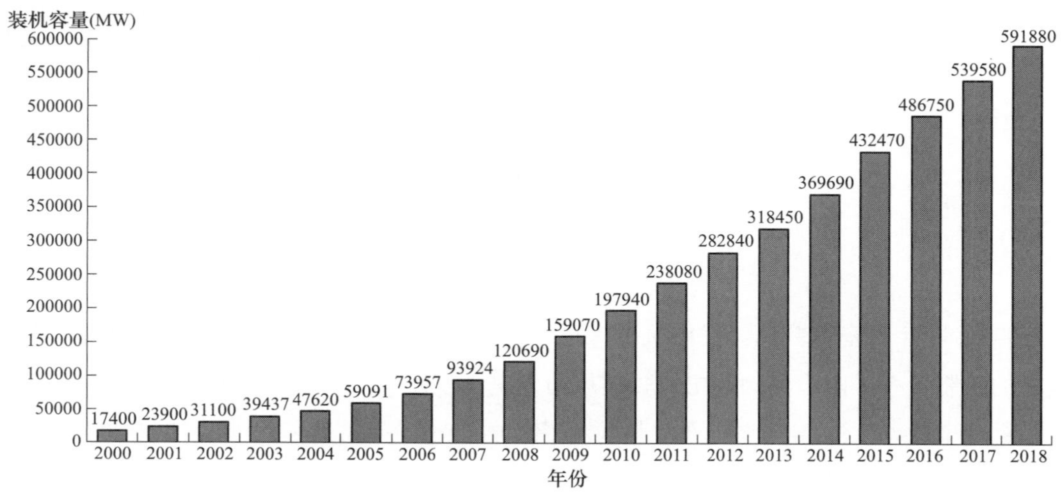

图 1-1　全球风力发电年累计装机容量（2000—2018）（数据来源：GWEC）

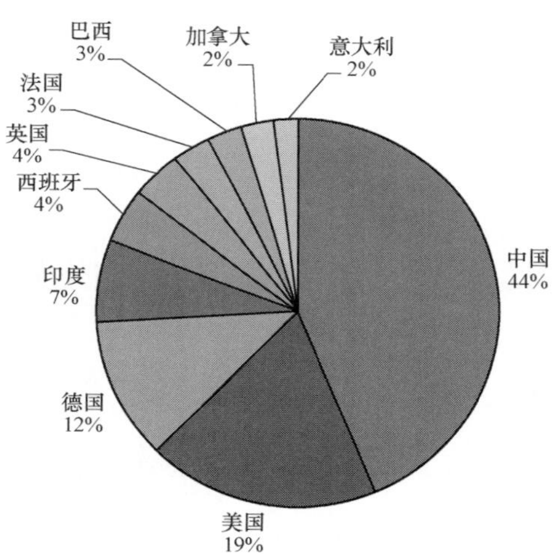

图 1-2　全球风力发电装机容量前十位国家占比（2018）（数据来源：GWEC）

二、 全球风力发电机组制造企业情况

2018 年全球陆上风力发电机组制造企业集中度进一步提升。其中，前四大整机制造商 Vestas（丹麦）、金风科技（中国）、GE（美国）、Siemens Gamesa（西班牙）囊括全球 57％的新增陆上风力发电装备市场。Vestas 2018 年陆上风机新增装机容量高达 10.09GW，以 22％的全球陆上风力发电新增市场份额遥遥领先。金风科技受益于中国风力发电市场回暖及本土市场份额快速增长，以 6.66GW 成为 2018 年全球第二大陆上风力发电整机制造商。GE 以 4.96GW 的新增装机容量成为第三大陆上风力发电整机制造商。

Siemens Gamesa 位列第四，排名较 2017 年下滑两位，其 2018 年新增装机容量为 4.08GW。远景能源是中国第二大整机制造商，以 3.28GW 的陆上风力发电装机容量首次跻身全球前五大整机制造商行列，其 2018 年全球陆上风力发电市场占比为 7%。除此之外，Enercon（德国）新增装机容量为 2.53GW，明阳智慧能源新增装机容量为 2.44GW，Nordex（德国）新增装机容量为 2.43GW，国电联合动力新增装机容量为 1.29GW，运达风电新增装机容量为 0.94GW。图 1-3 为全球前十大风力发电整机制造商新增装机容量（2018）。

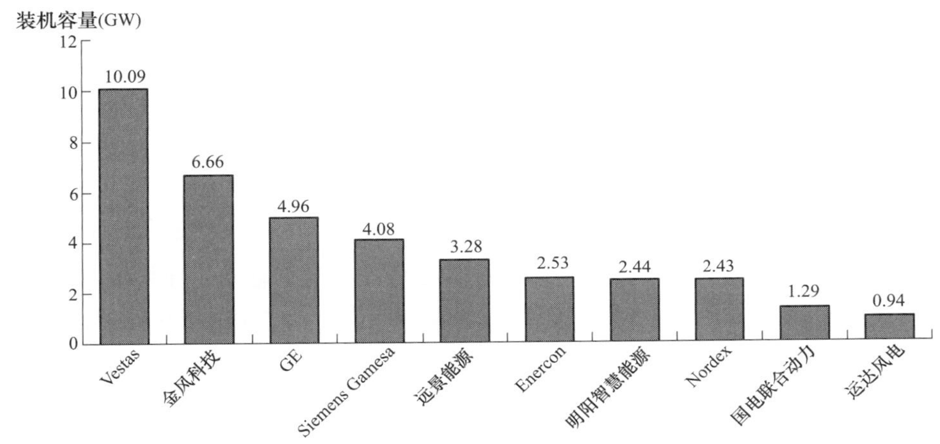

图 1-3 全球前十大风力发电整机制造商新增装机容量（2018）

三、 全球海上风力发电装机容量

2018 年海上风力发电市场依然保持稳定，新增装机容量 4.5GW，累计装机容量目前已达到 23GW。其中欧洲区域总装机容量为 18.28GW，新增装机容量 2.66GW；亚太区域总装机容量为 4.83GW，新增装机容量 1.84GW；美洲区域总装机容量为 0.03GW。图 1-4 为全球各区域海上风力发电累计装机容量和新增装机容量（2018）。

四、 全球海上风力发电发展前景

目前，海上风力发电已成为一种稳定、可行的发电方式，各国政府积极出台相应政策支持海上风力发电的发展，预计到 2024 年末，全球累计海上风力发电装机容量将达到 92GW，届时海上风力发电将有望占全球风力发电总容量的 10%。随着海上装机容量逐渐增多，可开发近海资源逐渐减少，海上风能资源的开发与利用呈现向深海海域转移的趋势。

随着海上风力发电技术的不断进步及发展，全球海上风力发电成本持续保持降低，

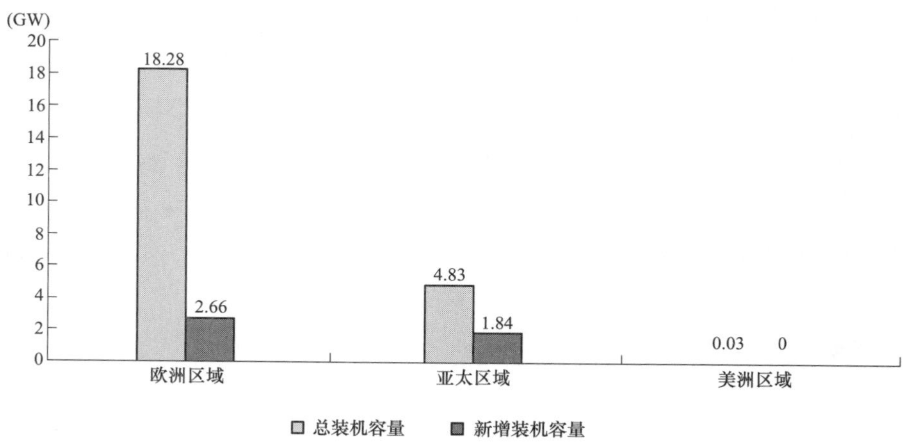

图 1-4　全球各区域海上风力发电累计装机容量和新增装机容量（2018）（数据来源：GWEC）

单机容量呈现增大趋势，早期为 1.5MW，现在 5MW 及以上的大容量风机渐成主流，最大的单机容量已达到 8MW。海上风力发电的基础形式有单桩基础、导管架基础、承台式基础及浮动式基础等。目前单桩基础及导管架基础应用比较广泛，同时，部分浮动式风力发电机组也已进入测试阶段。

第二节　风力发电机组技术发展趋势

目前，风力发电机组绝大多数是水平轴、三叶片、上风向、锥筒式塔架、变桨变速带齿轮箱的形式，风力发电技术和设备的发展主要呈现大型化、变速变桨运行等特点，新的发展趋势主要有以下几个方面。

一、风力发电机组的单机容量持续增大

风力发电机组单机装机容量的提高是所有风力发电机组研究、设计和制造的目标。目前，1.5～2MW 级风力发电机组已成为国内风力发电市场的主流机型，而海上风力发电场的开发进一步加快了大容量机组的发展，如 4、5.5、6.45、6.7、10MW 的机组已经逐渐投入使用。2019 年 GE 和 Future Wind 生产的首台 Haliade-X 12-MW 风力发电机组样机正在试运行中。

二、从定桨距向变桨距机组发展

采用定桨距失速功率调节的机组叶片不能绕其轴线转动，额定风速较高，在风速超过额定值时功率有所下降。而采用变桨距功率调节的机组具有起动性能好、输出功率稳

定、机组结构受力小等优点，其缺点是增加了变桨装置与故障概率，控制程序也比较复杂。

三、 从定转速向可变速机组发展

与恒速运行的风力发电机组相比，变速恒频机组具有发电量大、对风的适应性好、生产成本低、转换效率高等优点。随着电力电子技术的进步，大型变流器得到广泛应用，使得机组在额定风速以下具有较高的效率，结合变桨距控制技术，在高于额定风速下发电功率更加平稳。

四、 直驱式、全功率变流技术得到迅速发展

伴随着直驱式风力发电系统的出现，全功率变流技术得到了发展和应用，进一步提高了风能的利用范围，使风轮和发电机的调速范围扩展到了0%～150%的额定转速。全功率变流技术对低电压穿越技术有较好的解决方案，因此具有一定的发展优势。

五、 关键部件的性能和控制技术逐步完善

随着机组容量的增加，叶片、齿轮箱、发电机等关键部件的性能指标有了明显的提高，柔性智能叶片研究和变桨策略优化，使叶片的风能利用系数达到了0.5以上，高压三电平变流器的应用减少了功率器件的损耗，逆变效率达到98%以上。通过智能化控制技术与整机设计技术结合，减小机组疲劳载荷，避免风力发电机组运行在极限载荷，逐步成为风力发电技术的主要发展方向。

六、 海上风力发电技术发展迅速

海上风力发电虽然起步较晚，但是凭借海风资源的稳定性和大发电功率的特点，海上风力发电近年来正在世界各地飞速发展。在陆上风力发电已经在成本上能够与传统电源技术展开竞争的情况下，目前海上风力发电也正在引发广泛关注，它具有高度依赖技术驱动的特质，已经具备了作为核心电源来推动未来全球低碳经济发展的条件。

海上风力发电项目吸引力日益显现。根据测算，在有补贴的情况下，海上风力发电的项目收益率是非常具有吸引力的。未来随着陆上风力发电的平价补贴取消，海上风力发电项目的超额收益将会日益凸显，更具竞争力。

我国具有良好的海上风力发电开发条件。我国可开发利用的风能资源十分丰富，陆地面积约为960万km^2，海岸线（包括岛屿）达32000km，拥有丰富的风能资源。我国东南部沿海地区先天条件优越，东南部沿海地区经济发达、常规能源缺乏、海上风能资

源丰富、建设条件好、工业基础雄厚，具备开发建设海上风力发电的良好条件。

目前，海上风力发电开工核准创新高，广东、江苏、福建领先。据统计，截止到2019年一季度，我国海上风力发电开工、核准（含拟核准项目）已逾50GW，其中核准未开工项目21.6GW。海上风力发电建设力度及进度最快的省份为广东、江苏及福建，其中，广东省项目总容量占国内总容量的近62%。这些项目将在未来几年开工，我国海上风力发电将呈现爆发式增长。

第三节　风力发电机组的分类及结构特点

风力发电机组通过风轮将风能转化为机械能，再通过发电机将机械能转化为电能。根据风力发电机组结构类型、控制方式和组合方式的不同，可以分为多类。

一、 按风力发电机组旋转主轴的方向分类

（一）水平轴风力发电机组

风轮的旋转轴与风向或地面平行，叶轮需随风向变化而调整位置称为水平轴风力发电机组，如图1-5所示。水平轴风力发电机组叶片旋转空间大，转速高，结构简单，效率比垂直轴风力发电机组高。

（二）垂直轴风力发电机组

风轮的旋转轴垂直于地面或气流方向称为垂直轴风力发电机组，如图1-6所示。垂直轴风力发电机组的风轮围绕一个垂直轴旋转，其主要优点是可以接受来自任何方向的风。缺点是具有较大的启动力矩，在风轮尺寸、质量和成本一定的情况下提供的功率输出较低。

图1-5　水平轴风力发电机组

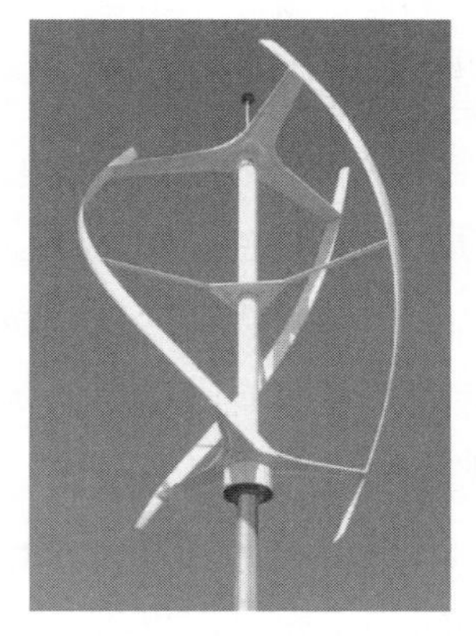

图1-6　垂直轴风力发电机组

二、 按叶片工作原理分类

按叶片受力形成转矩的机理，风力发电机组分为升力型风力发电机组和阻力型风力发电机组。阻力型的气动力效率远小于升力型，故当今大型并网型风力发电机组的风轮全部为升力型。

三、 按风力发电机组接受风的方向分类

（一）上风向风力发电机组

风先通过风轮再经过塔架的风力发电机组称为上风向风力发电机组。上风向风力发电机组具有对风装置，能随风向改变而转动。

（二）下风向风力发电机组

风先通过塔架再经过风轮的风力发电机组称为下风向风力发电机组，如图 1-7 所示。下风向风力发电机组，一部分空气通过塔架后再吹向叶轮，塔架就干扰了流过叶片的气流，风能利用系数较低，同时使疲劳载荷的幅值增大，因此下风向风力发电机组当前很少采用。

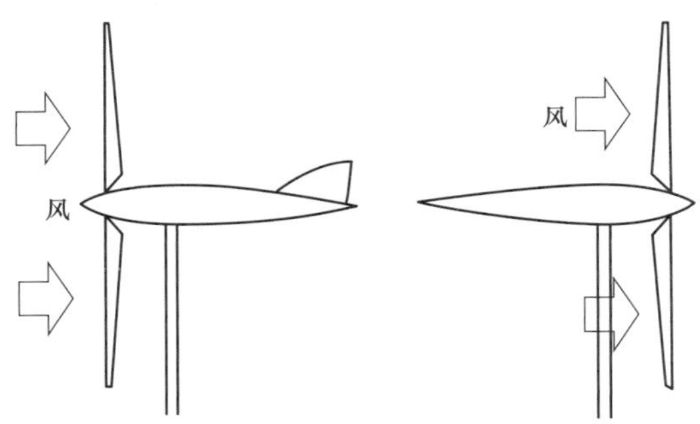

图 1-7 上风向和下风向风力发电机组

四、 按叶片与轮毂的连接方式分类

（一）定桨距风力发电机组

定桨距风力发电机组是指叶片与轮毂的连接是固定的，当风速变化时，叶片节距角不能随之变化，当风速高于风轮的额定风速时，叶片能够自动地将功率限制在额定值附近。运行中的风力发电机组在突甩负载的情况下，叶尖扰流器使风力发电机组能够在大风情况下安全停机。

（二）变桨距风力发电机组

变桨距风力发电机组是指整个叶片绕叶片中心轴旋转，使叶片攻角在一定范围内变

化，以便调节输出功率不超过设计允许值。在机组出现故障需要紧急停机时，一般应先使叶片顺桨，这样可以保证机组运行的安全可靠性。

五、按风力发电机组转速的控制方式分类

（一）定速恒频风力发电机组

定速恒频风力发电机组在正常运行时，风力发电机组保持恒速运行，转速由发电机的级数和齿轮箱决定。这种风力发电机组的优点是结构和控制都非常简单，造价较低。主要缺点在于：无功不可控，需要电容器组或动态无功补偿装置（SVG）进行无功补偿；叶片与轮毂刚性连接，风速波动较大时产生较大的机械负载，容易导致齿轮箱故障，对叶片要求也较高；输出功率波动较大；发生失速时，难以保证恒定的功率输出，输出功率有所降低。因此，定速恒频风力发电机组已经逐渐被变速恒频风力发电机组所取代。

（二）变速恒频风力发电机组

变速恒频风力发电机组根据风轮的气动特性，采用变速运行，使风轮的转速跟随风速的变化，保持基本恒定的最佳叶尖速比，获取最大风能利用系数。优点：一是转速可以随风速的变化而变化，可以使风力发电机组始终保持在最大风能捕获的工况运行，提高风能的利用率；二是由于含有电力电子变流器，变速恒风力发电机组可以实现与电网的柔性连接，增加运行和控制的灵活性。缺点是发电机结构较复杂，风轮转速和发电机控制较复杂，运行维护难度较大，需增加一套变流设施。

六、按风力发电机组的发电机类型分类

（一）笼式异步发电机

笼式异步发电机的转子为笼型，由于结构简单可靠、廉价、易于接入电网，故而在中小型机组中得到大量的使用。

（二）绕线式双馈异步发电机

绕线式双馈异步发电机的转子为绕线型，定子与电网直接连接输送电能，绕线型转子也可经过变频器控制向电网输送有功功率。

（三）电励磁同步发电机

电励磁同步发电机的转子为线绕凸极式磁极，由外接直流电流励磁产生磁场。

（四）永磁同步发电机

永磁同步发电机的转子为铁氧体材料制造的永磁体磁极，通常为低速多极式，不像电励磁同步发电机那样需要结构复杂、体积庞大的励磁绕组，在同功率等级下，减小了发电机的体积。

七、 按功率传递的机械连接方式分类

（一）有齿轮箱型风力发电机组

1. 双馈式风力发电机组

双馈式风力发电机组的叶轮通过多级齿轮增速箱驱动发电机，主要结构包括风轮、传动装置、发电机、双馈变流器、控制系统等。双馈式风力发电机组系统将齿轮箱传输到发电机主轴的机械能转化为电能，通过发电机定子、转子传送给电网。发电机定子绕组直接与电网连接，转子绕组与频率、幅值、相位都可以按照要求进行调节的变流器相连。

2. 半直驱风力发电机组

半直驱风力发电机组是指风轮带动齿轮箱来驱动同步发电机发电，它介于直驱和双馈式之间，齿轮箱的调速没有双馈式的高，发电机也由双馈式异步发电机变为同步发电机。半直驱风力发电机组结合了两种风力发电机组的优势，在满足传动和载荷设计的同时，结构更为紧凑，质量轻。实际上，当风力发电机组容量越来越大，齿轮箱、发电机、机座等部件的体积也越来越大时，加工困难，难以保证精度，且运输、装配、吊装极为困难，半直驱风力发电机组可以在体积不大的情况下满足风力发电机组运输和吊装的要求。

3. 高速同步风力发电机组

高速同步风力发电机组的叶轮通过多级齿轮增速箱驱动同步发电机，主要结构包括风轮、传动装置、同步发电机、全功率变流器、控制系统等。高速同步风力发电机组系统将齿轮箱传输到发电机的机械能转化为电能，通过全功率变流器整流逆变后将电能传送给电网。

4. 高速鼠笼式风力发电机组

高速鼠笼式风力发电机组的叶轮通过多级齿轮增速箱驱动同步发电机，主要结构包括风轮、传动装置、鼠笼式异步发电机、全功率变流器、控制系统等。高速鼠笼式风力发电机组系统将齿轮箱传输到发电机的机械能转化为电能，通过全功率变流器整流逆变后将电能传送给电网。

（二）无齿轮箱的直驱风力发电机组

直驱风力发电机组采用多极发电机与叶轮直接连接进行驱动的方式。由于齿轮箱是目前兆瓦级风力发电机组中易过载和损坏率较高的部件，因此，无齿轮箱的直驱风力发电机组具备低风速时高效率、低噪声、机组结构紧凑、运行维护成本低等诸多优点。其缺点在于功率变（转）换器造价昂贵、控制复杂，用于直接驱动发电的发电机，工作在低转速、高转矩状态下，发电机设计困难、极数多、体积大、造价高、运输困难。

第二章 风 能 资 源

第一节 风 的 形 成

风的形成是空气流动的结果，一般由以下几个原因造成：

（1）太阳辐射，这是地球上大气运动能量的来源，由于地球的自转和公转，地球表面接受太阳辐射的能量是不均匀的，热带地区多而极地地区少，从而形成大气的热力环流；

（2）地球自转，在地球表面运动的大气都会受地转偏向力作用而发生偏转；

（3）地球表面海陆分布不均匀；

（4）大气内部南北之间热量、动量的相互交换。

以上各种因素构成了地球大气环流的平均状态和复杂多变的形态。简而言之，太阳的辐射造成地球表面受热不均，引起大气层中的压力分布不均，空气沿水平方向运动形成风。

下面就影响“风”的几个因素，分别进行阐述。

一、 大气环流

地球的自转，假设地表性质均一，太阳直射赤道，则引起大气运动的因素是高低纬之间的受热不均和地转偏向力。

从北半球来看，赤道地区上升的暖空气，在气压梯度力的作用下，由赤道上空向北流向北极上空（南风），受地转偏向力影响，由南风逐渐右偏成西南风，到北纬 30°附近上空时偏转成了西风，来自赤道上空的气流不能再继续北流，而是变成自西向东的运动。由于赤道上空的空气源源不断地流过来，在北纬 30°附近上空堆积，产生下沉气流，致使近地面气压升高，形成副热带高气压带。近地面，在气压梯度力的作用下，大气由副热带高气压带向南北流出。向南的一支流向赤道低压，在地转偏向力的影响下，由北风逐渐右偏成东北风，称为东北信风。东北信风与南半球的东南信风在赤道附近辐合上升，在赤道与副热带地区之间便形成了低纬环流圈。图 2-1 为北半球三圈环流结构图。

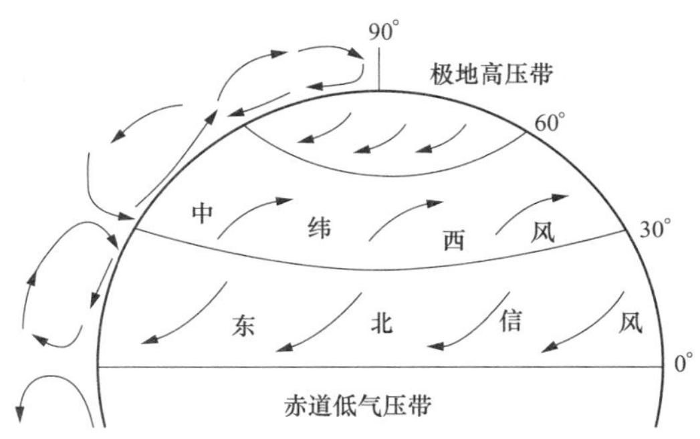

图 2-1 北半球三圈环流结构图

近地面，从副热带高气压向北流的一支气流，在地转偏向力的作用下逐渐右偏成西南风，即盛行西风。从极地高气压带向南流的气流（北风）在地转偏向力的影响下逐渐向右偏形成东北风，即极地东风。较暖的盛行西风与寒冷的极地东风在北纬 60°附近相遇，形成锋面（极锋）。暖而轻的气流爬升到冷而重的气流之上，形成了副极地上升气流。上升气流到高空，又分别流向南北，向南的一支气流在副热带地区下沉，于是在副热带地区与副极地地区之间构成了中纬度环流圈；向北的一支气流在北极地区下沉，于是在副极地地区与极地之间构成了高纬度环流圈。由于副极地上升气流到高空便向南北流出，使近地面的气压降低，构成了副极地低气压带。

同理，南半球同样存在着低纬、中纬、高纬三个环流圈。因此，在近地面，共形成 2 个极地高气压带、2 个副极地低气压带、2 个副热带高气压带、1 个赤道低气压带，即以赤道为轴南北对称分布的 7 个气压带和 2 个极低东风带、2 个中纬西风带、2 个低纬信风带，即以赤道为轴南北对称分布的 6 个风带。

二、 季风环流

大范围区域内盛行风随季节更替有显著改变的现象，称为季风环流。季风环流是大气环流的一种重要表现形式。

以亚洲东部为例，世界最大的大洋太平洋和世界最大的大陆亚欧大陆，海陆的气温对比和季节变化比其他任何地区都要显著。因此，海陆热力性质差异引起了季风，在东亚最为典型，范围大致包括我国东部沿海、朝鲜半岛和日本等地区。冬季，东亚盛行来自蒙古—西伯利亚高压（亚洲高压）前缘的偏北风，低温干燥，风力强劲，此偏北风强烈时即为寒潮；夏季，东亚盛行来自太平洋副热带高压西北部的偏南风，高温、湿润和多雨。偏南气流和偏北气流相遇，往往会形成大范围的降雨。

形成季风环流的因素很多，主要是由于全球各地海陆差异、行星风带的季节性转化及宏观地形特征等综合形成的。中国位于亚洲的东部，主要影响我国季风作用的三个行星风带为北信风带、盛行西风带、极地东风带。冬季我国主要在西风带影响下，强大的西伯利亚高压笼罩着全国，盛行偏北风。夏季西风带北移，我国在大陆热低压控制之下，副热带高压也北移，盛行偏南风。

三、 局地环流

（一） 海陆风

海陆风的形成与季风相同，也是由大陆与海洋之间温度差异的转变引起的。陆风的范围小，以日为周期，势力也相对薄弱。

由于海陆物理属性的差异，造成海陆受热不均，白天陆上增温比海洋快，空气上升，而海洋上空气温度相对较低，使地面有风自海洋吹向陆地，补充大陆地区的上升气流，陆地的上升气流流向海洋上空而下沉，补充海上吹向陆地的气流，形成一个完整的热力环流；夜间环流的方向正好相反，风从陆地吹向海洋。白天风从海洋吹向陆地称海风，夜间风从陆地吹向海洋称陆风。所以，一天中海陆之间的周期性环流统称为海陆风（见图 2-2）。

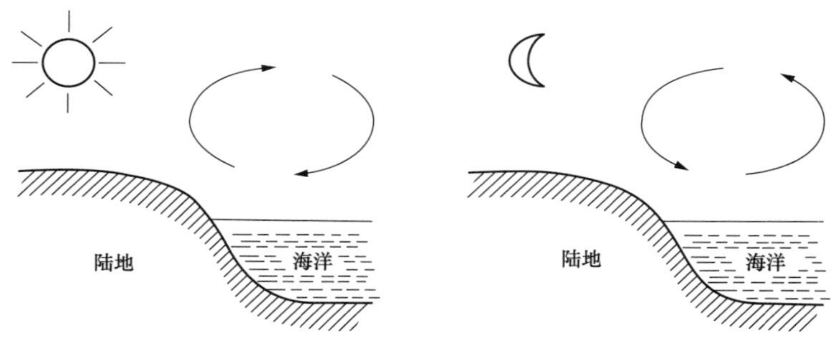

图 2-2　海陆风示意图

海陆风的强度在海岸最大，随着向陆地深入而减弱，一般影响距离在 20～50km。海风的风速比陆风大，在一般情况下，风速可达 4～7m/s，而陆风一般仅 2m/s 左右。海陆风最强烈的地区，发生在温度日变化最大及昼夜海陆温差最大的地区。低纬度日照强，所以海陆风较为明显，夏季尤为突出。

此外，在较大的湖泊附近同样日间有风自湖面吹向陆地称为湖风，夜间自陆地吹向湖面称为陆风，统称湖陆风。

（二） 山谷风

山谷风的形成原理与海陆风类似。白天山坡接受太阳光热，空气增温较多，空气密度降低，空气受热上升，形成低气压，气流沿山坡上升，形成谷风；夜间风向相反，气流下降，形成山风。山风和谷风统称为山谷风（见图 2-3）。

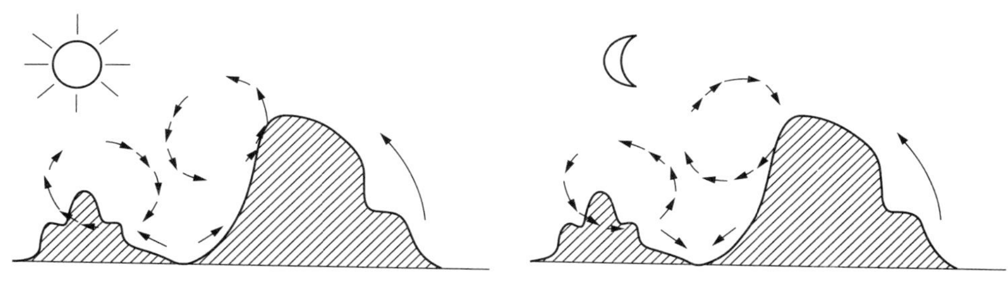

图 2-3　山谷风示意图

山谷风风速一般较弱，谷风比山风稍大，谷风一般为 2～4m/s，有时可达 6～7m/s。谷风通过山隘时，风速加大。山风一般仅 1～2m/s，但在深峡谷中，风力还能增大一些。

（三）狭管风

当空气由开阔地区进入狭窄入口时，由于气流横截面积的减小，空气质量在正常状态下难以有较大的压缩，于是气流加速前进，从而形成强风。

我国狭管效应出现的高频地区主要有甘肃河西走廊、秦岭关中平原一带、台湾海峡等区域。以图 2-4 所示河西走廊地区为例，由于其独特的地形特点造成的狭管效应，导致近地面风速有明显的增强，该地区易产生大风天气。

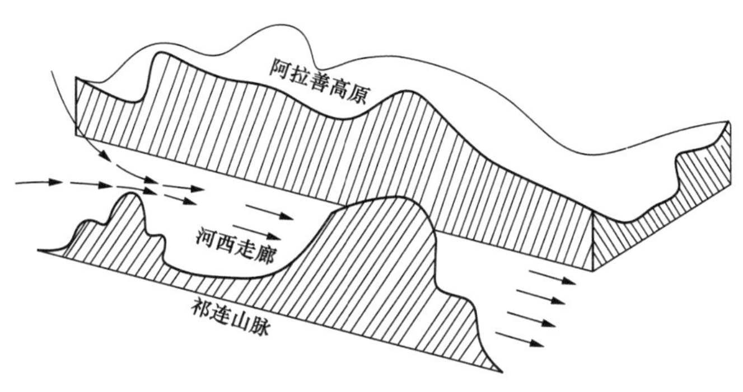

图 2-4　狭管风示意图

从流体力学角度讲，气流在峡谷中受到挤压，风速变大，并且流动变得混乱，由开阔空间的层流状态转变为湍流状态，从而可以达到破坏性的速度，易对风力发电机组产生不利影响，对风电场的开发建设和对风能的利用形成了一定的挑战。因此，利用狭管效应的风力发电需要满足以下两个条件：一是该地区的盛行风向与狭管的方向较为一致，且盛行风向较集中；二是地形相对较简单，形成狭管效应的气流通道的表面应尽可能平滑，否则将会产生较大的湍流，对风力发电机组产生不利影响。但只要掌握了峡谷风电场风能资源特性，并对其进行详细分析和合理利用，狭管效应也能成为风电场开发和建设的助推剂。

第二节　风的有关物理概念

一、风速

（一）风速的定义

风速是指空气移动的速度，即在单位时间内空气移动的距离。

从气象学角度，对风速给出如下定义：

（1）平均风速，指给定时间内瞬时风速的平均值，给定时间可以从几秒到数年不等。

（2）瞬时风速，指在无限小时间段内的平均风速。

（3）最大风速，在指定时间段或某个期间平均风速的最大值。

（4）极大风速，在给定时段内或者某段时期内瞬时风速的最大值。

但是，用平均风速来判断一个地区的风况存在着明显缺陷，它不包含空气密度和风频等相关信息。因此，年平均风速即使相同，其风速概率分布形式也并不一定相同，通过计算得出的可利用风能小时数和理论发电量有很大的差异。在前期风力发电项目评估中，由原始测风数据整理所得到理想状态下的风力发电机组可用率，并不能反映风机运行后的实际值，它只能作为风电场设计时的参考值，而风速的概率分布参数是风能计算资料中重要的数据，也是评估风机出力的计算基础。

（二）风速的时间变化

1. 日变化

以日为基数发生的变化。月或年的风速（或风功率密度）日变化是求出一个月或一年内，每日同一钟点风速的月平均值或年平均值，得到 0～23 点的风速（或风功率密度）变化。

2. 月变化

一般指一年时间段中以月为单位的逐月风速的周期变化。有些地区，在一个月中，有时会发生周期为一天或者几天的平均风速变化，是由热带气旋和热带波动的影响造成的。

3. 年变化

以年为基数发生的变化。风速（或风功率密度）年变化是指 1～12 月的平均风速（或风功率密度）变化。

4. 年际变化

以 30 年为基数发生的变化。风速年际变化是指 1～30 年的年平均风速变化。

（三）风速的分布

风速的分布是反映风统计特性的一个重要形式。根据长期观察的结果表明，年度风速频率分布曲线最具代表性。因此，应具有风速的连续记录，并且测风资料的长度至少有完整自然年一年以上的观测记录。

关于风速的分布，国外有过不少的研究，近年来国内也有探讨。风速分布一般服从正偏态分布，一般说，风力越大的地区，分布曲线越平缓，峰值降低右移。这说明风力大的地区，一般大风速所占比例也多。如前所述，由于地理、气候特点的不同，各种风速所占的比例有所不同。通常用于拟合风速分布的线形很多，有瑞利分布、对数正态分布、γ 分布、双参数的威布尔分布等，也可用皮尔逊曲线进行拟合。但普遍认为威布尔分布双参数曲线适用于风速统计描述的概率密度函数。

威布尔分布是一种单峰的、两参数的分布函数簇。其概率密度函数式可表达为

$$f(v)=kv^{k-1}/A^{k}\exp[-(v/A)^{k}] \tag{2-1}$$

式中 A 和 k 是威布尔分布的两个参数，k 称作形状参数，A 称作尺度参数。

当 $A=1$ 时，称为标准威布尔分布（见图 2-5）。形状参数 k 的改变对分布曲线形式有很大的影响。当 $0<k<1$ 时分布的众数为 0，分布密度为 $f(v)$ 的减函数；当 $k=1$ 时，分布呈指数型；当 $k=2$ 时，成为瑞利分布（见图 2-6）；当 $k=3.5$ 时，威布尔分布接近于正态分布。k 越大，表示风速变化范围越小。

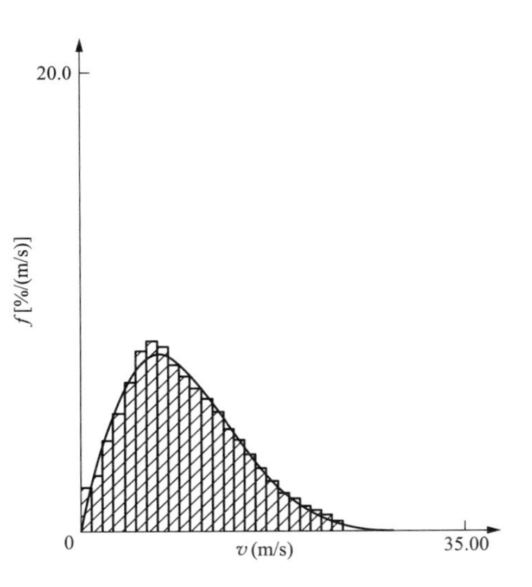

图 2-5　风速的威布尔分布

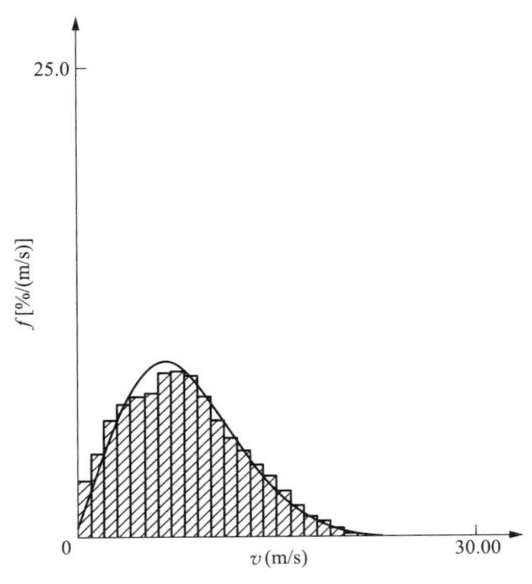

图 2-6　瑞利分布

估计风速的威布尔分布参数的方法有多种，根据可供使用的风速统计资料的不同情况可以作出不同的选择。通常可采用的方法有累积分布函数拟合威布尔曲线方法（即最小二乘法）；平均风速和标准差估计威布尔分布参数方法；平均风速和最大风速估计威布尔分布参数方法等。

二、 风向

（一）风向的定义

风向是指风的来向。风向一般用 16 个方位表示：北东北（东北偏北）（NNE）、东北（NE）、东东北（东北偏东）（ENE）、东（E）、东东南（ESE）、东南（SE）、南东南（SSE）、南（S）、南西南（SSW）、西南（SW）、西西南（WSW）、西（W）、西西北（WNW）、西北（NW）、北西北（NNW）、北（N）。静风记“C”。也可以用角度来表示，以正北为基准，顺时针方向旋转，东风为 90°，南风为 180°，西风为 270°，北风为 360°，如图 2-7 所示。

（二）风向的分布

风向玫瑰图是对测风数据整理后的直观表现。通过该图可以确定该区域内的主导风向，风力发电机组的排列应垂直于主导风向，这对风力发电场机组位置的布置方案有较大影响。

如图 2-8 所示，主导风向为北、南。其中中圈数字表示“静风区”，即无风统计占全部风频的 20%。

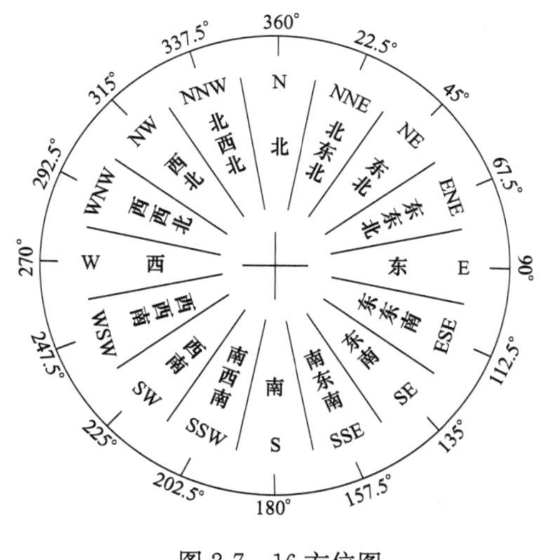

图 2-7 16 方位图

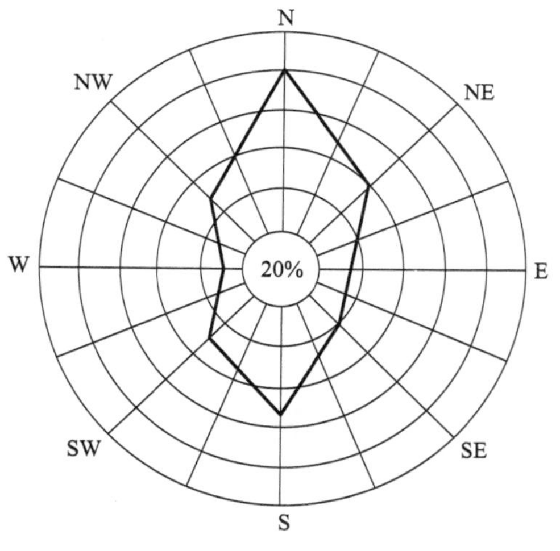

图 2-8 风向玫瑰图

三、 风能和风功率密度

（一）风能的定义

风能是指流动的空气所具有的能量，或每秒在面积 A 上以速度 v 自由流动中获得的能量，即获得的功率 W。它等于扫风面积、风速、气流动压的乘积，即

$$W = Av(\rho v^2/2) = \rho A v^3/2 \tag{2-2}$$

式中　W——能量，W；

ρ——空气密度，kg/m^3，标准状况下一般取 $1.225kg/m^3$；

v——风速，m/s；

A——扫风面积，m^2。

实际上，对一个地点来说空气密度为常数，当扫风面积一定时，风速是决定风能多少的关键因素。

（二）风功率密度的定义

风功率密度是指气流垂直通过单位面积的风能。它是表征一个地方风能资源多少的指标。因此在与风能公式相同的情况下，将扫风面积定为 $1m^2$（$A=1m^2$）时，风能具有的功率（W/m^2）为

$$\omega = \rho v^3/2 \tag{2-3}$$

衡量风能的大小，要视常年平均风能的多少而决定。由于风速的随机性很大，必须通过一定时间的观测来了解它的平均状况。因此，在一段时间（如一个自然年）内的平均风功率密度可以将式（2-3）对时间积分后平均，即

$$\bar{\omega} = 1/T\int_0^T \rho v^3/2\mathrm{d}t \tag{2-4}$$

式中　$\bar{\omega}$——平均风功率密度，W/m^2；

T——总时数，h。

《风电场风能资源评估方法》（GB/T 18710—2002）给出了风电场风功率密度等级的7个级别，见表2-1。

表 2-1　　风功率密度等级

风功率密度等级	10m 高度		30m 高度		50m 高度		应用于并网风力发电
	风功率密度（W/m^2）	年平均风速参考值（m/s）	风功率密度（W/m^2）	年平均风速参考值（m/s）	风功率密度（W/m^2）	年平均风速参考值（m/s）	
1	<100	4.4	<160	5.1	<200	5.6	可以开发
2	100～150	5.1	160～240	5.9	200～300	6.4	可以开发
3	150～200	5.6	240～320	6.5	300～400	7.0	资源较好

续表

风功率密度等级	10m 高度		30m 高度		50m 高度		应用于并网风力发电
	风功率密度（W/m²）	年平均风速参考值（m/s）	风功率密度（W/m²）	年平均风速参考值（m/s）	风功率密度（W/m²）	年平均风速参考值（m/s）	
4	200～250	6.0	320～400	7.0	400～500	7.5	资源较好
5	250～300	6.4	400～480	7.4	500～600	8.0	资源很好
6	300～400	7.0	480～640	8.2	600～800	8.8	资源很好
7	400～1000	9.4	640～1600	11.0	800～2000	11.9	资源很好

注 1. 不同高度的年平均风速参考值是按风切变指数为 1/7 推算的。

2. 与风功率密度上限值对应的年平均风速参考值，按海平面标准大气压及风速频率符合瑞利分布的情况推算。

四、 空气密度

从式（2-2）可知，空气密度 ρ 的大小直接关系到风能的多少。由于我国地域辽阔、地形复杂，空气密度地域差异性较大，特别是在高海拔地区，影响尤为明显。因此，在评估一个区域的风功率密度时，需要掌握的信息是该区域空气密度下的实际资源情况。

空气密度 ρ 是气压、气温和湿度的函数，其计算公式为

$$\rho=[1.276/(1+0.00366t)]\times[(p-0.378e)/1000] \tag{2-5}$$

式中 p——气压，hPa；

t——气温，℃；

e——水汽压，hPa。

五、 风切变指数

在近地层中，风速随高度有显著的变化，造成风在近地层中垂直变化的原因有动力因素和热力因素，前者主要来源于地面的摩擦效应，即地面的粗糙度；后者主要表现与近地层大气垂直稳定度的关系。当大气层稳定度呈中性时，乱流将完全依靠动力原因来发展，这时风速随高度变化服从经验公式：

$$v=\frac{v^*}{K}\ln(Z/Z_0) \tag{2-6}$$

$$v^*=\sqrt{\frac{\tau_0}{\rho}} \tag{2-7}$$

式中 v——风速，m/s；

K——卡曼系数，一般取值 0.4；

v^*——摩擦速度，m/s；

ρ——空气密度，kg/m^3；

τ_0——地面剪切应力，N/m^2；

Z——离地面高度，m；

Z_0——粗糙度，m。

经过推导可以得出幂定律公式：

$$v_n = v_l (Z_n / Z_l)^a \tag{2-8}$$

式中 v_l——Z_l 高度处风速，kg/m^3；

a——风切变指数。

风切变指数 a 表示为

$$a = \frac{\lg(v_n / v_l)}{\lg(Z_n / Z_l)} \tag{2-9}$$

风速的垂直变化取决于 a 值，a 值大表示风速随高度增加的快，即风速梯度大；a 值小表示风速随高度增加的慢，即风速梯度小。a 值的变化与地面粗糙度有关，一般地面粗糙度越大，a 值变化越大。如果没有不同高度的实测风速数据，陆地风切变指数 a 取 1/7(0.143) 作为近似值。海洋风切变指数 a 取 0.096 作为近似值，滩涂风切变指数 a 取 0.131 作为近似值。

六、 风湍流强度

湍流强度是描述在大气层中风速随时间和空间变化的程度，反映脉动风速的相对强度，是描述大气湍流运动特性的最重要特征量。风电场中的湍流强度多表现为风速、风向及其垂直分量的迅速扰动或不规律性，是重要的风况特征。湍流在很大程度上取决于机位所处环境的地形复杂程度、地表粗糙度和障碍物等因素。

一般认为，在计算风场湍流强度时是按照《风电场风能资源评估方法》(GB/T 18710—2002) 中规定的公式进行，即

$$I_{\mathrm{T}} = \sigma / v \tag{2-10}$$

式中 v——10min 平均风速；

σ——10min 平均风速的标准偏差。

$$\sigma = \sqrt{\frac{1}{599} \sum_{i=1}^{600} (v_i - V)^2} \tag{2-11}$$

其中 v_i 为 10min 内每一秒的采样风速。通常情况下的做法是计算出每 10min 的湍流强度后再取所有数据或者某段数据的平均值（bin 分速法）作为风场湍流强度的特征值。

在计算某段风速区间的湍流强度时，该段风速区间内若干个 10min 平均风速的标准偏差值是一个随机变量，其一般服从正态分布规律。因此不能简单地将该段风速区间内

10min 平均风速的标准偏差直接除以平均风速作为湍流强度值。湍流强度的正确算法是在平均风速标准偏差值的基础上再加一个平均风速的标准偏差，即

$$\sigma_1 = \overline{\sigma_1} + \Delta\sigma_1 \tag{2-12}$$

10min 平均风速的湍流强度值表达式为

$$\sigma_1 \geqslant \bar{\sigma} + 1.28\bar{\sigma} \tag{2-13}$$

这样 σ_1 可以涵盖平均风速标准偏差正态分布下 90%的比例。

第三节 风 力 等 级

一、 风级描述

风力等级（wind scale）简称风级，是风强度（风力）的一种表示方法。国际通用的风力等级是由英国人蒲福（Beaufort）于 1805 年拟定的，故又称“蒲福风力等级（Beaufort scale）”，它最初根据风对炊烟、沙尘、地物、渔船、海浪等的影响大小分为 0～12 级，共 13 个等级。中国气象局于 2001 年下发《台风业务和服务规定》，以蒲福风力等级将 12 级以上台风补充到 17 级。1973 年琼海“7314”号台风，中心附近最大风力为 73m/s，已超过 17 级的最高标准，见表 2-2。

表 2-2 风 级 表

风级	名称	风速（m/s）	风速（km/h）	陆地地面物象	海面波浪	浪高（m）	最高（m）
0	无风	0.0～0.2	<1	静，烟直上	平静	0	0
1	弱风	0.3～1.6	1～5	烟示风向	微波峰无飞沫	0.1	0.1
2	轻风	1.6～3.4	5～11	感觉有风	小波峰未破碎	0.2	0.3
3	微风	3.4～5.5	11～19	旌旗展开	小波峰顶破裂	0.6	1
4	和风	5.5～8.0	19～28	吹起尘土	小浪白沫波峰	1	1.5
5	清风	8.0～10.8	28～38	小树摇摆	中浪折沫峰群	2	2.5
6	强风	10.8～13.9	38～49	电线有声	大浪白沫离峰	3	4
7	劲风（疾风）	13.9～17.2	49～61	步行困难	破峰白沫成条	4	5.5
8	大风	17.2～20.8	61～74	折毁树枝	浪长高有浪花	5.5	7.5
9	烈风	20.8～24.5	74～88	小损房屋	浪峰倒卷	7	10
10	狂风	24.5～28.5	88～102	拔起树木	海浪翻滚咆哮	9	12.5
11	暴风	28.5～32.6	102～117	损毁重大	波峰全呈飞沫	11.5	16

续表

风级	名称	风速（m/s）	风速（km/h）	陆地地面物象	海面波浪	浪高（m）	最高（m）
12	台风（飓风）	32.6～37.0	117～134	摧毁极大	海浪滔天	14	—
13	—	37.0～41.4	134～149				
14	—	41.4～46.1	149～166				
15	—	46.1～50.9	166～183				
16	—	50.9～56.0	183～201				
17	—	56.0～61.3	201～220				
17 级以上	—	>61.3	≥220				

二、 风速与风级的关系

除查表外，还可以通过风速与风级的经验公式来定量计算风速。即

$$\overline{v_N} = 0.1 + 0.824N^{1.505} \tag{2-14}$$

式中　N——风的级数；

$\overline{v_N}$——N 级风的平均风速。

如已知风的等级 N，即可计算出平均风速 $\overline{v_N}$。

若计算 N 级风的最大风速为 $\bar{v}_{N\max}$，则其经验公式为

$$\bar{v}_{N\max} = 0.2 + 0.824N^{1.505} + 0.5N^{0.56} \tag{2-15}$$

若计算 N 级风的最小风速为 $\bar{v}_{N\min}$，则其经验公式为

$$\bar{v}_{N\min} = 0.824N^{1.505} - 0.56 \tag{2-16}$$

第四节　风　的　测　量

一、 测风系统的构成

自动测风系统一般由六部分组成，包括传感器、主机、数据存储装置、电源、安全与保护装置。按照《风电场风能资源测量方法》（GB/T 18709—2002）规定，风电场风的测量参数包括 10min 平均风速、风向、温度、气压、湿度、湍流强度、每日极大风速。

除雷达测风仪外，测风塔采用的风速记录方式是通过信号的转换来实现的，一般有以下 4 种方法：

（1）机械式。当风速感应器旋转时，通过蜗杆带动蜗轮转动，再通过齿轮系统带动

指针旋转，从刻度盘上直接读出风的行程，再除以时间得到平均风速。

（2）电接式。由风杯驱动的蜗杆，通过齿轮系统连接到一个偏心凸轮上，风杯旋转一定圈数，凸轮使相当于开关作用的两个触头闭合或打开，完成一次接触，表示一定的风程。

（3）电机式。风速感应器驱动一个小型发电机的转子，输出与风速感应器转速成正比的交变电流信号，输送到风速的指示系统。

（4）光电式。风速旋转轴上装有一圆盘，盘上有等距的孔导通红外光源，圆盘正下方有一个光电半导体，风杯带动圆盘旋转时，由于孔的不连续性，形成光脉冲信号。

二、风测量设备

（一）风向测量仪器

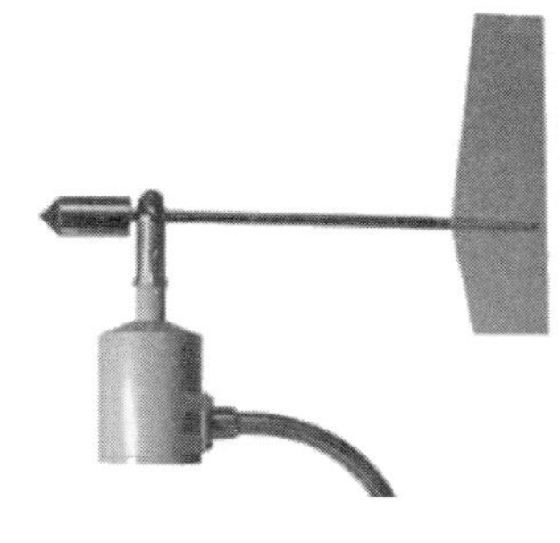

图 2-9　风向标

风向标如图 2-9 所示，是测量风向最常用的装置，有单翼型、双翼型和流线型等。风向标一般是由尾翼、指向杆、平衡锤及旋转主轴组成的首尾不对称的平衡装置。其重心在支撑轴的轴心上，整个风向标可以绕垂直轴自由转动。在风的动压力作用下取得指向风来向的一个平衡位置，即为风向的指示。传送和指示风向标所在方位的方法很多，有电触点盘、环形电位、自整角机和光电码盘四种类型，其中最常见的是码盘。

（二）风速测量仪器

常用的风速测量仪器包括旋转式风速计、压力式风速仪、散热式风速计、声学风速计和雷达测风仪。

1. 旋转式风速计

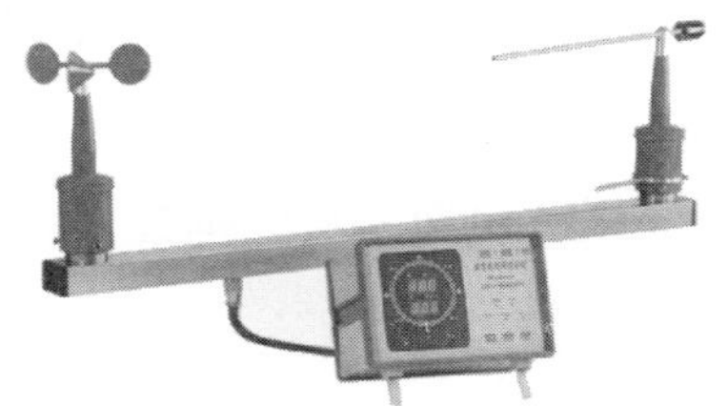

图 2-10　旋转式风速计

旋转式风速计见图 2-10。它的感应部分是一个固定在转轴上感应风的组件，常用的有风杯和螺旋桨叶片两种类型。风杯旋转轴垂直于风的来向，螺旋桨叶片的旋转轴平行于风的来向。测定风速最常用的传感器是风杯，杯形风速计的主要优点是它与风向无关，所以百余年来获得了世界范围内广泛的采用。杯形风速计一般由 3～4 个半球形或抛物锥形的空心杯壳组成，杯形风速计固定在互成 120°的三叉星形支架上或互成 90°的十字形支架上，杯的凹面顺着同一方向，整个横臂架则固定在能旋转的垂直轴上。由于凹面和凸面所受的风压力不相等，故在风杯受到扭力作用而开

始旋转时，它的转速与风速成一定的关系。推导风标转速与风速关系可以有多种途径，详细的推导大都在设计风速计时进行。

2. 压力式风速仪

压力式风速仪是利用风的压力测定风速的仪器，如图 2-11 所示。它利用流体的全压力与静压力之差来测定风速的大小。它利用双联皮托管，一个管口迎着气流的来向，感应着气流的全压力差；另一个管口背着气流的来向，因为有抽吸作用，所以感应的压力比静压力稍低些。两个管子所感应的压力差与风速的大小构成一定的函数关系，从而求得风速。

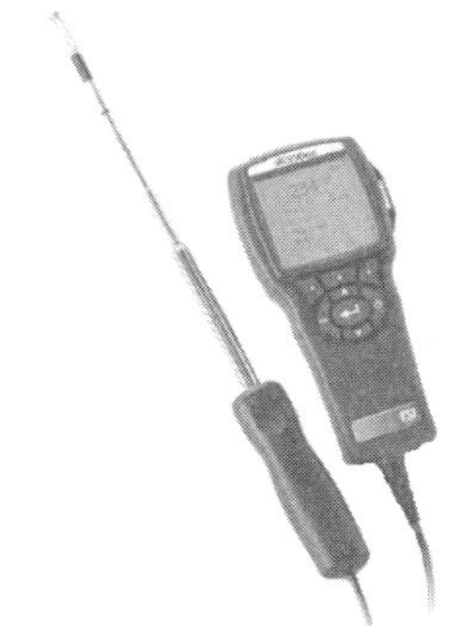
图 2-11　压力式风速仪

3. 散热式风速计

被电流加热的细金属丝或微型球体电阻，置放在流动的空气中，其散热率与风速的平方根呈线性关系。通常在加热电流不变时，测出被加热物体的温度，就可以推算出风速。散热式风速计感应速度快，反应时间只有几毫秒，尤其适用于小风速时测量，灵敏度优于传统机械式风速仪。

4. 声学风速计

声学风速计利用声波在大气中传播的速度与风速间的函数关系来测量风速。声波在大气中传播的速度为声波传播速度与气流速度的代数和。它与气温、气压、湿度等因素有关。在一定距离内，声波顺风与逆风传播有一个时间差。由这个时间差，便可确定气流速度。声学风速计没有机械传动部件，响应较快。可以测量指定方向上的风速分量等特性。

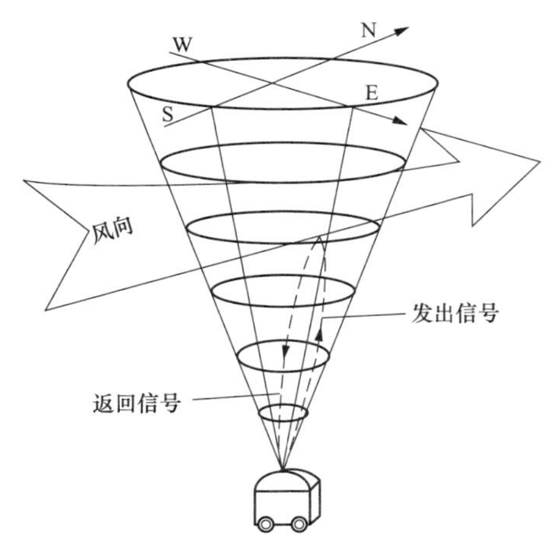

图 2-12　雷达测风仪

5. 雷达测风仪

图 2-12 为雷达测风仪，是用雷达定位技术测定高空风的方法。雷达天线发射出电磁波，电磁波在空中传播，遇到障碍物被反射回来，后被雷达天线接收。其主要技术原理是激光在大气中传输的回波信号与系统本征光信号通过光混频器产生差频信号，差频信号的大小等于回波信号的多普勒平移，即可以计算出高空风的风向、风速。雷达测风的优点是：测风高程较高，可精准记录秒级数据，测得全高度风廓线方程。缺点是：造价成本较高，需有人看护，一般适用于短

期测风。

三、风速风向仪的安装

（一）风速仪的安装

如果需要把风速仪安装在测风塔的侧面，则应仔细选取水平支杆的方向。对于实心圆柱形塔，支杆应与主导风向成45°，而对于三角形桁架，水平支杆方向应垂直于主导风向。

气流的变化程度取决于旋转体与支杆的距离和支杆方向与风向的夹角。在测风设备的安装过程中，应尽量避免其他可以造成气流扰动的影响因素。

（二）风向仪的安装

风向仪的安装要求比风速仪低，异常气流造成的扰动会在求平均值的过程中被平均掉。安装风向仪时最重要的指标是其水平支杆的朝向，因为机械风向仪都已设置起始零点，该起始零点方向应指向地理正北。指南针所指方向为地磁北极，而非真北。如果在现场风向设备只能定义地磁北极，那么需要在风数据记录仪中对风向设置补偿。

第五节　风能资源分布

一、全球风能资源分布的基本情况

地球上的风能资源十分丰富，根据相关资料统计，每年来自外层空间的辐射能为1.5×10^{18} kWh，其中的2.5%即3.8×10^{16} kWh的能量被大气吸收，产生大约4.3×10^{12} kWh的风能。据世界能源理事会估计，在地球1.07×10^{8} km^2陆地面积中有27%的地区年平均风速高于5m/s（距地面10m处）。

风能资源受地形的影响较大，世界风能资源多集中在沿海和开阔大陆的收缩地带，如美国的加利福尼亚州沿岸和北欧的一些国家。世界气象组织于1981年发表了全世界范围风能资源估计分布图，按平均风能密度和相应的年平均风速将全世界风能资源分为10个等级。8级以上的风能高值区主要分布于南半球中高纬度洋面和北半球的北大西洋、北太平洋以及北冰洋的中高纬度部分洋面上，大陆上风能一般不超过7级，其中以美国西部、西北欧沿海、乌拉尔山顶部和黑海地区等多风地带较大，见表2-3。

表 2-3　　全球风能资源分布（数据来源：GWEC）

地区	陆地面积（km^2）	风力为 3～7 级所占的面积（km^2）	风力为 3～7 级所占的面积比例（%）
北美	19339	7876	41
拉丁美洲和加勒比	18482	3310	18
西欧	4742	1968	42
东欧和独立国家联合体	23049	6783	29
中东和北非	8142	2566	32
撒哈拉以南非洲	7255	2209	30
太平洋地区	21354	4188	20
（中国）	9597	1056	11
中亚和南亚	4299	243	6
总计	106660	29143	27

全球风资源较为丰富的地区主要集中在：全球各个大陆沿海地区、整个欧洲大陆、东亚、中亚及西亚阿拉伯半岛地区、北非撒哈拉沙漠地区以及南非、澳大利亚及新西兰岛屿、北美特别是美国大陆、南美的南部、中美的加勒比海地区。

全球陆上风速分布一般呈现以下规律：赤道地区风速普遍较小，基本处于 3.0m/s 以下；南北回归线附近是全球风资源丰富地区，该区域风速普遍较高，基本处于 6m/s 以上；沿海风速高于内陆，沿海地区是全球陆上风资源最为丰富的区域，其主要特点是风速大、有效小时数长、分布范围广，几乎分布于全球大部分大陆沿海。

二、 我国风能资源分布

我国风能资源丰富，据全国风能详查和评价结果统计显示：我国风能资源陆上 50m 高度层年平均风功率密度大于等于 300W/m^2 的风能资源理论储量约为 73 亿 kW，与 2010 年在美国风能大会上发布的全美陆上 80m 高度（风速达到 6.5m/s）的风能资源技术开发量 105 亿 kW 相比，我国同样标准的风能资源技术开发量为 91 亿 kW。

我国风能资源的季节和区域分布性很强，一般春、秋和冬季丰富，夏季贫乏。陆上风能资源丰富区主要分布在东北、内蒙古、华北北部、西北河西走廊一带和东南沿海。我国风能资源区分见表 2-4。

表 2-4　　我国风能资源区分

资源区	资源区所包括的地区
Ⅰ类资源区	内蒙古自治区除赤峰市、通辽市、兴安盟、呼伦贝尔市以外其他地区；新疆维吾尔自治区乌鲁木齐市、伊犁哈萨克族自治州、昌吉回族自治州、克拉玛依市、石河子市
Ⅱ类资源区	河北省张家口市、承德市；内蒙古自治区赤峰市、通辽市、兴安盟、呼伦贝尔市；甘肃省张掖市、嘉峪关市、酒泉市
Ⅲ类资源区	吉林省白城市、松原市；黑龙江省鸡西市、双鸭山市、七台河市、绥化市、伊春市，大兴安岭地区；甘肃省除张掖市、嘉峪关市、酒泉市以外其他地区；新疆维吾尔自治区除乌鲁木齐市、伊犁哈萨克族自治州、昌吉回族自治州、克拉玛依市、石河子市以外其他地区；宁夏回族自治区
Ⅳ类资源区	除Ⅰ、Ⅱ、Ⅲ类资源区以外的其他地区

（一）华北地区

华北地区包括北京市、天津市、河北省、陕西省和内蒙古自治区，该区域风能资源丰富，特别是内蒙古自治区大部、河北省的张家口和承德地区，属于风能资源非常丰富地带，此外，在山西北部、环渤海的沿岸地带，资源也比较丰富，由于该区域接近京津冀城市群，电力需求大，因此风力发电开发空间较大。

（二）东北地区

东北地区包括黑龙江省、吉林省和辽宁省。该区域风能资源丰富，主要分布于黑龙江东西部林区、吉林西北部、辽宁西北部及沿海地带。该区域地势平坦，风资源稳定，是我国风资源开发较早的区域。

（三）西北地区

西北地区包括青海省、甘肃省、陕西省、新疆维吾尔自治区和宁夏回族自治区。该区域风能资源丰富，特别是新疆河谷地带和甘肃河套地区，是我国风能资源最为丰富的区域，且地广人稀，适宜于大规模风力发电开发。

（四）华中地区

华中地区包括河南省、安徽省、湖北省、湖南省和江西省。该区域风能资源相对较差，主要分布于山区，地形大多为丘陵和山地，适宜于分散式或小规模开发。这些区域位于我国中部，开发空间较大。

（五）东南沿海

东南沿海地区包括山东省、江苏省、上海市、浙江省、福建省、广东省和海南省。该区域风能资源较为丰富稳定，主要集中于沿海地带或河湖周边。

（六）西南地区

西南地区包括四川省、重庆市、云南省、贵州省、广西壮族自治区和西藏自治区。该区域资源一般，主要在高山和高原上分散着大量风资源带或风资源点。山顶和高原台地冰冻、雷暴等自然灾害较为频繁。

三、 我国风资源区域划分

2009 年 7 月 20 日，国家发改委发布《国家发展改革委关于完善风力发电上网电价政策的通知》（发改价格〔2009〕1906 号），提出按风能资源状况和工程建设条件，将全国陆地风电标杆电价，按照四类风能资源进行区分，风力发电实现的标杆电价对风力发电项目收益起到决定性作用。

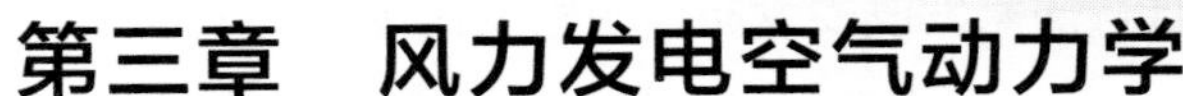

第三章　风力发电空气动力学

本章简要介绍了空气动力学中与风力发电相关的基本理论和基本概念，在分析风力发电机组空气动力学过程中，重点介绍贝茨（Betz）理论、叶素-动量理论并根据叶片的空气动力学特征，扼要介绍了两类机组的功率控制策略和技术。

第一节　基　本　概　念

一、风的动能

风是空气流动的现象。流动的空气具有能量，在忽略化学能的情况下，这些能量包括机械能（动能、势能和压力能）和热能。风力发电机组将风的动能转化为机械能并进而转化为电能。从动能到机械能的转化是通过叶片来实现的，而从机械能到电能则是通过发电机实现的。对于水平轴的风力发电机组，在这个转换过程中，风的势能和压力能保持不变。因此，主要考虑风的动能（风能）的转换。

根据牛顿第二定律可以得到，空气流动时的动能为

$$E=\frac{1}{2}mv^2 \tag{3-1}$$

式中　m ——气体的质量，kg；

v ——气体的速度，m/s；

E ——气体的动能，J。

设单位时间内空气流过截面积为 S 的气体的体积为 L，则

$$L=SV \tag{3-2}$$

如果以 ρ 表示空气密度，则该体积的空气质量为

$$m=\rho L=\rho Sv \tag{3-3}$$

这时空气流动所具有的动能为

$$E=\frac{1}{2}\rho S v^3 \tag{3-4}$$

式中　v ——风速；

ρ ——空气密度，kg/m^3；

S ——风轮扫略面积，m^2。

从式（3-4）可以看出，风能的大小与气流密度和通过的面积成正比，与气流速度的立方成正比。

二、 不可压缩流体

流体都具有可压缩性，无论是液体还是气体，所谓可压缩性是指在压力作用下，流体的体积会发生变化。通常情况下，液体在压力作用下体积变化很小，对于宏观的研究，这种变化可以忽略不计。这种在压力作用下体积变化可以忽略的流体称为不可压缩流体。

气体在压力作用下，体积会发生明显变化，这种在压力作用下体积发生明显变化的流体称为可压缩流体。但是在一些过程中，如远低于音速的空气流动过程，气体压力和温度的变化可以忽略不计，因而可以将空气作为不可压缩流体进行研究。

三、 流体黏性

黏性是流体的重要物理属性，是流体抵抗剪切变形的能力。相邻两层流体的运动速度不同，在它们的界面上会产生切应力。速度快的流层对速度慢的流层产生拖动力，速度慢的流层对速度快的流层产生阻力。这个切应力叫作流体的内摩擦力，或黏性切应力。黏性切应力的大小与流体内的速度梯度成正比。

如果流体内的速度梯度很小，黏性力相比于其他力可以忽略时，可以将研究的流体考虑为无黏性流体，简称无黏流。在研究时将假设没有黏度的流体称为理想流体。

四、 阻力

在流动空气中的物体都会受到相对于空气运动所受的逆物体运动方向或沿空气来流速度方向的气体动力的分力，这个力称为流动阻力。在低于音速的情况下，流动阻力分为摩擦阻力和压差阻力。

由于空气的黏性作用，在物体表面产生的全部摩擦力的合力称为摩擦阻力。与物体面相垂直的气流压力合成的阻力称为压差阻力。

五、 流动状态

流体运动分为层流流动和湍流流动两种状态。层流流动是指流体微团（质点）互不掺混、运动轨迹有条不紊地流动形态。湍流流动是指流体的微团（质点）做不规则运动、互相掺混、轨迹曲折混乱的形态。层流和湍流传递动量、热量和质量的方式不同：层流的传递过程通过分子间的相互作用，湍流的传递过程主要通过质点间的掺混。湍流的传递速率远大于层流的传递速率。层流和湍流的本质区别在于流速不同、雷诺数不同，最终导致的流动状态不同。

六、 雷诺数

1883 年英国科学家雷诺（O. Reynolds）通过圆管实验发现了流体运动的层流和湍流两种形态，同时发现这两种形态可以用一个无量纲数进行判别。这个数被称为“雷诺数”，表示为 Re。

$$Re=\frac{\rho vl}{\mu} \tag{3-5}$$

式中 Re——雷诺数；

v——流动速度，m/s；

l——与流动有关的长度，m；

μ——动力黏性系数，$N\cdot s/m^2$；

ρ——密度，kg/m^3。

雷诺数在物理上的本质表征了流体运动的惯性力与黏性力的比值。

七、 边界层

边界层是流体高雷诺数流过壁面时，在紧贴壁面的黏性力不可忽略的流动薄层，又称为流动边界层或附面层，这个概念是由德国科学家普朗特（L. Prandtl）在 1904 年首先提出的，如图 3-1 所示。

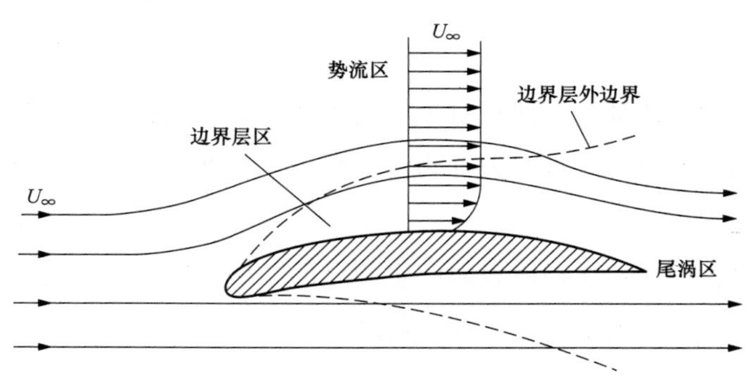

图 3-1 边界层的概念

U_∞ —上游无限远处的流体速度

在边界层内，紧贴壁面的流体由于分子引力的作用，完全黏附于物面上，与壁面的相对速度为零。由壁面向外，流体速度迅速增大至当地自由流速度，一般与来流速度同

量级。而速度的法向垂直表面的方向梯度很大，即使流体黏度不大，黏性力相对于惯性力仍然大，起着显著作用，因而属黏性流动。而在边界层外，速度梯度很小，黏性力可以忽略，流动可视为无黏性或理想流动，在高雷诺数下，边界层很薄，其厚度远小于沿流动方向的长度。根据尺度和速度变化率的量级比较，可将纳维一斯托克斯方程简化为边界层方程。边界层分类如图 3-2 所示。

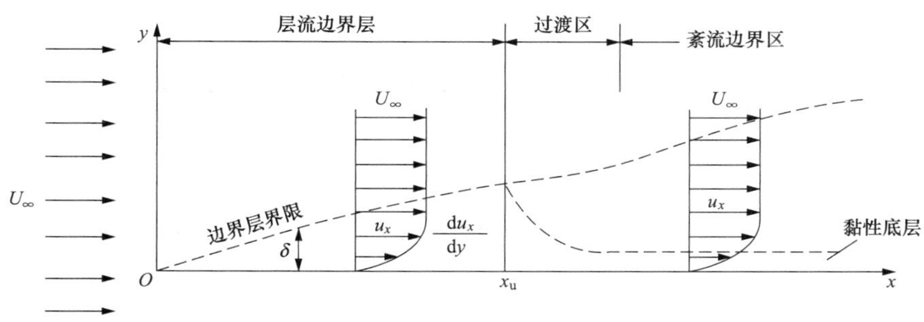

图 3-2　边界层的分类

U_∞ —上游无限远处的流体速度；u_x —流体边界层上某一点处 x 方向上的速度；

δ —边界层厚度；$\frac{du_x}{dy}$ —速度梯度，即流速在 y 方向上的变化率

第二节　伯 努 利 方 程

伯努利方程指在不考虑流体的可压缩性、黏性，而且流体的运动速度不随时间变化的情况下（称为不可压理想流体定常流），对流体微团（质点）的运动微分方程。

机械能守恒定律中保守力场运动的物体动能 T 和势能 V 总和不变，即

$$T+V=C \tag{3-6}$$

在液体和气体流动中，一定的条件下也有类似的方程，即伯努利方程。如图 3-3 所示，为不可压缩的管流，流动为流动参数不随时间变化的恒定流动。截面积 A_1 和 A_2 为

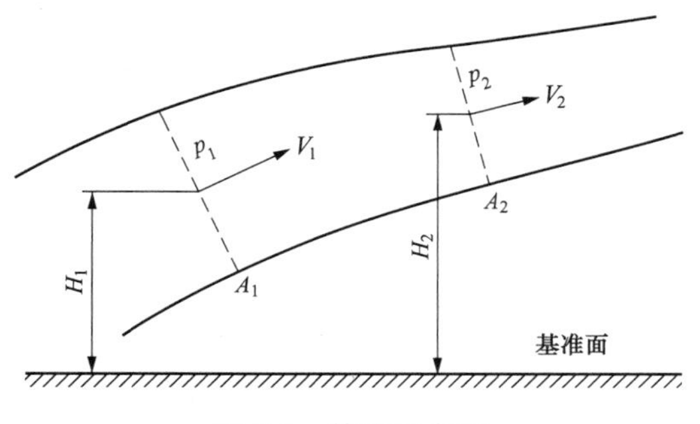

图 3-3　管流示意图

管道的两个流断面，v_1 和 v_2 分别为两流断面的流速，p_1 和 p_2 为两流断面的静压力。

管中流体静止时受到重力（或其他体积力）和压差力的作用，而当流体流动时，除这两个力外，流体中还存在黏性阻力。在重力作用下，单位质量不可压缩的流体从 A_1 断面流向 A_2 断面的能量形式发生变化，根据机械能守恒定律，有伯努力方程：

$$\frac{p_1}{\rho}+a_1\frac{v_1^2}{2}+H_1g=\frac{p_2}{\rho}+a_2\frac{v_2^2}{2}+H_2g+h_w \tag{3-7}$$

式中 $\frac{p_1}{\rho}$、$\frac{p_2}{\rho}$——单位质量流体在 A_1、A_2 流断面的静压能，J/kg；

$\frac{v_1^2}{2}$、$\frac{v_2^2}{2}$——单位质量流体在 A_1、A_2 流断面的动能，J/kg；

a_1、a_2——单位质量流体在 A_1、A_2 流断面所具有的动能修正系数；

H_1g、H_2g——单位质量流体在 A_1、A_2 流断面上相对基准面的位能，J/kg；

h_w——单位质量流体流经 A_1、A_2 流断面上损失的能量，J/kg。

如果在上述流动中，略去流体的黏性，将流动视为理想流体流动，则式（3-7）可变为

$$\frac{p_1}{\rho}+\frac{v_1^2}{2}+H_1g=\frac{p_2}{\rho}+\frac{v_2^2}{2}+H_2g=C \tag{3-8}$$

对于气体来说，在重力影响较小的情况下，重力可以略去，则式（3-8）变为

$$\frac{p_1}{\rho}+\frac{v_1^2}{2}=\frac{p_2}{\rho}+\frac{v_2^2}{2}=C \tag{3-9}$$

伯努利方程表明动能与压强势能可以相互转换，揭示了流体运动中速度与压强之间的关系，这也被充分应用到工程实际中。

皮托（Henri. piot）于 1973 年首次将一玻璃管弯成直角，在法国巴黎测量河水的流速，将弯管放入河水中后，河水经玻璃管内上升到距河面 h 处，b 点形成驻点，即速度趋近于 0，a 点未受玻璃管影响，如图 3-4 所示。

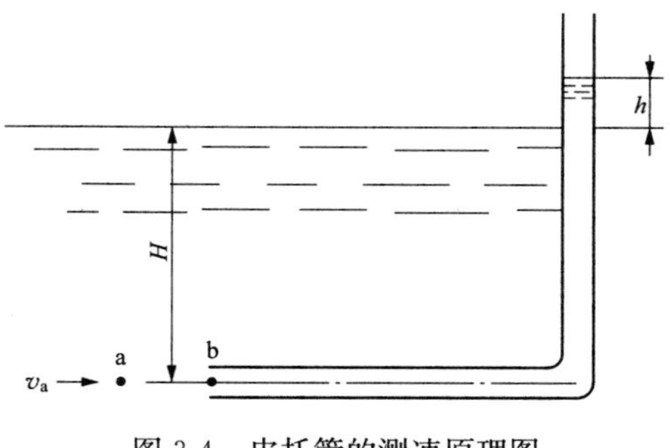

图 3-4　皮托管的测速原理图

v_a 为河水流速，a 点和 b 点在同一水平线，则在 a、b 两点应用伯努利方程有

$$z_a+\frac{p_a}{\rho g}+\frac{v_a^2}{2g}=z_b+\frac{p_b}{\rho g}+\frac{v_b^2}{2g} \tag{3-10}$$

因为 b 点流速 $v_b=0$，$p_b=\rho g(h+H)$，$z_a=z_b$，$p_a=\rho gH$，故有

$$v_a=\sqrt{\frac{2}{\rho}(p_b-p_a)}=\sqrt{2gh} \tag{3-11}$$

这是理论计算结果，而实际上要对结果进行修正。即加上修正系数 ξ，则

$$v_a=\sqrt{\frac{2}{\rho}\xi(p_b-p_a)} \tag{3-12}$$

一般 ξ 由实验获取，只要知道总压和静压差就可以获得点 a 的速度。

这种弯成直角测量总压和流速的管子命名为皮托管式测速管。类似还有文丘里管，也是应用伯努利方程进行流量测量。

第三节　贝　茨　极　限

风机是吸收风能转化成机械能，进而转化成电能的装置。风机的第一个气动理论是由德国贝茨于 1926 年建立的，当风流经风轮时，可以将其分成两部分，一部分未受到风轮影响，另一部分受到风轮的影响。如果将受到影响的气流显示出来，则可以简化成如图 3-5 所示。

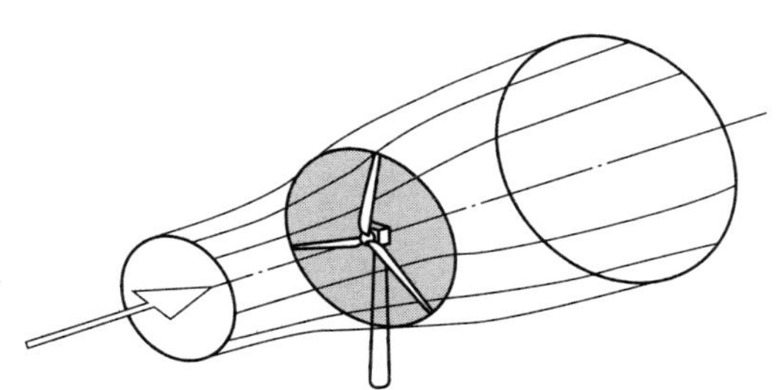

图 3-5　风经过风轮的一维流动图

沿风机风轮向上、下游延伸，形成一个空气流动的管状流管，如果从上向下切开流管，则如图 3-6 所示。

为研究风轮能从风中吸取多少动能，对空气流过风轮做如下假设：

(1) 气流为不可压的均匀定常流动。

(2) 风轮简化成为一桨盘。

(3) 桨盘没有摩擦力。

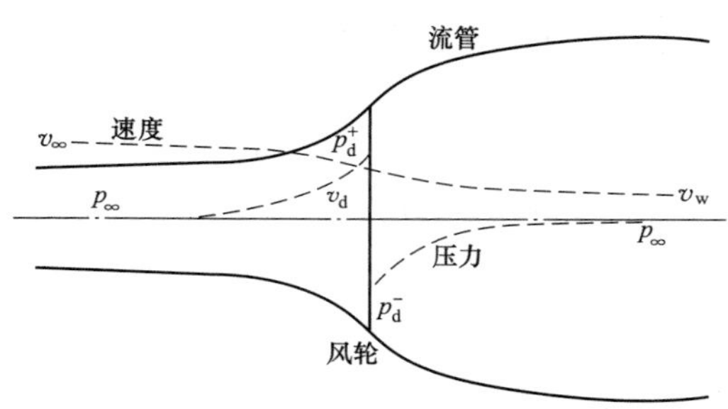

图 3-6　风轮流动的流管模型

(4) 风轮流动模型简化成一单元流管。

(5) 风轮前后远方的气流静压相等。

(6) 轴向力沿桨盘均匀分布。

根据质量守恒定律，对于不可压流动，流管各截面处质量流量相同，即

$$\rho A_\infty v_\infty = \rho A_d v_d = \rho A_w v_w \tag{3-13}$$

其中，ρ 为空气密度，下标∞、d、w 分别表示风轮上游处、风轮处、风轮下游处流动参数。

当气流流向风轮圆盘时，流速受到圆盘作用，速度降低但静压会升高，而流经风轮盘后，流速未发生突变，但气流能量有一部分转移到风轮圆盘，因而气流压强会产生突变而跌变到较低值，低于大气压值，当气流继续向下游流动时，速度将继续减小而静压会逐渐回到大气压值（$P_w = P_\infty$）。

根据轴动量理论有

$$T\mathrm{d}t = m_\infty v_\infty - m_w v_w \tag{3-14}$$

则风轮上所受推力可写成

$$T = \frac{m_\infty}{\mathrm{d}t} v_\infty - \frac{m_w}{\mathrm{d}t} v_w \tag{3-15}$$

其中 $\frac{m_\infty}{\mathrm{d}t}$ 和 $\frac{m_w}{\mathrm{d}t}$ 即为气流质量流量，依据式（3-15）可得风轮推力

$$T = \rho A v_d (v_\infty - v_w) \tag{3-16}$$

风轮受到的推力可表示为前后静压之差，即

$$T = A(p_d^+ - p_d^-) \tag{3-17}$$

对于风轮前可以应用伯努利方程，有

$$\frac{1}{2}\rho v_\infty^2 + p_\infty = \frac{1}{2}\rho v_d^2 + p_d^+ \tag{3-18}$$

而风轮后应用伯努利方程有（$p_w = p_\infty$）

$$\frac{1}{2}\rho v_{\mathrm{w}}^2+p_{\infty}=\frac{1}{2}\rho v_{\mathrm{d}}^2+p_{\mathrm{d}}^- \tag{3-19}$$

整理式（3-16）～式（3-18），有

$$T=\frac{1}{2}\rho A(v_{\infty}^2-v_{\mathrm{w}}^2) \tag{3-20}$$

由式（3-16）和式（3-20）有

$$v_{\mathrm{d}}=\frac{v_{\infty}+v_{\mathrm{w}}}{2} \tag{3-21}$$

风轮对流经的气流会产生诱导速度，该速度在轴向上的分量用轴向诱导因子 a 来求，则诱导速度在轴向上的分量为 av_{∞}，则风轮处轴向速度为

$$v_{\mathrm{d}}=(1-a)v_{\infty} \tag{3-22}$$

据式（3-21）和式（3-22）有

$$v_{\mathrm{w}}=(1-2a)v_{\infty} \tag{3-23}$$

由式（3-16）、式（3-22）、式（3-23）得风轮上推力表达式为

$$T=\rho A(1-a)v_{\infty}[v_{\infty}-(1-2a)v_{\infty}]=2\rho Aa(1-a)v_{\infty}^2 \tag{3-24}$$

单位时间风对风轮做的功为

$$P=Tv_{\mathrm{d}}=2\rho Aa\ (1-a)^2v_{\infty}^3 \tag{3-25}$$

单位时间内流经风轮的风能 E 为 $\frac{1}{2}\rho Av_{\infty}^3$，则风轮从风中吸取多少能量，或者说风能吸收率是多少，可以用风能利用系数 C_P 来表示：

$$C_P=\frac{\text{风轮吸收的风能}}{\text{流经风轮的风能}}=\frac{P}{E}=\frac{2\rho Aa\ (1-a)^2v_{\infty}^3}{\frac{1}{2}\rho Av_{\infty}^3}=4a\ (1-a)^2 \tag{3-26}$$

这里轴向诱导因子 a 是个变量，则当 a 为多少 C_P 有极大值，可以根据式（3-27）求得：

$$\frac{\mathrm{d}C_P}{\mathrm{d}a}=4(1-a)(1-3a)=0 \tag{3-27}$$

由式（3-27）可求得 $a=\frac{1}{3}$ 符合实际情况，将 a 代入式（3-26）有

$$C_{P\max}=\frac{16}{27}\approx 0.593 \tag{3-28}$$

此为贝兹极限，由德国空气动力学家 Albert Betz 提出，表明理论上风机吸收风能的最大值，实际风机的最大 C_P 还达不到此值。

将式（3-24）两边同除气流动压 $\frac{1}{2}\rho Av_{\infty}^2$ 后，可得推力系数 C_T 为

$$C_T = \frac{T}{\frac{1}{2}\rho v_\infty^2 A} = 4a(1-a) \tag{3-29}$$

当轴向因子 $a \geqslant \frac{1}{2}$ 时，尾流发生变化，上述结论不再成立。故需进行经验修正。

实际上，风轮是转动的，风轮的旋转是由于气流流经风轮时，气流对风轮产生的力矩，同时，风轮对气流也产生大小相等、方向相反的力矩，使得气流会产生切向速度，可以引入切向诱导因子 a 来表示切向速度变化，即在风轮圆盘处产生一个与风轮旋转方向相反的切向速度 $\omega ra'$，则风轮与气流在切向的相对速度为

$$\omega r + \omega ra' = \omega r(1+a') \tag{3-30}$$

第四节 叶 素 理 论

一、 叶片翼型几何和气动特性

沿叶片的展向方向，在半径 r 处截取一截面，就可以得到截面几何图形——翼型，如图 3-7 所示。

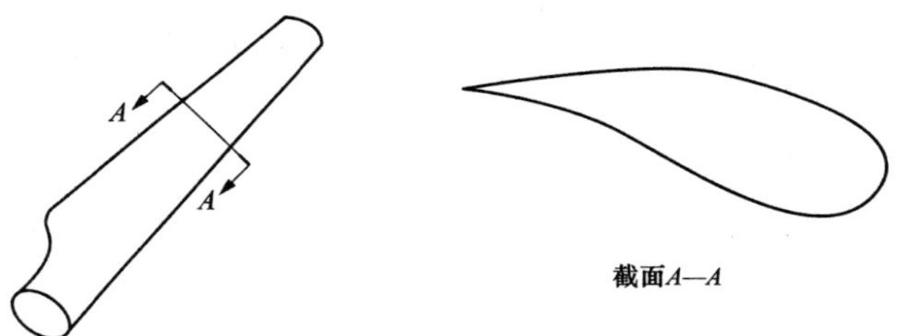

图 3-7 叶片剖面图

（一）翼型几何特性

翼型几何特性可由下列几何参数描述，如图 3-8 所示。

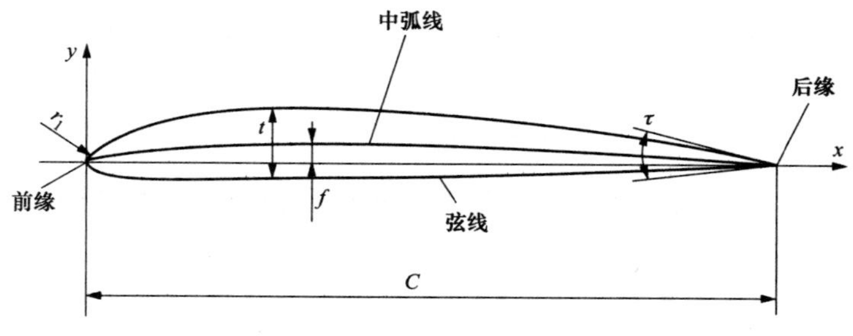

图 3-8 翼型几何参数

（1）中弧线：翼型周线内切圆圆心的连线。

（2）前缘：翼型中弧线的最前点。

（3）后缘：翼型中弧线的最后点。

（4）前缘半径 r_1：翼型前缘的内切圆的半径，圆心在中弧线前缘点的切线上。

（5）后缘角 τ：翼型后缘处上下两弧线切线间的夹角。

（6）后缘厚度：翼型后缘处的厚度。

（7）弦长 C：翼型前后缘之间的连线。

（8）厚度 t：翼型周线的内切圆的直径，或垂直于弦线的上下面的距离。

（9）弯度 f：中弧线到弦线的最大垂直距离。

翼型在气流当中，上下表面会受到气流作用，形成升力、阻力和俯仰力矩，这三个参数是翼型重要的气动特性。与气动特性相关的参数有气流速度 v_∞、攻角 α 等。攻角可分为几何攻角和气动攻角。几何攻角就是气流与翼型的弦线的几何夹角，如图 3-9 所示。

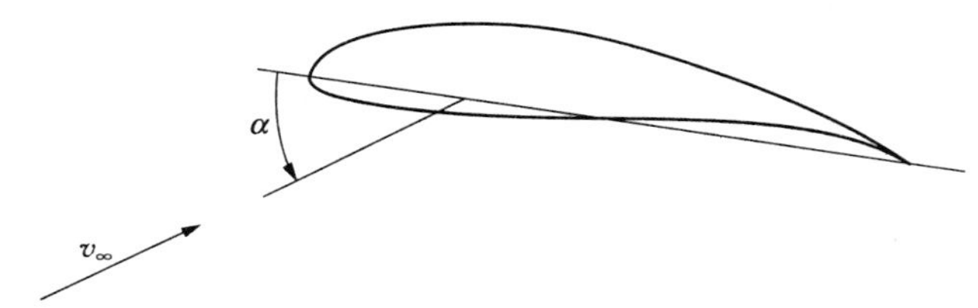

图 3-9　几何攻角

（二）翼型气动特性

翼型受到气流作用形成平行于翼型表面的切向力和垂直于翼型表面的法向力两种表面力。将与来流气流方向垂直的合力定义为升力 L，而与来流气流方向一致的合力定义为阻力 D。如将力的作用点平移至翼弦上距前缘 1/4 弦长处，则会产生一个使翼型旋转的力矩 M。翼型上的升力、阻力和力矩因不同的气流速度、翼弦长度等因素大小不同，表现出不同的气动特性。

1. 升力特性

升力 L 大小与气流速度 v_∞、攻角 α 及翼型投影面积 A 相关。通过升力系数 C_L 反映升力 L 和气流速度 v_∞ 之间的关系，对于单位长度叶片有

$$C_L = \frac{L}{\frac{1}{2}\rho v_\infty^2 A} \tag{3-31}$$

升力系数 C_L 是和攻角 α 有密切的关系，曲线如图 3-10 所示。

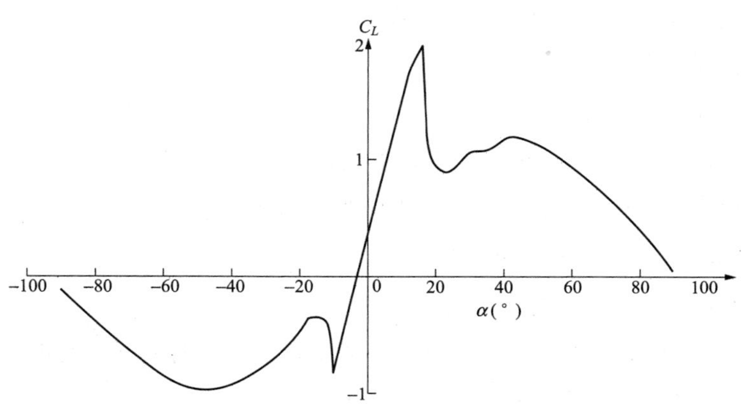

图 3-10　升力特性曲线

当攻角 α 较小时，升力系数和攻角 α 有近似的线性关系，可表示为

$$C_L = C_L^{\alpha}(\alpha - \alpha_0) \tag{3-32}$$

式中　α_0——当升力系数为 0 时的攻角，称为零升攻角；

C_L^{α}——翼型升力曲线斜率，为升力系数 C_L 对攻角 α 的导数，即 $\mathrm{d}C_L^{\alpha}/\mathrm{d}\alpha$。

2. 阻力特性

翼型阻力 D 通过阻力系数反映阻力 D 和气流速度 v_∞ 之间的关系，即

$$C_D = \frac{D}{1/2\rho v_\infty^2 A} \tag{3-33}$$

翼型阻力特性可用翼型阻力系数 C_D 与攻角 α 的曲线来表示，如图 3-11 所示。

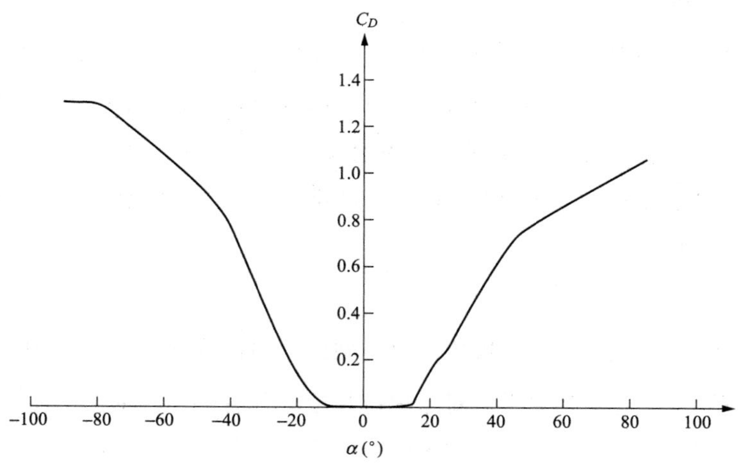

图 3-11　阻力特性曲线

3. 翼型俯仰力矩特性

俯仰力矩与力矩参考点相关，通常使用距前缘 1/4 弦长处为力矩参考点。翼型俯仰

力矩特性可用力矩系数和攻角的曲线来表示。

将翼型表面所受压力合成以后形成一个力（升力），该力与翼弦的交点为压力中心，压力中心与攻角 α 有关，是个变值。在该点力矩为零，根据力平移理论，将力参考点翼弦移动，有一点特殊点，在该点力矩不变，且该点为气动中心的焦点，一般取在 1/4 处，但是个变值，力矩系数定义为

$$C_M = \frac{M_z}{\frac{1}{2}\rho v_\infty^2 AC} \tag{3-34}$$

式中　C_M——俯仰力矩；

M_z——力矩系数；

v_∞——气流速度；

A——翼型投影面积；

C——弦长。

4. 翼型失速特性

如图 3-12 所示，当翼型处于小攻角 α 状态下时，升力系数 C_L 对应攻角 α 近似为一条直线。随着攻角 α 的增加，升力系数 C_L 会达到一个最大值 $C_{L\max}$，而当攻角 α 再继续增加时，升力系数 C_L 不增加，而且会迅速减小。同时，随攻角 α 变大，阻力系数 C_D 会迅速增加，这一现象称为翼型的失速。失速现象是由于翼型表面流动分离引起的，流动分离型式有薄翼分离、前缘分离、后缘分离、混合分离。

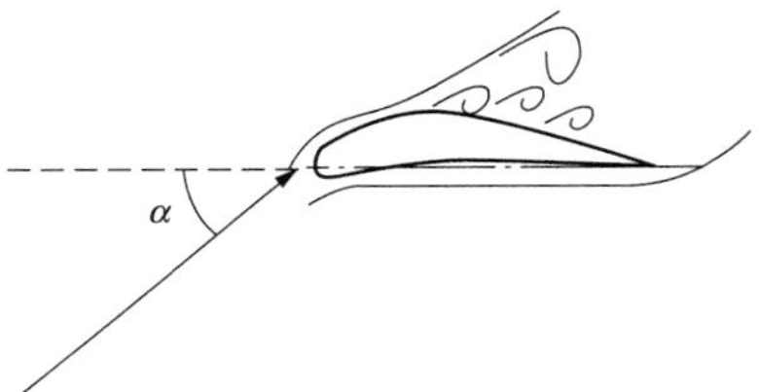

图 3-12　翼型失速示意图

翼型发生失速后，即使马上恢复到失速前的攻角，翼型流动也不会马上恢复到失速前的状态，这种现象称为流动迟滞现象。如图 3-13 所示，当由对应 d 点攻角增大到对应 b 点的攻角时，升力系数变化由 d 点经 a 点到达 b 点。当攻角减小时，升力系数曲线并不沿原路线返回，而是由 b 点经 c 点到达 d 点。

当翼型进行俯仰运动时，其失速攻角比翼型静止时的失速攻角要大，同时翼型气动特性曲线出现迟滞现象，这种失速现象称为动态失速，如图 3-14 所示。

（三）影响翼型气动特性的因素

影响翼型气动特性的主要因素有翼型几何特性参数（如前缘半径、相对厚度、相对弯度、后缘厚度和翼型表面粗糙度等）以及气动特性参数（如雷诺数 Re、边界层厚度、来流湍流度 I 和攻角 α 等）。

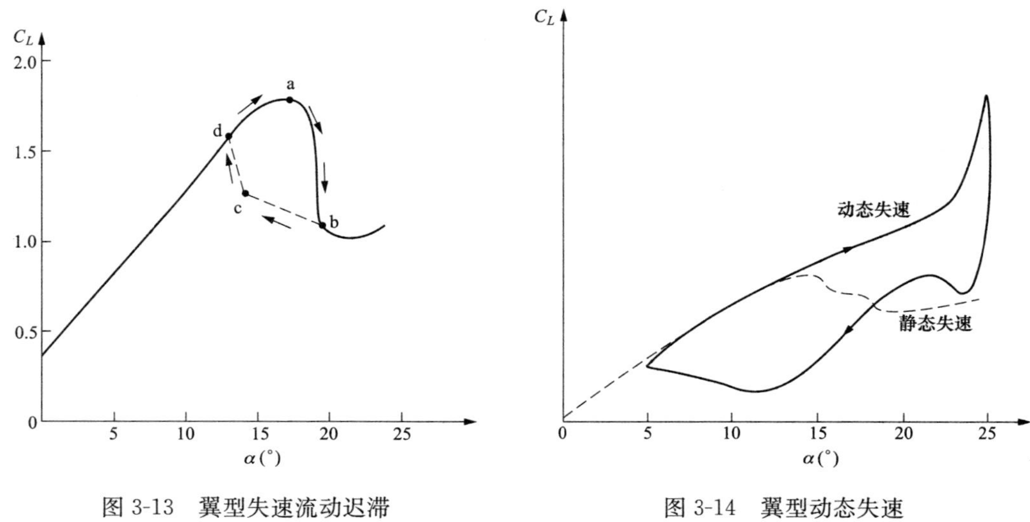

图 3-13　翼型失速流动迟滞　　　　图 3-14　翼型动态失速

1. 雷诺数 Re 的影响

影响低速翼型性能的最重要的流体物理性质是流体的黏性，它直接产生阻力和造成流体分离。翼型参数和来流参数组合的雷诺数可表示为

$$Re = \frac{\rho v C}{\mu} \tag{3-35}$$

式中　C ——翼型剖面弦长；

μ ——气体介质动力黏性系数；

v ——气流相对翼型速度。

对风机叶片翼型来说，当 $Re > 1.0 \times 10^6$ 时，翼型气动力系数随着雷诺数的增加变化不大，可不用考虑雷诺数的影响。当 $Re < 0.5 \times 10^6$ 时，是叶片翼型对 Re 的敏感区，来流湍流度的变化、翼型自身的震动或翼型表面的粗糙度都会引起翼型性能的变化。

2. 边界层类型的影响

翼型气动特性与翼型表面的边界层特性密切相关。在低雷诺数（$Re < 0.5 \times 10^6$）情况下，翼型表面的流动从层流边界层直接发展为分离和失速；在中等雷诺数（$0.5 \times 10^6 < Re < 3 \times 10^6$）情况下，翼型表面从层流边界层经过转换变为湍流边界层。不同的边界层的发展情况对翼型气动特性，特别是阻力特性有很大的影响，层流翼型有较低的阻力系数和较高的升阻比。影响边界层类型和转换的主要因素是雷诺数、来流湍流度和翼型表面粗糙度。

3. 粗糙度的影响

翼型表面由于材料、加工能力及环境的影响，使表面不可能绝对光滑，而总是凹凸不平，这些凹凸不平的波峰与波谷之间高度的平均值称为粗糙度。翼型表面的粗糙度对

翼型气动特性有直接影响。通常粗糙的型面与光滑的型面相比，翼型的升力系数降低、阻力系数增加。当然其影响程度还与雷诺数、翼型形状等有直接关系。通常翼型前缘向后到20%～30%弦长处的上下翼面对翼型气动特性影响尤其显著。

对一些风机的传统翼型进行的风洞实验发现增加局部粗糙度的方法可以有效地提高翼型的气动性能。在叶片不同的位置增加粗糙带的效果是不同的，在翼型压力面前缘粘贴粗糙带使得升力系数和阻力系数都有所增加，但升力系数增加较大；在其中部粘贴粗糙带使得升力系数和阻力系数都有所增加，但升力系数增加较小；在翼型压力面尾部粘贴粗糙带使得升力系数下降、阻力系数增加。这些结论与风机专用叶片和整机运行的实验中发现的规律结果是一致的。

4. 湍流度影响

湍流度与翼型气动特性也密切相关，通常情况下，湍流度增加，翼型的阻力系数和最大升力系数增加，最大升阻比减小。

二、 风轮叶片的几何特性

风机的叶片是由一系列翼型按一定规则排布而成的。风机叶片的主要几何参数有：

（1）叶片长度。指叶片展向方向上的最大长度（L），如图3-15所示。

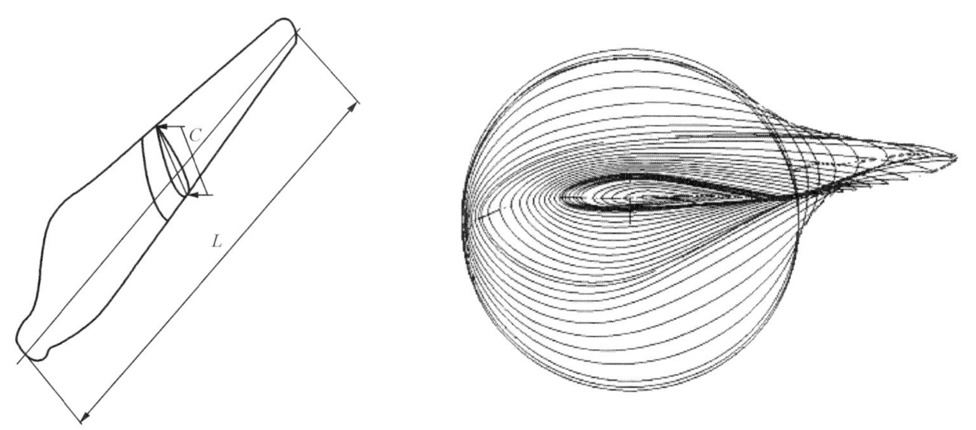

图3-15　叶片图

（2）叶片弦长。指叶片各剖面处翼型的弦长，用 C_r 表示。叶片弦长沿展向变化，不同风轮半径 r 处剖面翼型弦长 C_r 不同。叶片根部剖面的翼弦称翼根弦，用 C_{r0} 表示，叶梢部翼弦称翼稍弦，用 C_{r1} 表示。

（3）叶片面积。通常指的是叶片无扭角时在风轮旋转面上的投影面积，用 A_b 表示。

$$A_b = \int_{r_1}^{r_0} C_r \qquad (3\text{-}36)$$

(4) 叶片扭角。叶片翼弦之间的几何夹角。通常以叶片尖部翼弦为参考 0°，其他叶片剖面翼弦与叶尖翼弦的夹角，用 θ_r 表示。一般来说，叶片扭角从叶片尖部向叶片根部逐渐增大。

(5) 叶片转轴。通常叶片转轴位于叶片各剖面的 25%～35%翼弦处，与各剖面翼型气动中心的连线重合或接近，以减少作用在转轴上的转矩。

(6) 叶片桨距角。通常指叶片尖部剖面翼弦与风轮旋转平面之间的夹角，用 β 表示。叶片各剖面桨距角 β_r 等于叶尖桨距角 β 与相应各剖面叶片扭角 θ_r 的和。

三、 叶素理论

叶素理论是指忽略叶片的三维效应，按二维翼型的气动特性计算风轮上的力和力矩。将风轮叶片沿展向方向分成多个微线段，每个线段可称为叶素。叶素之间没有干扰。

对于具有 N 个叶片的风轮，半径为 R，转速为 ω， 桨距角为 β， 气流风速为 v_∞，在风轮半径为 r 处沿展向截取一段叶片，即叶素，如图 3-16 所示，截取叶素展长为 δ_r。

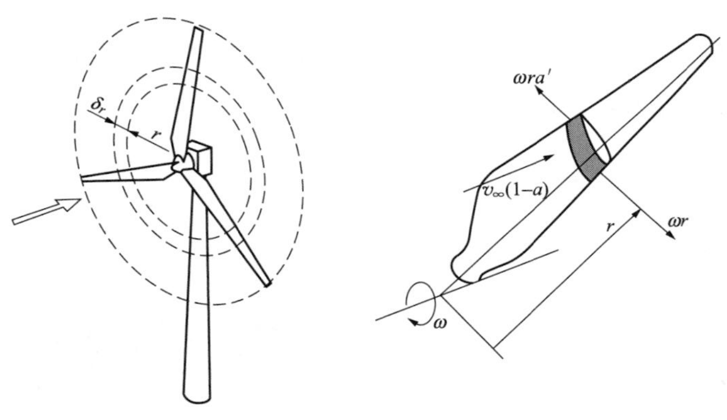

图 3-16 叶素圆环

由于略去沿叶片展向流速，故所取叶素相对气流速度可分解为轴向气流速度 v 和叶素圆环的切向线速度。由于气流受到风轮影响，轴向气流速度会有损失，用因子 a 来表示，则流经风轮叶片的轴向气流速度 $v = v_\infty(1-a)$。 而切向气流速度也会受到风轮影响，用因子 a' 表示，则叶素切向线速度为 $\omega r(1+a')$， 将两个速度合成后是叶素与气流总的相对速度，即合成风速（见图 3-17）为

$$W_r = \sqrt{[v_\infty(1-a)]^2 + [\omega r(1+a')]^2} \tag{3-37}$$

则合成风速 W_r 与叶素翼型弦线的夹角为几何迎角 α_r， 叶素翼型弦线与风轮旋转面的夹角为叶素桨距角 β_r， 合成风速 W_r 与风轮旋转面的夹角为气流入流角 φ_r， 根据速度

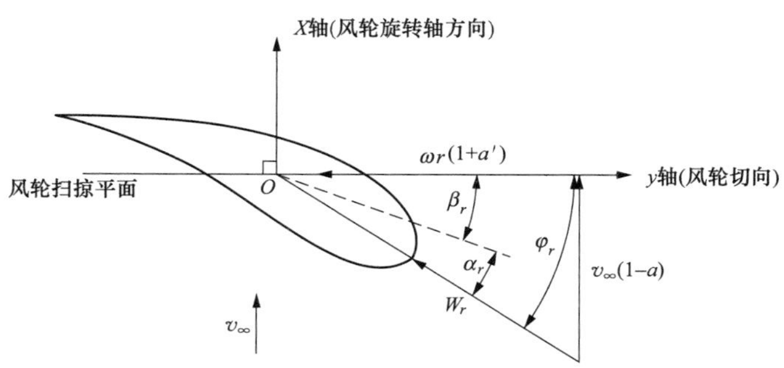

图 3-17　叶素的速度分解

三角形关系有

$$\varphi_r = \alpha_r + \beta_r = \alpha_r + \beta + \theta_r \tag{3-38}$$

$$\sin\varphi_r = \frac{v_\infty(1-a)}{W_r} \tag{3-39}$$

$$\cos\varphi_r = \frac{\omega r(1+a')}{W_r} \tag{3-40}$$

$$\tan\varphi_r = \frac{v_\infty(1-a)}{\omega r(1+a')} \tag{3-41}$$

在式（3-41）中，将叶素线速度与来流风速的比值用一个无量纲量来表示，即叶素尖速比 λ_r 为

$$\lambda_r = \frac{\omega r}{v_\infty} \tag{3-42}$$

其值随风轮径向位置 r 值变化而变化，当 r 为风轮半径 R 时，称为叶尖速比 λ 。如果令 $\mu = r/R$，则式（3-42）还可表示为

$$\lambda_r = u\lambda \tag{3-43}$$

在一定范围内，当叶素尖速比 λ_r 不变的情况下，轴向诱导因子 a 和切向诱导因子 a' 变化较小时，对气流入流角 φ_r 影响很小，在风轮的性能分析中，近似认为不变。

式（3-37）可表示为

$$W_r = v_\infty\sqrt{(1-a)^2 + [\mu\lambda(1+a')]^2} \tag{3-44}$$

根据翼型气动公式有：

叶素所受升力为

$$\delta_L = \frac{1}{2}\rho W_r^2 C_l C_r \delta_r \tag{3-45}$$

叶素所受阻力为

$$\delta_D = \frac{1}{2}\rho W_r^2 C_D C_r \delta_r \tag{3-46}$$

由于升力垂直于气流 W_r，而阻力平行于 W_r，将 δ_L 和 δ_D 投影到轴向和切向上，其中受力如图 3-18 所示。

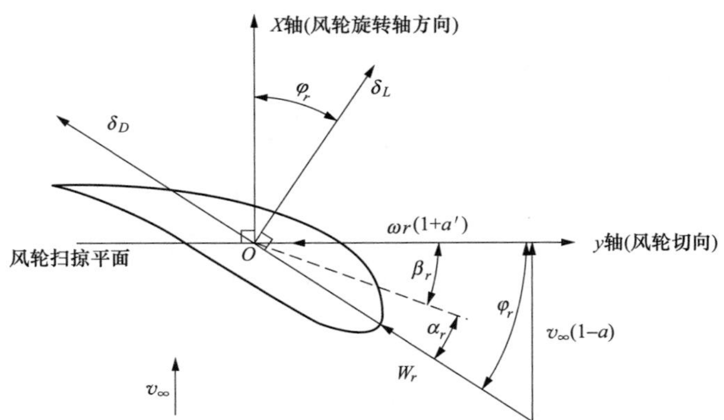

图 3-18　叶素受力图

轴向力：

$$\delta F_x = \delta_L \cos\varphi_r + \delta_D \sin\varphi_r \tag{3-47}$$

切向力：

$$\delta F_y = \delta_L \sin\varphi_r - \delta_D \cos\varphi_r \tag{3-48}$$

则所有叶片上半径 r、展长 δ_r 上的力合起来就是叶素旋转一周形成的圆环所产生的力。

圆环轴向力垂直于风轮旋转面，即

$$\delta F_n = N\delta F_x = \frac{1}{2}\rho W_r^2 N C_r \delta_r (C_L \cos\varphi_r + C_D \sin\varphi_r) \tag{3-49}$$

圆环切向力平行于风轮旋转面，即

$$\delta F_t = N\delta F_y = \frac{1}{2}\rho W_r^2 N C_r \delta_r (C_L \sin\varphi_r - C_D \cos\varphi_r) \tag{3-50}$$

圆环切向力乘以半径 r 即为使叶素旋转的力矩，即

$$\delta M = \delta F_t r = \frac{1}{2}\rho W_r^2 N C_r \delta_r r (C_L \sin\varphi_r - C_D \cos\varphi_r) \tag{3-51}$$

如果令

$$\delta C_n = C_L \cos\varphi_r + C_D \sin\varphi_r \tag{3-52}$$

$$\delta C_t = C_L \sin\varphi_r - C_D \cos\varphi_r \tag{3-53}$$

式中　δC_n——叶素的法向力系数；

δC_t——叶素的切向力系数。

将式（3-52）和式（3-53）对 r 进行积分可得到整个风轮推力 T 和转矩 M 为

$$T = \int_{r_0}^{R} \mathrm{d}T = \frac{N}{2}\int_{r_0}^{R} \rho W_r^2 C_r C_n \delta_r \tag{3-54}$$

$$M=\int_{r_0}^{R}\mathrm{d}M=\frac{N}{2}\int_{r_0}^{R}\rho W_r^2 C_r C_t r\delta_r \tag{3-55}$$

将叶素理论与动量理论相结合，可求出 a 和 a'，从而可求出风轮的相关性能系数。

四、 风轮叶片气动性能

风机的性能曲线主要有：风机风能利用系数 C_P 曲线、功率曲线、转矩曲线和推力曲线。

风能利用系数 C_P 曲线：由风轮风能利用系数的定义可知，风能利用系数 C_P 为风机的功率与通过风轮的风的能量之比，如图 3-19 所示。

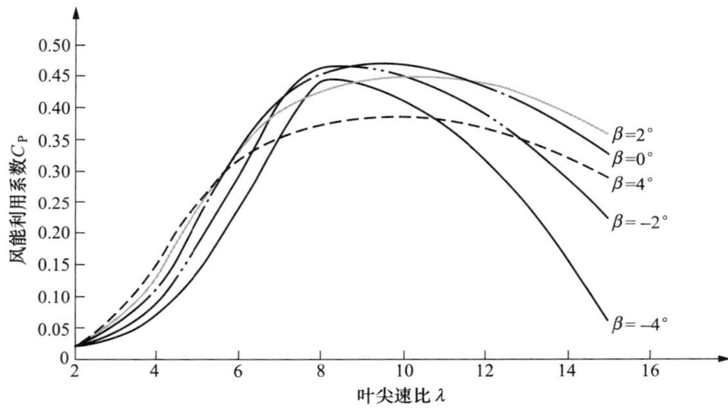

图 3-19 变桨距 C_P-λ 关系曲线

风机的功率由式（3-55）可得

$$P=M\omega=\frac{N\omega}{2}\int_{r_0}^{R}\rho W_r^2 C_r C_t r\delta_r \tag{3-56}$$

由式（3-41）可知

$$\tan\varphi_r=\frac{v_\infty(1-a)}{\omega r(1+a')}=\frac{(1-a)}{\lambda_r(1+a')}=\frac{(1-a)}{\mu\lambda(1+a')} \tag{3-57}$$

对风机叶素来说，当略去轴向诱导因子和切向诱导因子的影响时，根据式（3-57）可知，入流角 φ_r 可由叶素尖速比 λ_r 确定。

根据升力系数与攻角的关系有

$$\begin{aligned}C_L&=C_L^{\alpha}(\alpha_r-\alpha_0)=C_L^{\alpha}[\varphi_r-(\beta+\theta)-\alpha_0]\\&=C_L^{\alpha}\left[\arctan\frac{(1-a)}{\mu\lambda(1+a')}-(\beta+\theta)-\alpha_0\right]\end{aligned} \tag{3-58}$$

由式（3-58）可知，如果略去轴向和切向诱导因子的影响，升力系数 C_L 是关于叶尖速比λ和桨距角β的函数。同理，阻力系数 C_D 和力矩系数 C_M 也是关于叶尖速比λ和桨距角β的函数。

根据式（3-26），将式（3-56）代入得

$$C_P = \frac{N}{A}\int_{r0}^{R} \mu\lambda\{(1-a)^2 + [\mu\lambda(1+a)]^2\} C_r \delta_r (C_L \sin\varphi_r - C_D \cos\varphi_r) \tag{3-59}$$

如果只计及影响风机性能的主要因素，则将式（3-54）积分后，是关于风轮叶尖速比λ和桨距角β的函数，即 $C_P = f_1(\lambda, \beta)$，如图 3-19 所示。同理推力系数 C_T、C_M 也是关于风轮叶尖速比λ和桨距角β两个变量的函数，$C_T = f_2(\lambda, \beta)$、$C_M = f_3(\lambda, \beta)$，如图 3-20 和图 3-21 所示。

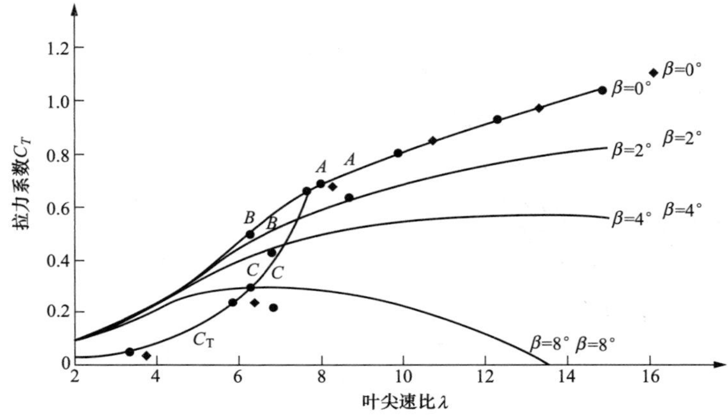

图 3-20　变桨距 C_T-λ 关系曲线

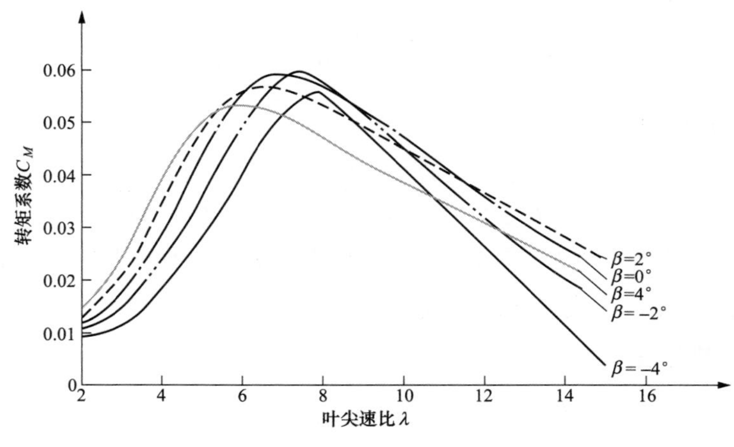

图 3-21　变桨距 C_M-λ 关系曲线

当桨距角一定时，C_P-λ 曲线、C_T-λ 曲线、C_M-λ 曲线分别为图 3-19～图 3-21 所示三张

图中的一条曲线（与桨距角对应的曲线）。

针对风机三个参数 C_P、C_T、C_M 关于叶尖速比 λ 和桨距角 β 的函数特性，通过改变 λ 和 β 值来改变风机特性。叶片桨距角 β 可调的风机，即为变桨距风机，否则为定桨距风机。而对于 $\lambda = \omega R / v_\infty$，当风速一定时，只能通过改变风轮转速或电机转速来实现改变风轮特性，即为变速风机，否则为恒速风机。一般来说，桨距角的调节是为了限制风机功率，而叶尖速比的调节或风轮转速的调节是为了增加风能利用系数，即风力发电机的 C_P 值，使风机捕获更多的风能。

第五节　功率调节控制及特点

并网运行的风力发电机组从 20 世纪 80 年代中期开始，渐渐发展成为商品化和产业化，在早期的风力发电机组的机型中主要有定桨距机组和变桨距机组，由于当时风力发电机组的技术和成本的影响，机组的主导机型还是定桨距机组。这两种类型机组虽然目标都是将风能转化为电能，但由于定桨距机组安装的是定桨距叶片，而变桨距机组采用的是变桨距叶片，因此两种叶片的气动特性决定了两类机组的功率控制策略和技术不同。

一、 定桨距叶片特性

定桨距机组的一个主要结构特点是：桨叶与轮毂的连接是固定的，桨叶相对于轮毂没有相对运动，无论风速和风轮转速如何变化，叶片的桨距角度是个恒定值，不需要复杂的变桨距机构和控制，具有结构简单、可靠、成本低等优点。但这也为机组的功率控制、安全、载荷等方面带来了问题。

对于定桨距恒速运行的机组，通常与鼠笼型双绕组异步发电机组合，发电机直接连接到电网上，发电机转速是由电网频率决定的，由于发电机转差率的作用，转速会有很小范围的变化，可以近似认为恒速发电机。为了提高机组的效率，在低风速下小发电机切入，在高风速下大发电机投入，风力发电机组在两个恒定转速下运行。

当平均风速 v_∞ 大于机组的启动风速 v_s 时，风轮开始启动，风轮转速逐渐加速，当风轮转速达到控制设定点时，一般在发电机同步转速以下，通过机组并网控制程序实现机组并网发电，风轮转速始终在同步转速附近运行。风轮叶尖速比也随风速变化，当在小风速时，叶尖速比较大，由于 ωR 基本是定值，当风速增加时，叶尖速比 λ 减小，即与风速成反比。则机组 C_P 值也由小到大变化，当风速达到额定风速后，风轮的 C_P 值达到最大值，如图 3-22 和图 3-23 所示。

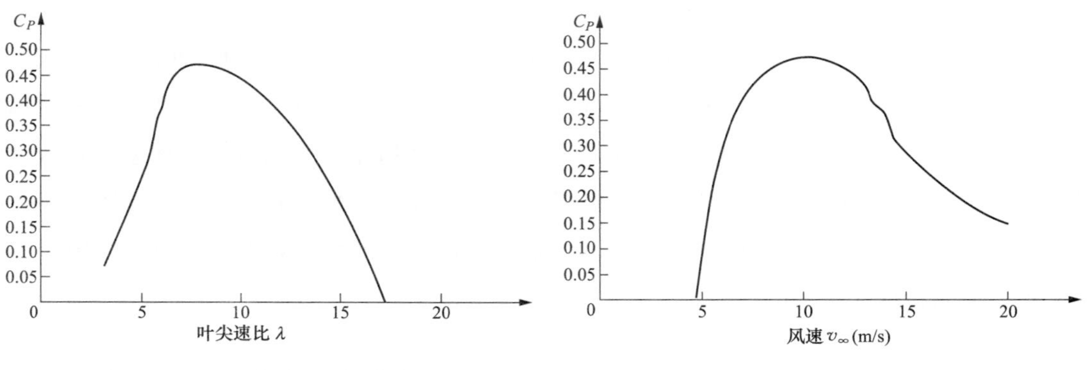

图 3-22　定桨距 C_P-λ 关系曲线　　　图 3-23　定桨距 C_P-v_∞ 关系曲线

当不计轴向诱导因子和切向诱导因子时：

$$\varphi_r = \arctan\left(\frac{1}{\mu\lambda}\right) = \arctan\left(\frac{v_\infty}{\mu\omega R}\right) \tag{3-60}$$

由式（3-60）可知风轮运行过程中，风机叶片的入流角 φ_r 是随风速 v_∞ 增加而增加的，如图 3-24 和图 3-25 所示。

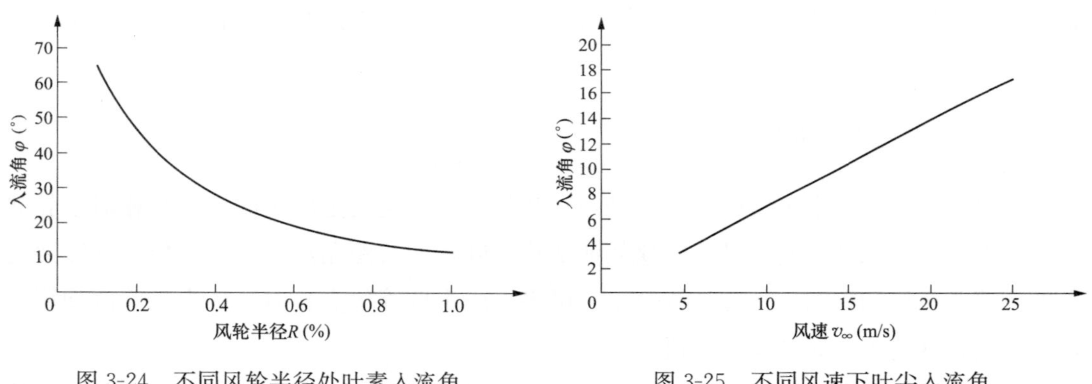

图 3-24　不同风轮半径处叶素入流角　　　图 3-25　不同风速下叶尖入流角

根据式（3-38），因为 $\beta_r - \theta_r$ 是不变的，所以攻角 α 的变化趋势与入流角相同。

当风速 v_∞ 在额定风速 v_R 附近时，风轮转矩系数最大，即叶片各截面的升力系数在旋转切向上的分量达到最大值，由于对风轮转矩贡献最大的部分是叶片的中部和尖部，因此在叶片中部和尖部的叶片截面处翼型升力系数处于最大值附近。当风速 v_∞ 超过额定风速 v_R 后，叶片各截面攻角也在增加，由于攻角从叶尖向叶根越来越大，随着风速的增加，叶片失速区域从叶根向叶尖发展，失速区域扩大，失速使得叶片翼型的升力系数减小、阻力系数增加，导致风轮转矩系数减小，从而抵消掉由于风速增加而产生的机组的功率增加。

对风轮推力系数来说，叶片各截面阻力系数随入流角增加而增加，也就是随风速增

加而增加，这使得风轮推力随风速增加而越来越大，当风速超过额定风速后，随着叶片失速区域扩大，风轮推力更大，如图 3-26 和图 3-27 所示。

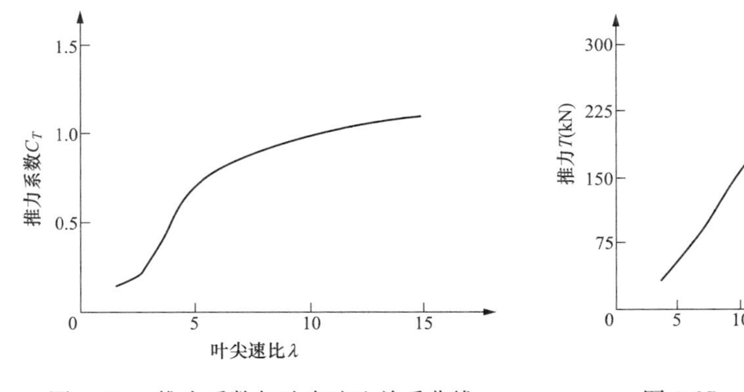

图 3-26　推力系数与叶尖速比关系曲线

图 3-27　风速与推力关系曲线

风轮叶片发生失速后，翼型性能参数剧烈变化，使得风轮推力、转矩、功率等性能曲线受到影响较大，性能曲线的波动较剧烈，控制难度增加。图 3-28 所示为机组功率曲线散点图，额定风速附近及以上风速机组的功率波动较大，额定风速以下的功率曲线附近波动较小。由于翼型发生失速后，气动参数变化较大，因此使得机组控制系统参数很难调节，造成机组的功率波动较大。

二、 变桨距叶片特性

当变桨距叶片使桨距角改变时，风轮的性能参数也会发生变化，这影响风力发电机组的功率输出、推力大小及机组控制。定桨距叶片调节功率的方式是失速，即当风速增加时，风轮叶片入流角增加，导致叶片各截面攻角增加，使叶片失速区域加深，实现调节机组功率，变桨距叶片调节功率的方式与定桨距叶片相反。

沿风轮叶片展向截取单位长度叶片，如图 3-29 所示，其中 v_∞ 和 ω 分别为来流风速和风轮转速，v'_A 为流经叶片的切向气流速度，v_A 为流经叶片的轴向气流速度，根据速度三角形，W_A 为切向气流速度 v'_A 和轴向气流速度 v_A 的合成。

当变桨距风力发电机运行在额定风速附近或以上时，机组在控制系统作用下恒转速运行，即叶素的 $\mu\omega R$ 是定值，此时叶素桨距角为 β_A， 如图 3-30 所示，叶素翼型气动系数和攻角 α_A 对应的是 A 点，如图 3-31 所示。当风速增加后，流经风轮的气流速度也发生变化，使叶片叶素的气动参数发生变化，包括攻角 α 、升力系数 C_L 、阻力系数 C_D、轴向诱导因子 a 和切向诱导因子 a'，如图 3-30～图 3-32 所示，当转速一定时，不同风速下的叶片性能参数也发生变化。

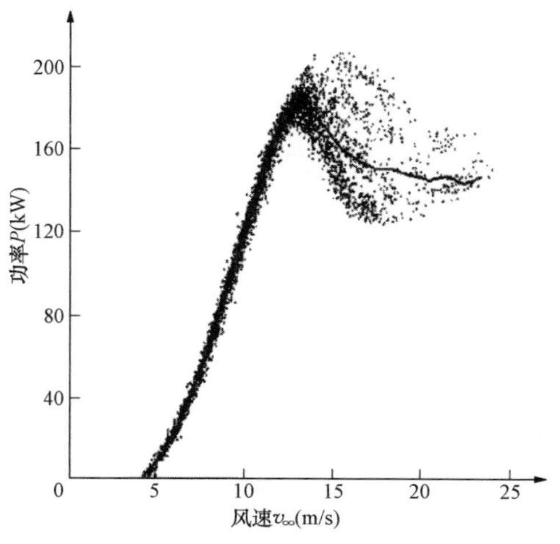

图 3-28　机组功率曲线散点图

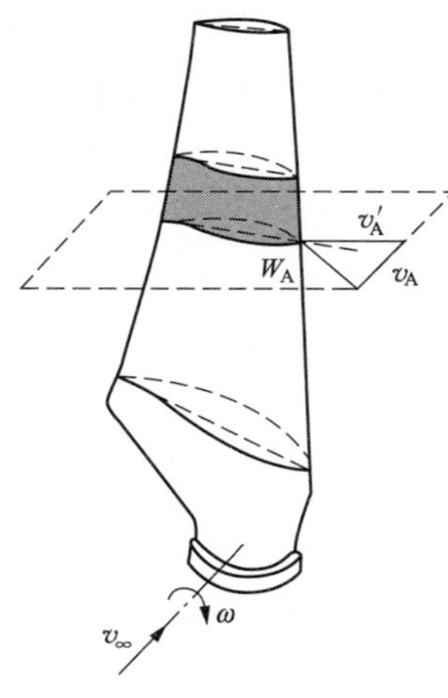

图 3-29　叶片径向截面气流速度分解图

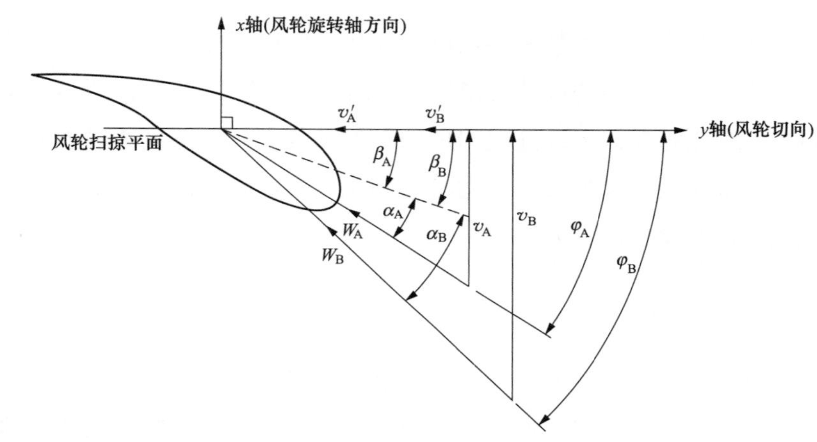

图 3-30　风速增加引起入流角变化

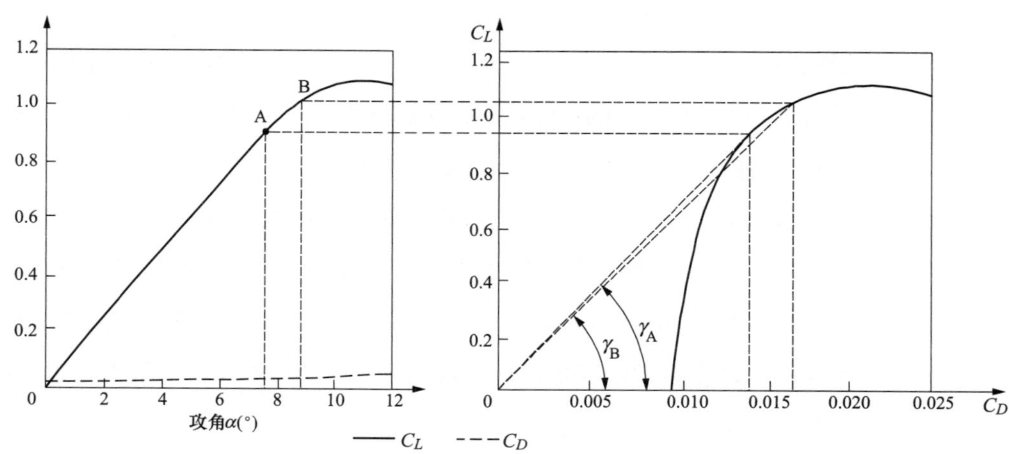

图 3-31　风速增加引起升阻系数变化

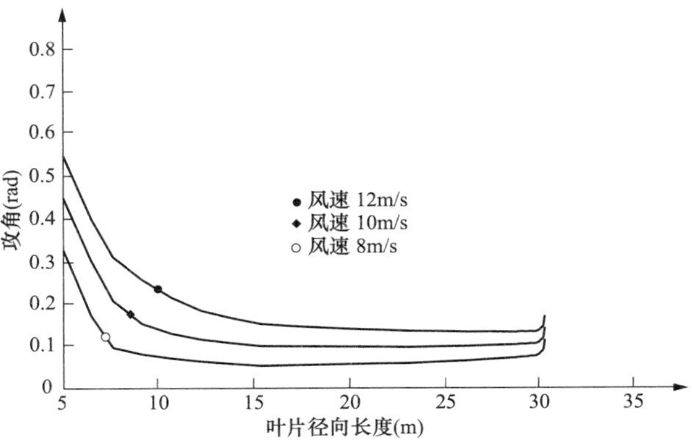

图 3-32　风速增加引起叶片攻角变化

根据式（3-52）和式（3-53）可知，叶素的法向力系数 δC_n 和切向力系数 δC_t 发生变化引起风轮推力系数 C_T 和力矩系数 C_M 变化，如图 3-33 所示，由于叶尖速比由 A 点变化到 B 点，相对应的推力系数变小，相应的力矩系数也发生变化，这使得机组推力、转矩和功率增加。为达到限制功率和调节转速的目的，根据入流角、桨距角、攻角三者之间的关系，通过增加桨距角，使得攻角减小，从而使翼型气动参数发生改变，进而使整个风轮的性能参数改变，如图 3-33 所示。

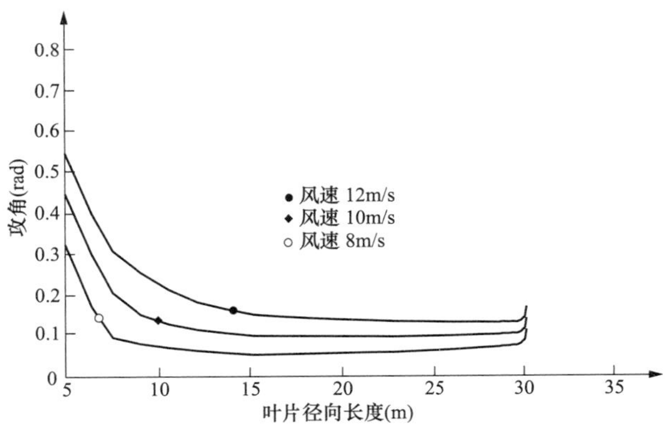

图 3-33　风轮性能系数曲线

实际运行的风力发电机，由于自然界的风况复杂，当风流经风轮叶片后，在风轮后形成复杂的气流流动，这使得实际风力发电机的推力、转矩、载荷等非线性、随机性很强，要获得风力发电机的良好控制较为困难，风力发电机的性能曲线可以协助设计、优化风力发电机组的控制系统，保证机组的安全运行，延长机组寿命。

第四章　风力发电机组主要组成部分

并网型风力发电机组的整体结构一般由风轮（包括叶片、轮毂和变桨控制）、机舱（包活主轴、齿轮箱、联轴器、发电机、机舱底盘）、塔架、基础等部分组成，如图 4-1 所示。

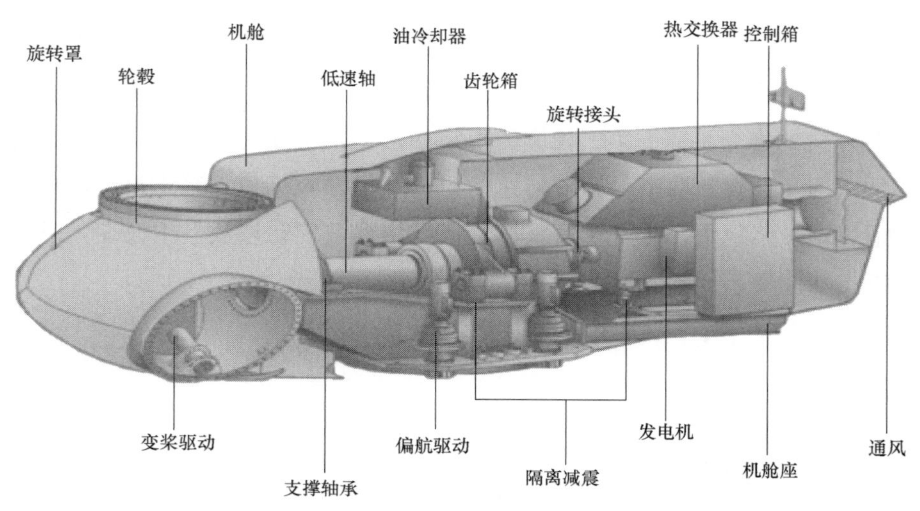

图 4-1　风力发电机组整体结构图

第一节　风　　轮

一、概述

风轮的作用是把风的动能转换成风轮的旋转机械能。风轮应尽可能设计的最佳，以提高其能量转换效率。

风轮一般由一个、两个或两个以上的几何形状一样的叶片和一个轮毂组成。风力发电机组的空气动力特性取决于风轮的几何形式，风轮的几何形式取决于叶片数、叶片的弦长、扭角、相对厚度分布以及叶片所用翼型等。

风轮的设计是一个多学科的问题，涉及空气动力学、机械学、气象学、结构动力学、控制技术、风载荷特性、材料疲劳特性、试验测试技术等。

风轮的功率大小与风轮直径存在一定关系，对风力发电机组来说，追求的目标是最经济的发电成本。

由于风轮的噪声与风轮转速直接相关，大型风力发电机组应尽量降低风轮转速，因为当叶尖线速度达到70～80m/s时，会产生很高的噪声。在风轮转速确定的情况下，可以通过改变叶片外形来改善其空气动力特性以降低噪声。如改变叶尖形状、降低叶尖载荷等。

风轮是风力发电机组最关键的部件，风轮的费用约占风力发电机组造价的20%～30%，而且它至少应具有20年的设计寿命。除了空气动力设计外，还应确定叶片数、叶片结构和轮毂形式。

二、风轮的几何参数

（一）叶片数

风轮的叶片数取决于风轮实度，一般来说，要得到很大的输出扭矩就需要较大的风轮实度，如美国早期的多叶片风力提水机。现代风力发电机组实度较小，一般只需要1～3个叶片。

叶片数多的风力发电机组在低叶尖速比运行时有较高的风能利用系数，既有较大的转矩，而且启动风速低，因此适用于提水。而叶片数少的风力发电机组则在高叶尖速比运行时有较高的风能利用系数，但启动风速高，因此适用于风力发电。

从经济角度考虑，1～2叶片风轮比较合适，但3叶片风轮的平衡简单，风轮的动态载荷小。2叶片风轮也有其优点，风轮实度小、转速高。假如3叶片风轮也要达到2叶片的高转速，那么每个叶片的弦长会很小，从结构上来说可能无法实现。

根据美国波音公司的研究结论，2叶片风轮的动态载荷比3叶片风轮的动态载荷大得多；3叶片使风力发电机组系统运行平稳，基本上消除了系统的周期载荷，输出稳定的转矩。如果说2叶片风轮的动态载荷比较大，那么单叶片风轮的动态载荷会更突出。

对大型风力发电机组来说，1～3叶片的风轮都有，但具有不同的特点。3叶片风轮通常能提供最佳的效率，风轮从审美的角度来说更令人满意，受力平衡好，轮毂结构简单；与3叶片风轮相比，2叶片风轮噪声大，运转不平稳，成本高，风轮的气动效率降低2%～3%，轮毂也比较复杂；单叶片风轮通常比2叶片风轮效率低6%，机组成本低，费用低。因风轮动力学平衡要求，单叶片风轮应增加相应的配重和空气动力平衡措施，提高结构动力学的振动控制技术要求。单叶片风轮和2叶片风轮的轮毂通常比较复杂，为限制风轮旋转过程中的载荷波动，轮毂应具有跷跷板的特性（即采用柔性轮毂）。

（二）风轮直径

风轮直径是指风轮在旋转平面上的投影圆的直径，如图 4-2 所示。风轮直径的大小与风轮的功率直接相关。

（三）轮毂中心高度

轮毂中心高度指风轮旋转中心到基础平面的垂直距离，如图 4-2 所示。从理论上讲，轮毂中心高度越高越好，根据风剪切特性，离地面越高，风速梯度影响越小；风轮实际运行过程中，作用在风轮上的波动载荷越小，可以提高机组的疲劳寿命。但从实际经济意义考虑，轮毂中心高度不可能太大，否则不但塔架成本太高，安装难度及成本也大幅度提高。一般轮毂中心高度与风轮直径接近。

（四）风轮扫掠面积

风轮扫掠面积是指风轮在旋转平面上的投影面积。

（五）风轮锥角

风轮锥角是指叶片相对于和旋转轴垂直的平面的倾斜度，如图 4-3 所示。锥角的作用是在风轮运行状态下减少离心力引起的叶片弯曲应力和降低叶尖与塔架碰撞的机会。

（六）风轮仰角

风轮仰角是指风轮的旋转轴线与水平面的夹角，如图 4-3 所示。仰角的作用是防止叶尖与塔架碰撞。

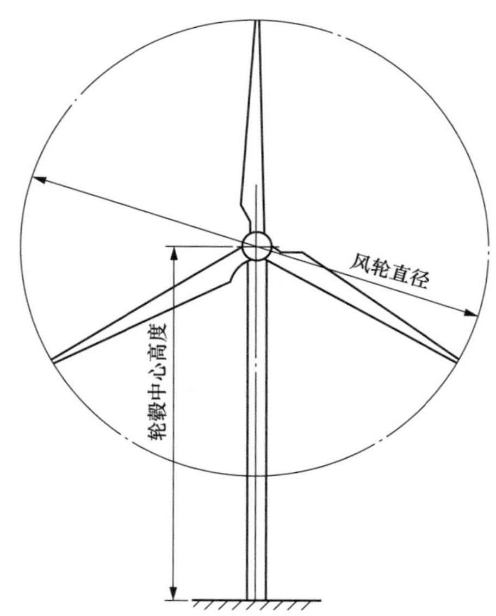

图 4-2　风轮直径和轮毂中心高度

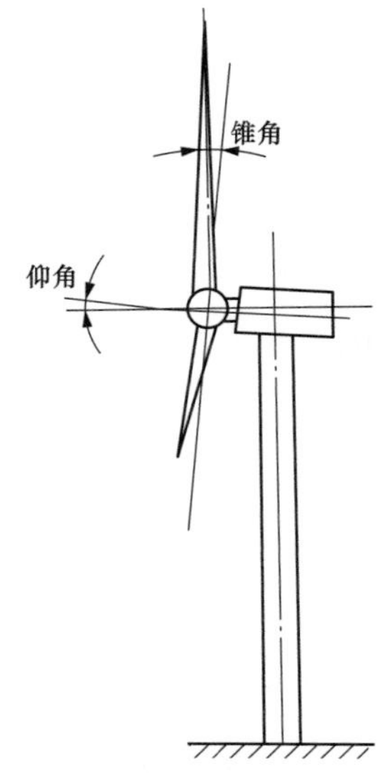

图 4-3　风轮的仰角和锥角

（七）风轮偏航角

风轮偏航角是指风轮的旋转轴线和风向在水平面投影之间的夹角。

三、风轮的物理参数

（一）风轮转速

风轮在风的作用下旋转，旋转速度用风轮转速 ω 表示。

（二）风轮叶尖速比

风轮叶尖速比是风轮的一个重要参数，它指的是风轮叶片尖端线速度与来流风速的比值。

（三）作用在风轮上的力和力矩

1. 翼型受力

翼型气动特性好坏直接影响风力发电机组的性能。以前风轮叶片常采用飞机模型，当前也有专用于风力发电机组的专用翼型。风轮工作条件与飞机有较大区别。一方面风轮叶片工作时，其迎角变化范围大；另一方面风轮叶片是在低雷诺数情况下工作的，风力发电机组设计过程中，希望提高风能利用系数，尽可能降低风轮的能量损失。

从飞机机翼理论中我们知道升阻比（C_L/C_D）的概念，要求选择的翼型具有高的升力系数，一般流线翼型的升阻比在 150～170 之间，某些特殊翼型的理论升阻比可达到 400 左右。随着雷诺数增加，翼型升阻比越好。

近年来，主要是由于新翼型的开发研制投入比较大，采用新翼型制造的叶片较少。通常选用具有公开数据而性能优良的翼型，如 NACA632××、NACA634××系列低阻层流翼型等。由于失速计算不准确，因此是限制翼型选择的另一个因素。

应根据以下规则选择翼型：对于低速风轮，由于叶片数较多，不需要特殊的翼型升阻比；对于高速风轮，由于叶片数较少，应选用在很宽的风速范围内具有较高升阻比和平稳失速特性的翼型，对粗糙度不敏感，以便获得较高的功率系数；另外要求翼型的气动噪声低。

事实上，不仅仅是翼型，所有置于均匀气流中的物体都受到一个力的作用，而该力的方向一般与来流的方向不同。这一点很关键，它解释了为什么升力分量垂直于来流，另一部分阻力分量平行于来流的原因。

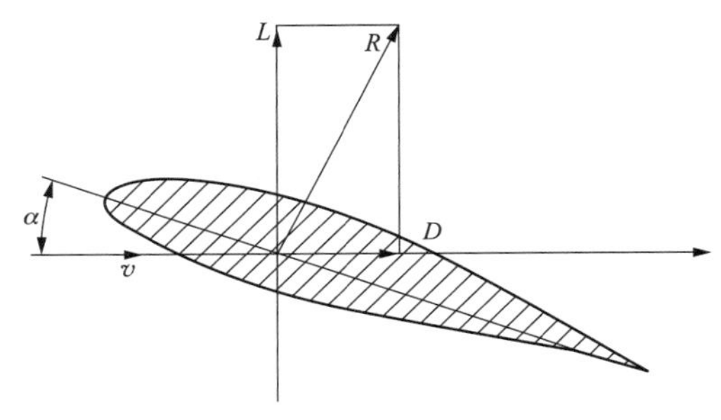

图 4-4　翼型剖面受力图

作用在翼型上的力的物理机理是环绕翼型面流体流速的变化。如图 4-4 所示，上翼型面流速比下翼型面快，结果上面压力低于下面压力，于是产生了气动力。气动力可以分解为一个平行于来流的阻力分量 D 和一个垂直于来流的升力 L 分量。升阻力不但与来流的速度有关，还与它的角度（攻角）有关。

在描述不同翼型的升阻特性时，常常用无量纲的升力系数和阻力系数作基准，它们的定义见式（3-31）和式（3-33）。

翼型的升力系数和阻力系数是在风洞中测试而获得的。这些数据是二维的，在实际使用时要进行三维修正。翼型升力曲线和阻力曲线如图 4-5 和图 4-6 所示。

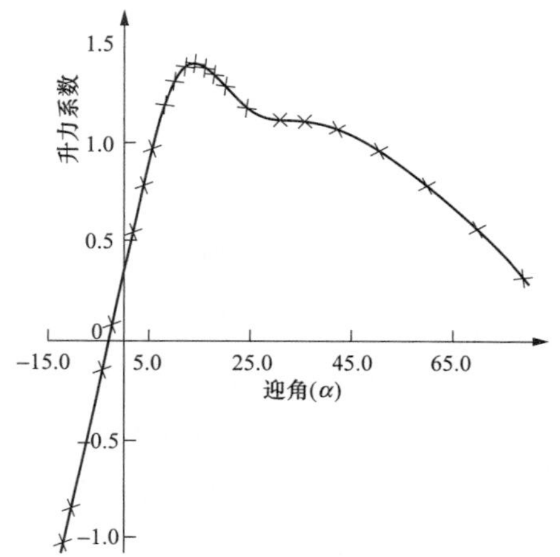

图 4-5　翼型升力系数曲线

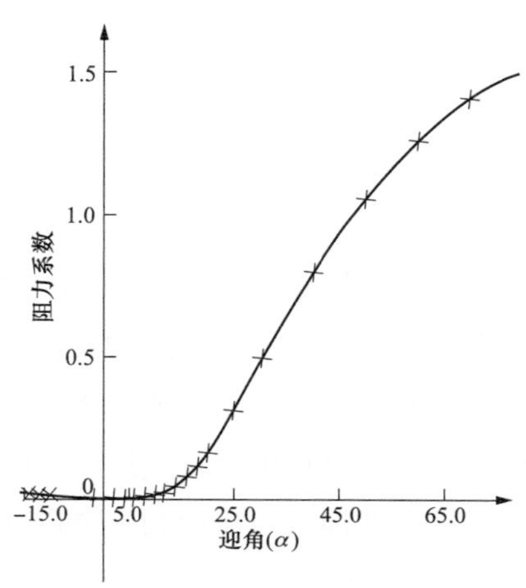

图 4-6　翼型阻力系数曲线

2. 叶素受力

风轮叶片剖面叶素不考虑诱导速度情况下的受力分析，如图 4-7 所示。在叶片局部剖面上，ω 是来流速度 v 和局部线速度 u 的矢量和。速度 ω 在叶片局部剖面上产生升力 $\mathrm{d}L$ 和阻力 $\mathrm{d}D$ ，把 $\mathrm{d}L$ 和 $\mathrm{d}D$ 分解到平行和垂直风轮旋转平面上，即为风轮的横向推力 $\mathrm{d}F_n$ 和旋转切向力 $\mathrm{d}F_t$。轴向推力作用在风力发电机组塔架上，旋转切向力产生有用的旋转力矩，驱动风轮转动。几何关系如下：

$$\omega = v + u \tag{4-1}$$

$$\varphi = \beta + \alpha \tag{4-2}$$

$$\mathrm{d}F_n = \mathrm{d}D\sin\varphi + \mathrm{d}L\cos\varphi \tag{4-3}$$

$$\mathrm{d}F_t = \mathrm{d}L\sin\varphi - \mathrm{d}D\cos\varphi \tag{4-4}$$

$$\mathrm{d}M = r\mathrm{d}F_t = r(\mathrm{d}L\sin\varphi - \mathrm{d}D\cos\varphi) \tag{4-5}$$

作用在风轮叶片上的力和力矩，可以由作用在风轮叶片各剖面叶素上的力和力矩积分来确定。

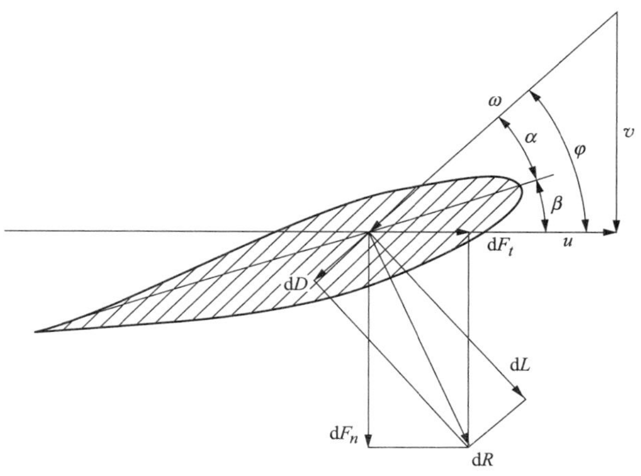

图 4-7　叶素受力图

四、 轮毂

轮毂是用来将叶片连接到风轮主轴上的固定部件，形状复杂，它通常由球墨铸铁部件组成，作用是将风力对叶片的作用载荷传递给主轴及齿轮箱。随着风力发电机组大型化的发展趋势，轮毂的质量也越来越大，达到 10t 以上。

传递到轮毂和塔架上的力矩和力取决于轮毂的形式。轮毂通常有三种形式：刚性轮毂，带悬臂式叶片，所有的力矩都传递至塔架，是风力发电机组中最常见的轮毂结构；跷板式轮毂，两刚性连接的叶片通过跷板铰链连接，它只能将平面内的力矩传递到轮毂上；铰接叶片轮毂，允许叶片相对旋转平面单独挥舞运动，较少使用。其中，刚性轮毂如图 4-8 所示。

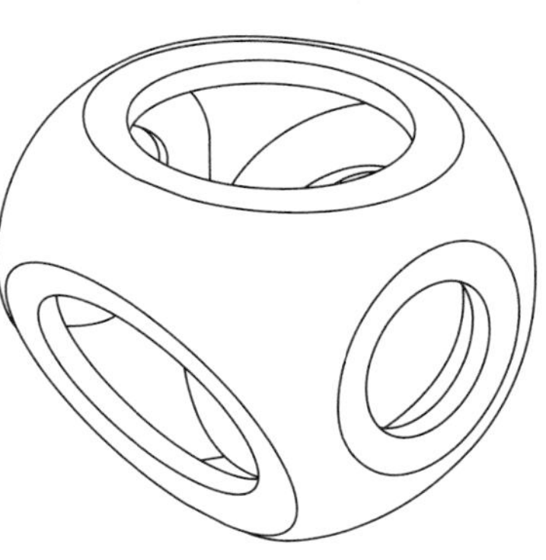

图 4-8　刚性轮毂

轮毂设计时，叶片与轮毂相互作用的载荷应在设计叶根时考虑，这些载荷包括：全部挥舞力矩；挥舞方向剪切力，由叶片上的推力引起；摆动力矩，由叶片上的功率转矩和重力载荷引起；摆振方向剪切力，产生功率转矩的平面内力；离心力；叶片变桨力矩。

轮毂的破坏形式主要有强度破坏和疲劳破坏。作为风力发电机组中重要的受力部件，承受各种静载荷和交变载荷，因此轮毂必须拥有足够的强度和刚度及良好的减震吸震性能，以减缓叶片对主轴的载荷冲击，延长风力发电机的运行寿命周期。一般情况下，轮毂的设计寿命是 20 年，负载循环可以达到 10^9 次。

第二节　叶　　片

叶片是风力发电机组中的核心部件之一，其优越的性能、良好的设计、可靠的质量是保证机组正常稳定运行的决定因素。为保证风力发电机组安全、稳定运行，叶片应具备以下条件：叶片翼型要具有良好的空气动力学性能，吸收的风功率尽量大；密度小且具有最佳的疲劳强度和力学性能，能经受暴风等极端恶劣条件和随机负载的考验；叶片的弹性、旋转时的惯性及其振动频率特性曲线都正常，传递给整个发电系统的负载稳定性好；叶片的材料必须保证表面光滑以减小风阻；质量分布均匀、耐腐蚀、紫外线照射和雷击性能好；成本较低，维护费用低。

一、叶片的几何形状

叶片的几何形状通常是基于空气动力学考虑设计的，如图 4-9 所示。叶片横截面具有非对称的流线形状，迎风面扁平，沿长度方向通常为扭曲形。扭曲形叶片的翼型和扭角沿叶片长度不同，且由叶根至叶尖扭角逐渐减少，使叶片各处都达到最佳迎角状态，以获得最佳升力来得到较高的风能效率。随着沿叶尖方向叶片线速度的增加，升力沿叶尖也会增加，翼型变薄，弦长变短。

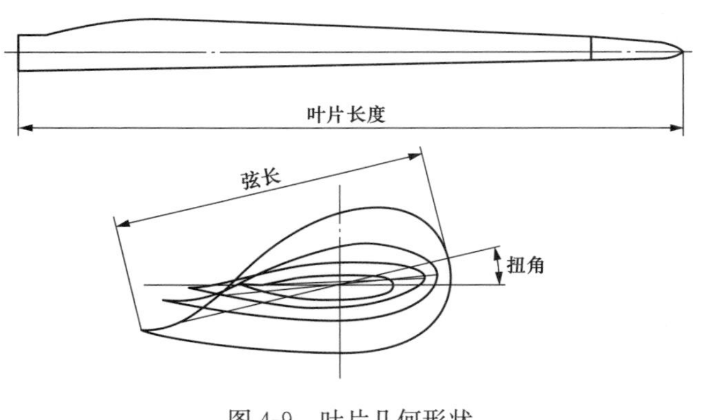

图 4-9　叶片几何形状

二、叶片的材料

风力发电机组叶片由轻质材料制成，以减小质量及由于旋转质量产生的载荷。理想的叶片材料应具有良好的力学、热学、化学特性，以满足必需的高强度、高刚度、耐腐蚀等要求，同时还应具有性价比高、易于制造且对环境的污染尽量小的特点。

（一）叶片常用材料

制作叶片常用的材料主要有木材、钢材、铝合金、玻璃纤维复合材料、碳纤维复合材料。

1. 木材

木材一般仅用于制作微、小型风力发电机组叶片，可由整块木板制作，也可采用胶合板或层压板的形式。结构形式可以是单纯平板式，呈靠近根部较宽、叶尖较窄的梯形，根部与轮毂金属法兰板用螺栓组连接。稍大些的叶片采用强度好的整体木方作为叶片纵梁，并用纵向的肋板来加强强度及刚度，结构空间用轻木或泡沫塑料填充，再用玻璃纤维覆面，外涂环氧树脂。而在大型叶片中，木材可局部用作支撑骨架。

用作叶片的木材有杨木、桦木、山毛榉、花旗松等，最常用的木材是花旗松，质量轻、成本低、阻尼特性良好，缺点是易受潮、加工成本高。

2. 钢材

一些叶片采用钢管或D型型钢做纵梁，钢板做肋梁，内填泡沫塑料，外覆玻璃钢蒙皮的结构形式，一般在大型风力发电机上使用。叶片纵梁的钢管及D型型钢从叶根至叶尖的截面应逐渐变小，以满足扭曲叶片的要求并减轻叶片重量，即做成等强度梁。

3. 铝合金

用铝合金挤压成型的等弦长叶片易于制造，可连续生产，又可按设计要求的扭曲进行扭曲加工。铝合金叶片质量轻、易于加工，但不能做到从叶根至叶尖渐缩。另外，铝合金材料在空气中有氧化和老化问题。

4. 玻璃纤维复合材料

玻璃纤维复合材料（glass fiber reinforced plastic，GFRP）就是环氧树脂、不饱和树脂等塑料为基体掺入作为增强物的玻璃纤维做成的增强塑料。基体起着黏接、支持、保护增强物和传递应力作用，基体包括聚酯和环氧树脂。GFRP材料具有强度高、质量轻、耐老化、容易成型的特点，在目前的叶片制造中得到广泛应用。GFRP材料可用于制造叶片的表面和内部结构，叶片的填充物部分多为泡沫塑料，叶片表面还可通过上浆和涂覆改进质量。

5. 碳纤维复合材料

由碳纤维（carbon fiber，CF）复合材料制成的叶片刚度可达玻璃钢复合叶片的2～3倍，且质量轻，目前一般考虑在超大型风力发电机组上使用。虽然碳纤维复合材料的性能大大优于玻璃纤维复合材料，但价格昂贵，影响了它在风力发电大范围应用。目前，全球各大复合材料公司正在从原材料、工艺技术、质量控制等各方面深入研究，以求降低成本。

（二）叶片材料的基本特性

为便于比较，叶片常用材料的力学特性、比强度与比模量等结构特性指标见表 4-1。

表 4-1　　各种材料的结构特性比较

材　　料	密　度 （kg/m^3）	拉伸强度 （MPa）	弹性模量 （GPa）	疲劳强度 （MPa）	比强度 （MN·m/kg）	比模量 （MN·m/kg）
木材/环氧树脂	580	105	11	35	0.18	19.0
钢材	7850	450	210	70	0.06	26.7
铝合金	2700	410	73	40	0.15	27.0
玻璃纤维/环氧树脂	1700	570	22	35	0.34	12.9
碳纤维/聚酯	1400	380	55	100	0.27	39.3

注　比强度是材料的拉伸强度极限与其密度之比，又称为强度-质量比，单位为（N/m^2）/（kg/m^2）或 N·m/kg；比模量是材料的弹性模量（单位：N/m^2）与其密度（单位：kg/m^3）之比，又称劲度-质量比，单位为 N·m/kg。

从表 4-1 可以看出，虽然复合材料的拉伸强度比金属低，但比强度、比模量都比金属高。

表 4-2 反映了几种长度与不同材料叶片的质量关系。

表 4-2　　不同材料及长度叶片的质量对比

叶片长度（m）	叶片质量（kg）		
	玻璃纤维/聚酯	玻璃纤维/环氧树脂	碳纤维/环氧树脂
19	1800	1000	
29	5600	4900	
34	5800	5200	3800
38	10200		8400
43	10600		8800
52	21000		
54			17000
58			19000

从表 4-2 中可看到碳纤维的质量较轻，但因为价格较高，目前较多使用的仍是玻璃纤维/环氧树脂复合材料。采用复合材料叶片主要有以下优点：①轻质高强，刚度好。复合材料性能具有可设计性，可根据叶片受力特点设计强度与刚度，从而减轻叶片质量；②叶片设计寿命按 20 年计，则其要经受 10^8 次以上的疲劳交变，因此材料的疲劳性能要好。复合材料缺口敏感性低，内阻尼大，抗震性能好，疲劳强度高；③风力发电机组安装在户外，近年来又大力发展海上风力发电场，要受到酸、碱、水汽等各种气候环境的

影响，复合材料叶片耐候性好，可满足使用要求；④维护方便。复合材料叶片除了每隔若干年在叶片表面进行涂漆等工作外，一般不需要大的维修。但复合材料中也有许多常规材料不存在的力学问题，如层间应力（层间正应力和剪切应力耦合会引起复杂的断裂和脱层现象）、边界效应及纤维脱胶、纤维断裂、基体开裂等。

目前，玻璃纤维增强复合材料因其质量轻、比强度高、可设计性强、良好的力学性能、性价比高而成为大型风力发电机组叶片的主流材料，而木材主要用于叶片内部的夹芯结构，钢材主要用于叶片结构的连接件，很少用于叶片的主体结构。

三、 叶片的结构

叶片的结构、强度和稳定性对风力发电机组的可靠性起着重要的作用，叶片结构设计主要考虑确定叶片的主体结构和根部连接结构。结构上主要分为五个部分：蒙皮，形成气动外形并承受部分弯曲载荷；内部纵向主梁，承受切变载荷和部分弯曲载荷，防止截面变形和表面屈曲；衬套及插件，材料一般为金属结构，作用是加强叶片根部，将叶片与轮毂连接并将载荷传递到轮毂；雷电保护，将雷击在叶尖上的雷电引至叶根；气动制动，对一些定桨距风力发电机组，气动制动时保护系统的一部分，气动制动的典型结构是叶尖部分可绕转轴旋转。

（一）剖面的结构形式

叶片剖面形式对叶片结构性能影响很大，主要有实心截面、空心截面及空心薄壁复合截面等。目前大型风电叶片的剖面结构基本都为空心薄壁复合截面，即“主梁＋蒙皮”形式的薄壳结构，主梁常用D型、O型、矩形和双拼槽钢等形式，如图4-10所示。

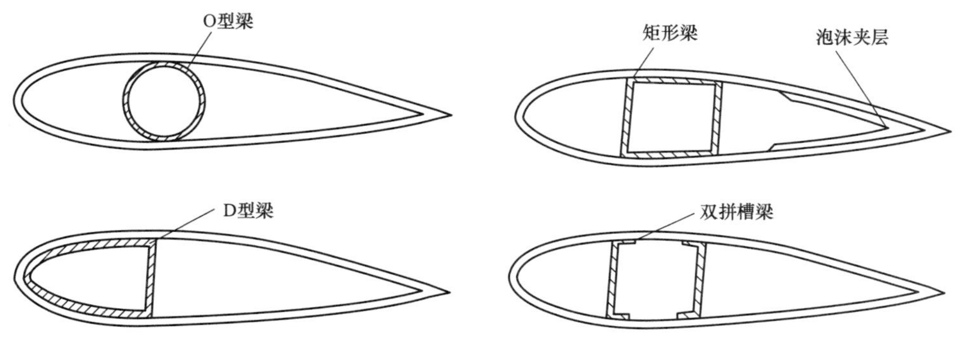

图4-10　典型的叶片构造形式

蒙皮主要由双轴复合材料层增强，提供气动外形并承担大部分剪切载荷。后缘空腔较宽，采用夹芯结构，提高其抗失稳能力。主梁主要由单向复合材料层增强，是叶片的主要承载结构。腹板为夹芯结构，对主梁起到支撑作用。

（二）铺层设计

铺层设计是复合材料设计的重要环节。考虑沿叶片展向的载荷分布特点，叶片蒙皮结构的壁厚应从叶尖向叶根逐渐递增。由于玻璃纤维复合材料具有抗拉强度较高但弹性模量较低的特性，因此叶片蒙皮结构除要满足刚度条件外，还需满足刚度条件，以避免叶片变形过大与塔架产生碰撞。

1. 铺层的一般设计原则

（1）均衡对称铺设。玻璃纤维铺层相对于蒙皮层合板结构的中面应对称，如若有−45°层，则应用45°与其平衡。

（2）定向铺层。铺层方向变化应尽可能少，以简化铺层工作量。设计中常采用0°、90°、45°和−45°四种铺层方向。如需设计成准各向同性层合板，铺层方向可用（0°、90°、45°和−45°）或（60°、0°、−60°）的组合。

（3）按内力方向的铺层取向。对于承受单轴拉伸或压缩载荷，铺层方向应与载荷方向一致；对于承受双轴向拉伸或压缩载荷，铺层应按90°或0°方向铺设；对于承受剪切载荷，铺层应按45°和−45°对称铺设；对于承受拉伸或压缩和剪切的复合载荷，取0°、90°、45°和−45°多向铺设。

（4）铺设顺序。应使各定向量尽量沿层合板均匀分布，若层合板中含有±45°层、0°层和90°层，应尽量在45°层和−45°层之间用0°层或90°层隔开；在0°层和90°之间，尽量用45°层或−45°层隔开。

（5）抗局部屈曲的铺层设计。对于局部屈曲为临界设计条件的构件，应使±45°铺层尽量铺设在远离结构中性层的位置。

（6）冲击载荷区铺层设计。足够多的纤维铺层应铺设在承受冲击载荷的方向。

2. 铺层的设计步骤

在进行铺层设计时，首先假设一个铺层方案，根据这个方案，估算其弹性模量。

参照已有叶片数据和积累的设计经验，可以初步假定叶片各剖面的壁厚分布和主要弹性模量 E_1（沿叶片轴向）和剪切模量 G_{12}，然后根据材料力学组合梁理论，计算各侧面的应力和叶尖最大变形（包括挠度和扭角），经过多次反复计算，应初步符合要求。然后，安排各剖面的布层铺设，并计算其弹性性能使其接近所假定的 E_1 和 G_{12}，再计算应力，并按此布层铺设进行强度、刚度校核，再调整布层铺设，直到满足要求为止。

3. 铺层的强度设计

由于叶片剖面尺寸远小于其长度，可将叶片简化成根端固定的悬臂梁考虑。如图4-11所示，在叶片壁取出一个单元体分析，作用在其上的应力包括沿叶片轴向的正应力 σ_1 和沿叶片剖面周向的剪应力 τ_{12}，考虑到相对 σ_1 另外两个方向的正应力很小，可以忽

略不计。

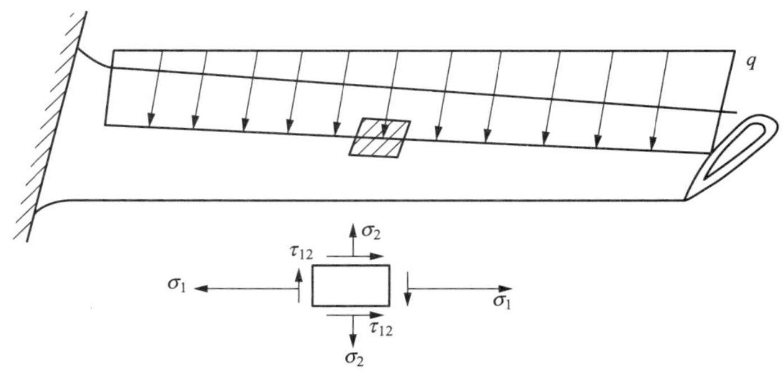

图 4-11 叶片应力示意图

根据上述铺层设计原则，叶片铺层主要由单向层和±45°层组成。单向层一般选用单向织物或单向纤维铺设，承受轴向应力 σ_1；±45°层一般采用经纬纤维量相等的平衡型织物铺设，承受剪应力 τ_{12}。±45°层多铺设在单向层的外侧，单向层与±45°层纤维用量比例可按正应力与剪应力比例来确定。

由单向层和±45°层组合的复合材料层合板，随±45°层所占的比例增加，层合板的轴向弹性模量将减小，而剪切弹性模量将增大。为了简化设计，忽略单向层和±45°层间的相互影响，即假定各层为独立变形，则复合材料层合板的轴向弹性模量 E_1 及剪切模量 G_{12} 可表示为

$$E_1 = E_0(1-K) + E_{45}K \tag{4-6}$$

$$G_{12} = G_0(1+K) + G_{45}K \tag{4-7}$$

式中 E_0——单向层沿叶片轴向的拉伸弹性模量；

G_0——单向层剪切弹性模量；

E_{45}——45°层沿叶片轴向的拉伸弹性模量；

G_{45}——45°层剪切弹性模量；

K——45°层所占的比例。

利用式（4-9），沿用各向同性材料的计算方法，可以计算叶片变形的层合板的平均应力。

对于单向层和±45°层中的实际应力，可按正交各向异性层合板理论进行计算。令 L、T 分别为层合板的经向和纬向，即层合板的主轴，其应力一应变关系为

$$\begin{Bmatrix} \sigma_L \\ \sigma_T \\ \tau_{LT} \end{Bmatrix} = \begin{Bmatrix} C_{11} & C_{12} & 0 \\ C_{12} & C_{22} & 0 \\ 0 & 0 & C_{44} \end{Bmatrix} \begin{Bmatrix} \varepsilon_L \\ \varepsilon_T \\ \gamma_{LT} \end{Bmatrix} \tag{4-8}$$

复合层的应力可分解成如图 4-12 所示的形式。

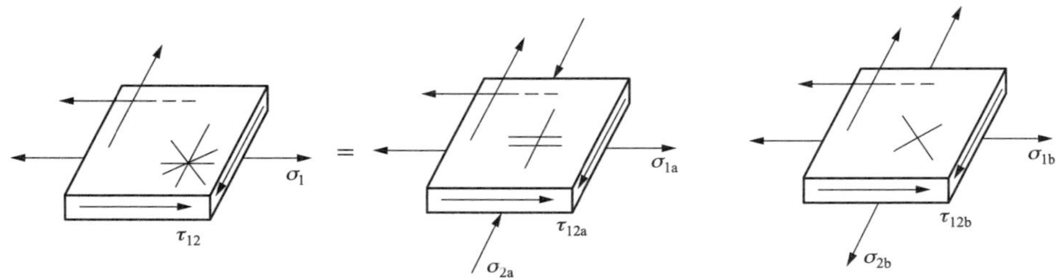

图 4-12　复合层应力的分解

叶片蒙皮是以层合板的形式出现的，层合板的失效首先从达到破坏应力的某个单层开始。由于该单层的失效，层合板总体的刚度和强度重新分配，在载荷作用下，可能继续导致其他层的破坏，直至层合板单层全部失效。

对于层合板的强度一般有两个指标：①在外载荷作用下，层合板最先层失效对应的层合板正则化应力，称为首层失效强度，一般作为层合板的强度下限，其对应载荷称为最先层的失效载荷；②层合板各单层全部失效时的层合板正则化应力，称为层合板的极限强度，一般作为层合板的强度上限，其对应载荷称为极限载荷。叶片铺层强度设计的具体流程如图 4-13 所示。

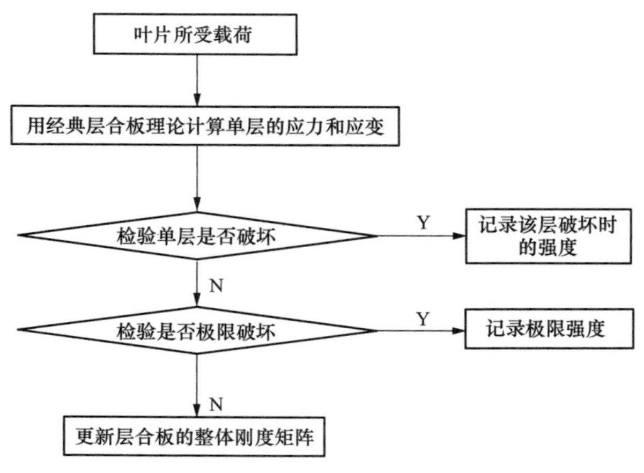

图 4-13　叶片铺层强度设计的具体流程

（三）叶根设计

叶根与轮毂相连，叶根设计主要是连接结构的设计。叶根承受着叶片的全部载荷，载荷巨大，载荷方式也极为复杂，例如 2MW 的风力发电机组，叶根弯矩可达到 7000～8000kN·m，离心力能够达到兆牛，因此，叶根结构设计是叶片设计的关键部位之一。

目前，叶片根部结构主要有下面几种形式。

1. 法兰式

如图 4-14 所示，这种形式的叶根结构是两个带外翻边法兰的钢制圆环形套筒，将叶片根部玻璃钢环套在中间，用螺栓连接夹紧，通过外法兰上的一圈螺栓孔用螺栓与变桨轴承连接。

叶根处玻璃纤维复合材料承受很大的拉伸、剪切及弯曲载荷，铺层应加厚，以提高承载能力。同时，法兰上螺栓孔也应尽量接近筒壁以降低套筒的应力水平。

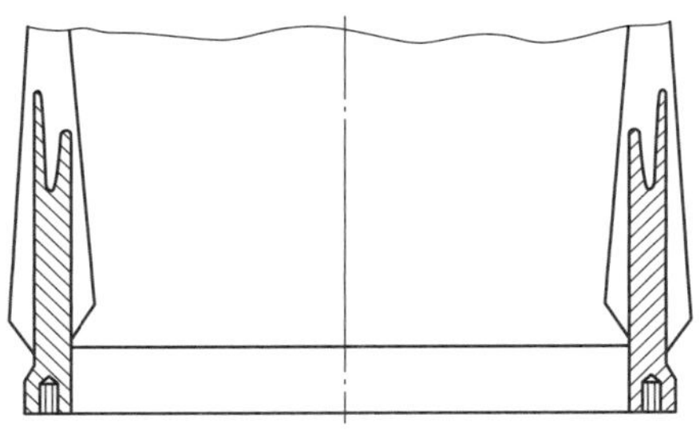

图 4-14　预埋金属根端

2. 预埋金属构件式

在叶根部预埋环状金属构件使之与复合材料牢固贴合在一起，环状金属构件端部设有一圈螺纹连接孔。这种形式叶根结构要求螺栓孔位置必须准确，但可以避免对复合材料层的加工损伤，并减轻了连接构件的质量。

3. 钻孔组装式

钻孔组装式也称为“T 型螺栓”连接方式，是目前最常见的连接方式。这种形式的叶片在成形后，首先在距叶根端部设计距离的圆周上钻很多径向孔，孔中放置螺母，对应在叶根端部也钻与此孔垂直的轴向孔，双头螺柱穿入轴向孔与螺母连接，如图 4-15 所示。

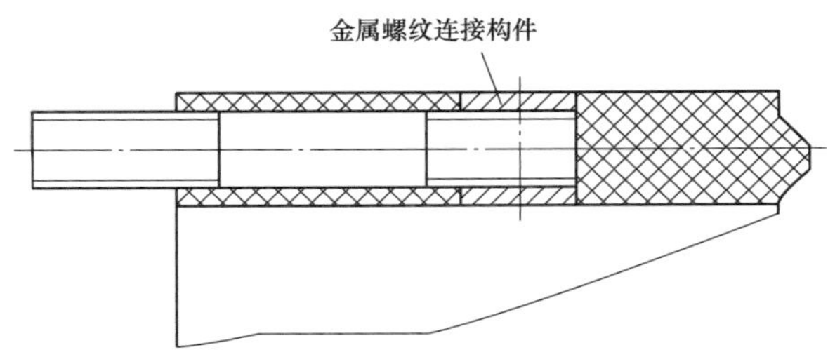

图 4-15　钻孔组装根部结构

叶片根部铺层主要为三轴向玻纤布。为增加根部铺层安全系数，叶片铺层设计中，根部需要专门设计螺栓加强层以保证此处的强度要求。

4. 螺栓套筒预埋连接方式

一般对于不小于 60m 的叶片，传统的 T 型螺栓连接方式不能满足叶片极限强度及疲劳强度的要求，应在圆周上每个连接螺栓处预埋一个带有螺纹孔的套筒预埋件，可以不破坏叶片根部铺层结构，且能够比 T 型螺栓连接方式采用更多的螺栓数。

为保证螺栓套筒与玻纤的接触面积，提高叶根连接强度，需要采用预浸料铺层，提高了对原材料的工艺要求，增加了叶片的生产成本。在螺栓套筒预埋过程中，还需配套根部定位边、定位法兰及定位螺栓等辅助工装，且要求辅助工装精度较高。

（四）防雷设计

叶片是风力发电机组中最易受直接雷击的部件，也是风力发电机组中最昂贵的部件之一，因此叶片的防雷击措施尤为重要。叶片的雷电保护通常采用在叶片接闪器引雷，叶片内部金属导线把雷电流从雷击点传输到叶片根部来实现。这种方法的有效性在很大程度上取决于叶片的尺寸和叶片中金属与碳纤维的含量。注意，上述形式的雷电保护不适合于所有情况，因为在设计寿命内，叶片可能多次遭遇雷击，可能会发生保护失效，如导电电缆熔断等。对于长度超过 20m 的大型叶片，还必须考虑除叶尖外的其他部位遭受雷击的情况，也必须考虑叶尖轴碳纤维材料有限的电导率。在航空工业中，已有一些玻璃纤维和碳素纤维材料雷电保护的方法，通过加入金属薄片，金属网、线，使得这些材料本身成为导体，而不必在材料表面安装额外的金属导体。参见 DEFU（1999）相关研究，叶片防雷电保护布置如图 4-16 所示。

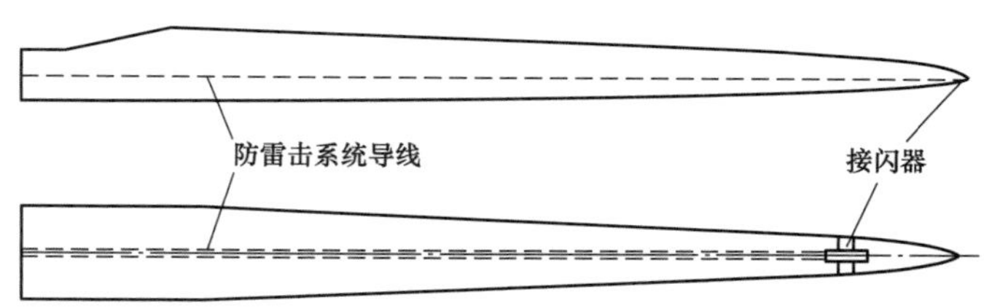

图 4-16　叶片防雷电保护布置示意图

四、 叶片的校核

叶片的结构设计结果，要通过可靠的计算分析方法或试验，证明所设计的叶片能够满足各种工况下强度、刚度和气动稳定性等方面要求，具体要求如下。

（一）强度要求

强度包括静强度和疲劳强度两个方面。

1. 疲劳强度

风力发电机的设计年限通常为 20 年，叶片要承受复杂交变的拉伸、剪切、扭转及弯曲疲劳载荷作用，必须避免在其作用下过早产生疲劳破坏。可通过结构疲劳分析计算其疲劳强度，也可通过疲劳试验方法确定其疲劳寿命。

疲劳分析计算适用于沿叶片的所有截面及每一位置处的所有方向，应给出沿叶片相关点的所有载荷分量，包括相位和频率信息，应用某种循环计数方法—通常为雨流计数法，建立应力—应力循环次数柱状图谱，结合材料的 S-N 曲线，按照 Miner 累积损伤值不超过 1.0，确定疲劳极限值，再根据材料的疲劳极限确定安全系数。

在摆动方向的弯曲疲劳主要由重力决定，它在很大程度上取决于叶片的质量和设计寿命期间风轮的实际旋转次数。挥舞方向的弯曲疲劳由叶片对风所产生的气动载荷的响应来决定。注意，除正常运行载荷外，起动/停机的瞬态载荷以及由于偏航误差产生的载荷可能产生很大的累积疲劳损伤。

2. 静强度

除了正常的疲劳载荷以外，叶片还要承受规定的最大设计风速下的静载荷。应保证叶片在这样的极限载荷下不致折断。

上述强度分析应在足够多的截面上进行，需要分析校核的截面数目可根据叶片类型和尺寸确定，但至少应分析 4 个以上的截面。同时，在叶片几何形状或材料不连续的位置，应考虑增加必要的附加截面的分析。

（二）刚度要求

过大的弹性变形会影响叶片的空气动力学特性，也可能导致叶尖与塔架相碰。

1. 叶尖挠度

德国劳什集团《风力机叶片标准》规定，在极限载荷作用下，叶尖最大挠度不能超过叶尖到塔架表面距离的 50%。叶尖挠度可按下述方法计算。

在弯矩作用下，叶片微段 dr 转角如图 4-17 所示。

由于该转角在叶尖造成的位移为

$$dx_s = \frac{M_{ys}dr}{EI_{ys}}(R-r) \tag{4-9}$$

$$dy_s = \frac{M_{xs}dr}{EI_{xs}}(R-r) \tag{4-10}$$

式中　M_{ys}——叶片绕 x 轴弯矩；

M_{xs}——叶片绕 y 轴弯矩。

在叶片 $x-y$ 坐标系下，叶尖位移为

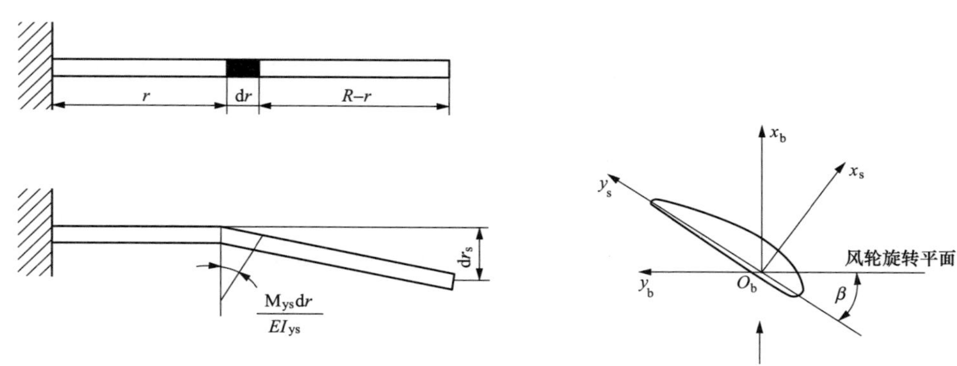

图 4-17　叶片微段 dr 的变形

$$dx_b = dx_s \cos\beta \tag{4-11}$$

$$dy_b = -dx_s \sin\beta \tag{4-12}$$

对上式积分，可得叶尖位移为

$$x_b = \int_{r_{hub}}^{R} \frac{M_{ys}}{EI_{ys}}(R-r)\cos\beta dr \tag{4-13}$$

$$y_b = -\int_{r_{hub}}^{R} \frac{M_{ys}}{EI_{ys}}(R-r)\sin\beta dr \tag{4-14}$$

则叶尖挠度为

$$\Delta = \sqrt{x_b^2 + y_b^2} \tag{4-15}$$

要计算叶片任意位置的挠度，将上述积分上限改为相应位置的 R 即可。

2. 叶片扭转角计算

叶片扭转角可采用闭口薄壁杆件的扭转公式计算。

叶片扭转角为

$$\Delta\beta = \int_{r_{hub}}^{R} \frac{M_{zs}}{GI_{zs}} dr \tag{4-16}$$

式中　M_{zs}——叶片承受的扭矩；

G——叶片剪切弹性模量；

I_{zs}——截面极惯矩。

3. 稳定性要求

对于空腔结构的叶片，在弯曲气动载荷作用下，叶片局部受压区域可能发生失稳现象。由于叶片后缘空腔较宽，容易出现失稳，因此需对叶片进行稳定性分析。

稳定性分析可采用近似方法。对于 O 型、D 型等主梁结构或空腹壳体，可近似应用

曲板轴压稳定公式

$$\sigma_f = \frac{0.3E}{\frac{R}{\delta}} + \frac{3E}{\left(\frac{b}{\delta}\right)^2} \tag{4-17}$$

式中　E——弹性模量；

R——剖面的曲率半径；

b——剖面宽度；

δ——剖面壁厚。

对于后缘空腔采用泡沫夹层结构，应用相应的失稳临界应力方程为

$$\sigma_f = E_f \frac{\pi^2 D}{b^2 H} k \tag{4-18}$$

式中　E_f——面板模量；

D——弯曲刚度；

H——拉伸刚度；

k——由板的长宽比和弯曲、剪切刚度决定的常数。

临界应力的计算方法、材料性能、制造工艺等因素的影响，与实际临界应力值有较大的误差，故须有较大的安全系数。

通过稳定性分析，得到每一剖面的临界压应力，设计要求叶片的最大压应力低于临界应力，作为初步计算可以满足工程要求。

4. 动力学特性要求

应通过计算或实测确定叶片的固有频率，使之避开整个风力发电机组系统产生激振的频率。并在所有设计状态下，使叶片不产生有害的颤振及其他不稳定行为，并提供反映叶片的动态特性指标的数据或技术文件。

5. 可靠性要求

对叶片部件总体及其构件的可靠性要求，应参考相应设计标准，并根据具体风力发电机组的总体设计方案进行。

6. 物理特性要求

作为叶片的结构设计结果，应给出如下设计数据或技术资料：叶片的质量及质量分布；叶片的质心位置；叶片的转动惯量；叶片的刚度及刚度分布；叶片的固有频率（包括挥舞、摆振和扭转等方向）；接口尺寸应给出与轮毂连接的详细结构及连接要求。

对叶片设计的要求不仅需要参考和选用设计标准，还应考虑风力发电机组的具体安装和使用情况，上述设计要求主要参考《风力发电机设计要求》（IEC 61400-1）和德国劳什集团的《风力发电机组认证规范》中的有关规定。

五、 叶片的制作工艺

目前国内常见叶片制作工艺为：模具准备＋铺层＋灌注＋预固化＋合模黏接＋后固化＋脱模＋后处理。传统的叶片生产一般采用开模工艺，尤其是手糊方式较多，生产过程中会有大量苯乙烯等挥发性有毒气体产生，给操作者和环境带来危害；另一方面，随着叶片尺寸的增加，为保证发电机运行平稳和塔架安全，这就必须保证叶片轻且质量分布均匀。这就促使叶片生产工艺由开模向闭模发展。采用闭模工艺，如现在的真空树脂导入模塑法，不但可大幅度降低成型过程中苯乙烯的挥发，而且更容易精确控制树脂含量，从而保证复合材料叶片质量分布的均匀性，并可提高叶片的质量稳定性。

现在的叶片成型工艺一般是先在各专用模具上分别成型叶片蒙皮、主梁及其他部件，然后在主模具上把两个蒙皮、主梁及其他部件胶接组装在一起，合模加压固化后制成整体叶片。具体成型工艺又大致可分为七种：①手糊；②真空导入树脂模塑（VIP）；③树脂传递模塑（RTM）；④西门子树脂浸渍工艺（SCRIMP）；⑤纤维缠绕工艺（FW）；⑥木纤维环氧饱和工艺（WEST）；⑦模压。上述工艺中，①、④、⑤和⑥是开模成型工艺，而②、③和⑦是闭模模塑工艺。

（一）RTM 工艺

树脂传递模塑法简称 RTM 法，是首先在模具型腔中铺放好按性能和结构要求设计的增强材料预成型体，采用注射设备通过较低的成型压力将专用低黏度树脂体系注入闭合式型腔，由排气系统保证树脂流动顺畅，排出型腔内的气体和彻底浸润纤维，由模具的加热系统使树脂等加热固化而成型为 FRP 构件。RTM 工艺属于半机械化的 FRP 成型工艺，特别适宜于一次整体成型的风力发电机叶片，无须二次黏接。与手糊工艺相比，这种工艺具有节约各种工装设备、生产效率高、生产成本低等优点。同时由于采用低黏度树脂浸润纤维以及加温固化工艺，复合材料质量高，且 RTM 工艺生产较少依赖工人的技术水平，工艺质量仅仅依赖于预先确定好的工艺参数，产品质量易于保证，废品率低，工艺流程如图 4-18 所示。

注胶压力的选择一直是 RTM 成型工艺中一个有争议的问题。低压注胶可促进树脂对纤维表面的浸润；高压注胶可排出残余空气，缩短成型周期，降低成本。加大注胶压力可提高充模速度和纤维渗透率。所以有人赞成在树脂传递初期使用低压以使树脂较好地浸润纤维，而当模具型腔中已基本充满树脂时使用较大压力以逐出残余空气。但压力不能太大，否则会引起预成型坯发生移动或变形。

注胶温度取决于树脂体系的活性期和达到最低黏度的温度。在不至于过大缩短树脂凝胶时间的前提下，为了使树脂能够对纤维进行充分的浸润，注胶温度应尽量接近树脂

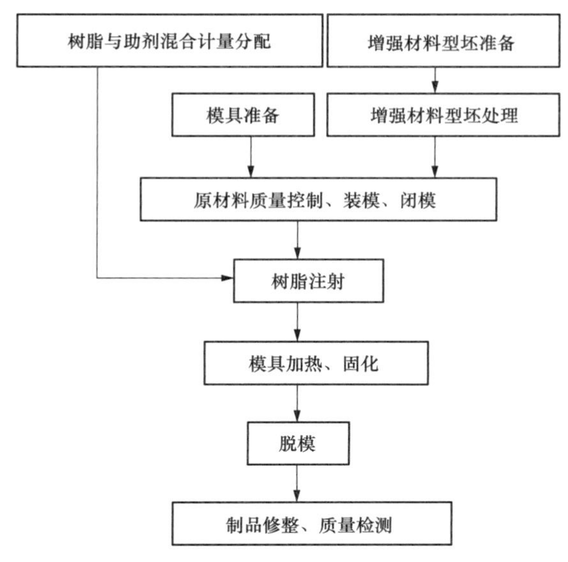

图 4-18　RTM 工艺流程图

达到最低黏度的温度。温度过高会缩短树脂的活性期，影响树脂的化学性质，进而可能影响到制品的力学性能；温度过低会使树脂黏度增大，压力升高，也阻碍了树脂正常渗入纤维的能力。注射温度和模具预热温度的选择要结合增强体的特性及模具中的纤维量等综合考虑。

RTM 工艺的技术含量高，无论是模具设计和制造、增强材料的设计和铺放、树脂类型的选择与改性、工艺参数（如注塑压力、温度、树脂黏度等）的确定与实施，都需要在产品生产之前通过计算机模拟分析和实验验证来确定。

（二）VARTM 工艺

随着技术的发展，现已开发出多种较先进的工艺，如预浸料工艺、机械浸渍工艺及真空辅助灌注工艺。真空辅助灌注成型工艺是近几年发展起来的一种改进的 RTM 工艺。它多用于成型形状复杂的大型厚壁制品。真空辅助是在注射树脂的同时，在排气口接真空泵，一边注射一边抽真空，借助于铺放在结构层表面的高渗透率的介质引导将树脂注入结构层中。这样不仅增加了树脂传递压力，排除了模具及树脂中的气泡和水分，更重要的是为树脂在模具型腔中打开了通道，形成了完整通路。另外，无论增强材料是编织的还是非编织的，无论树脂类型及黏度如何，真空辅助都能大大改善模塑过程中纤维的浸润效果。所以，真空辅助 RTM（VARTM）工艺能显著减少最终制品中夹杂物和气泡的含量，就算增大注入速度也不会导致孔隙含量增加，从而提高制品的成品率和力学性能。

用真空灌注工艺生产碳纤维复合材料存在困难。碳纤维比玻纤更细，表面更大，更难有效浸渍，适用的树脂黏度更低。SP公司的SPRINT工艺技术就采用树脂膜交替夹在碳纤维中，经加热和真空使树脂向外渗透。树脂沿铺层的厚度方向浸渍，浸渍快且充分，同时采用真空加速树脂的流动。

（三）常规制备流程

（1）制造蒙皮、主梁和腹板。蒙皮由玻璃钢在模具内进行制造，主梁和腹板在真空袋中浇注而成；

（2）安置模具如图4-19所示，在模具内喷涂胶衣树脂，形成叶片的保护表面；

（3）把外壳放入模具中，并铺覆玻璃纤维；

（4）安装主梁，起到支撑作用；

（5）安装夹芯材料；

（6）在夹芯材料上铺覆玻璃纤维；

（7）在玻璃纤维和夹芯材料上铺放导流介质及真空膜；

（8）灌注树脂，并进行真空浇注；

（9）清除辅材；

（10）用相同方法制成另外一半壳体；

（11）安装腹板（腹板为夹层结构）；

（12）安装避雷装置等；

（13）蒙皮涂装完黏接胶后，翻转主模具，在壳体边缘和腹板上涂胶黏剂，黏合两壳体；

（14）加热固化完全，使玻璃纤维更硬；

（15）叶片脱模，进行最终加工（切割和打磨）。

模具由复合材料制作而成，这样模具更轻，刚度更高。另外，用同种材料制造的叶片和其模具在灌注树脂时对温升的反应相同。

图4-19　制作叶片的模具

第三节　主轴及主轴承

主轴支持风轮，并把来自风轮的旋转机械能经过齿轮箱或直接传递给发电机。双馈式风力发电机组主轴安装在风轮和齿轮箱之间，前端通过螺栓与轮毂刚性连接，后端与齿轮箱低速轴连接，如图 4-20 所示；对于直驱的风力发电机组，如图 4-21 所示，主轴可能是与机座固定的芯轴（大型机组），也可能就是发电机的转轴（小型机组）。

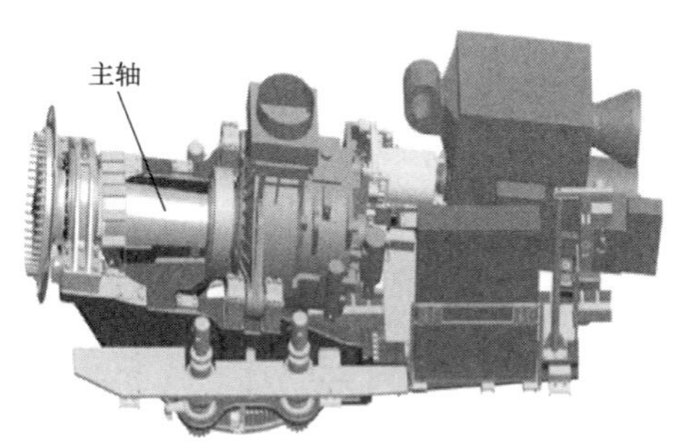

图 4-20　双馈式风力发电机组主轴

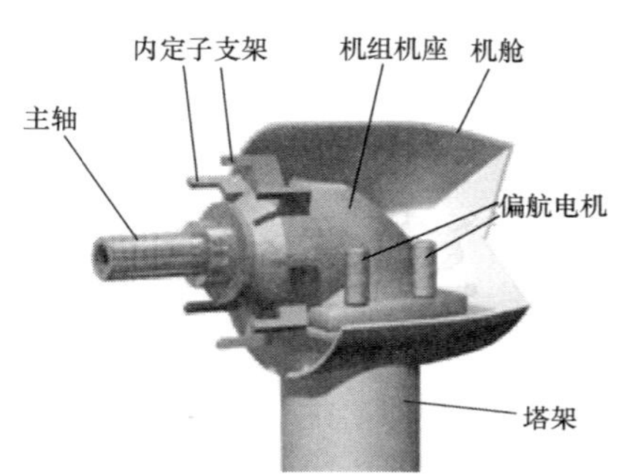

图 4-21　直驱式风力发电机组主轴

主轴除了承受来自风轮的气动载荷、自重载荷和轴承、齿轮箱的反作用力，还要承受传动链的扭转振动及较大的瞬态载荷。主轴通常带有轴向通孔，以使液压、电气的连接线路或者变桨距调节的机械元件通过。为改善加工和装配工艺，当配合面长度较大时，配合面宜制成阶梯形（如轴头与齿轮箱胀套连接处）。

一、　主轴支撑方式

大型风力发电机组的主轴通常采用双轴承独立支撑方式、三点支撑式及内置式等支撑方式。

（一）双轴承独立支撑方式

双轴承独立轴承支撑的主轴如图 4-22 所示，这种布局的主轴通过两个独立安装在机舱底盘上的轴承支撑，其中一个轴承承受轴向载荷，两轴承都承受径向载荷，并将载荷传递给机舱底盘。这种支撑方式的主轴只传递转矩到齿轮箱。

双轴承独立轴承支撑的主轴布局轴向结构较长，制造成本较高，但对于小批量生产而言，这种结构简单，便于采用标准齿轮箱和主轴支撑构件。这种支撑结构适于超大型机组使用。

（二）三点支撑式

大型风力发电机组广泛采用将主轴前端用一个主轴承支撑，末端与增速箱行星架刚

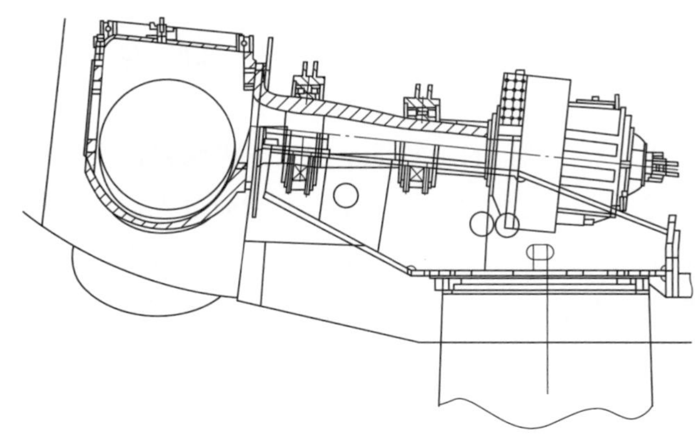

图 4-22　双轴承独立支撑的主轴

性连接的支撑形式，此时，增速箱与主轴成为一个整体，该整体由主轴前轴承和位于齿轮箱两侧的扭力臂支撑形成三点支撑布局形式如图 4-23 所示。

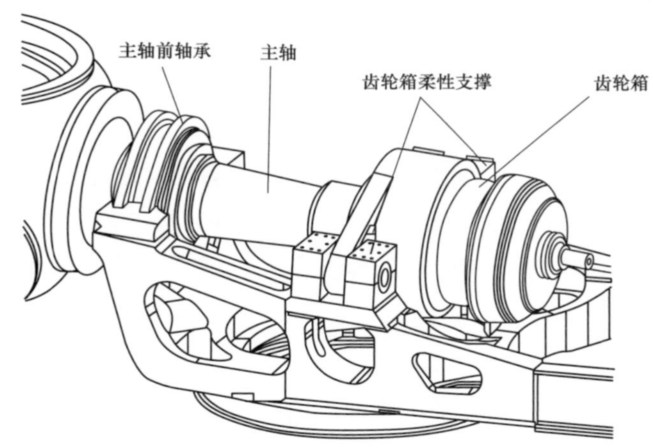

图 4-23　三点支撑布局形式的主轴

三点支撑布局形式的优点是可以使主轴前后支撑间的结构紧凑，且可使载荷传递到机舱底盘的距离更短些。三点支撑方式的主轴、主轴承和齿轮箱可预装配，再作为整体部件安装到机舱底盘上，因而能有效提高机舱部件的安装效率。

（三）内置式

这种主轴集成在齿轮箱内（见图 4-24），缩短了传动链长度，整机结构简单，纵向尺寸减小。但这种结构风轮载荷完全由齿轮箱承担，齿轮箱结构复杂，壁厚及尺寸均较大，维护性较差。

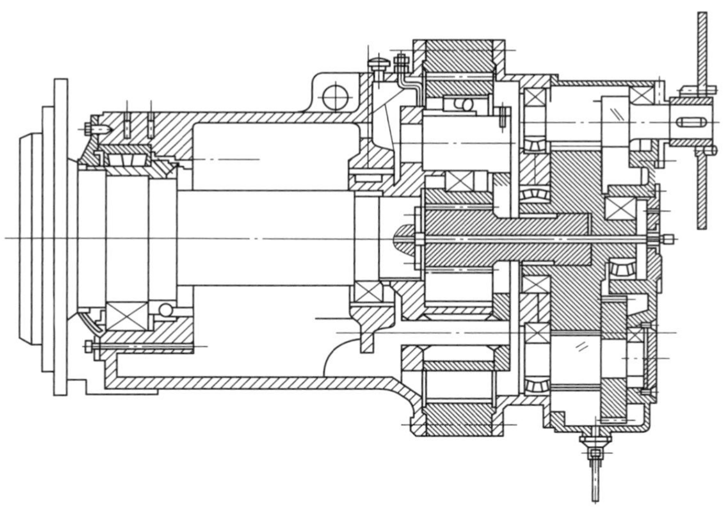

图 4-24 内置式主轴

二、 主轴材料

通常采用合金钢作为主轴的材料，一方面是因为合金钢有较高的强度，另一方面是其具有较好的防腐性能，除此之外，主轴材料还要求具有较好的抗低温性能。常用材料有 40Cr、42CrMnTi、34CrNiMo6、42CrMo4 等，毛坯通常采用锻造工艺。合金钢材料的缺点是对应力集中较为敏感，结构设计时应注意减小应力集中，必要时可设计卸载槽，并对表面质量提出要求。

主轴是风力发电机组结构最为关键的部件之一，必须采用可靠的质量保证措施，确保材料质量得到保证。生产过程要避免产生表面裂纹及其他缺陷，最后要进行无损探伤检测，如超声波探伤等。

三、 主轴力学模型及设计载荷

图 4-25 为三支点支撑主轴所受的载荷及反作用力。主要有轴向力、径向力、弯矩、转矩、剪切力以及来自支点的支反力，上述载荷可通过有关分析软件分析得到，包括极限载荷和疲劳载荷。

《滚动轴承 风力发电机轴承》(JB/T 10705) 推荐风轮主轴采用标准的圆柱滚子轴承、调心滚子轴承或深沟球轴承支撑。调心滚子轴承允许内外圈轴线偏斜量可达 1.5°～2.5°，这足以补偿由于风轮载荷所导致的主轴、轴承座及底盘的变形，特别是三支点支撑的主轴，应允许风轮、齿轮箱绕主轴承中心摆动，因而这种轴承在风力发电机组中得到广泛的应用，如图 4-26 所示。

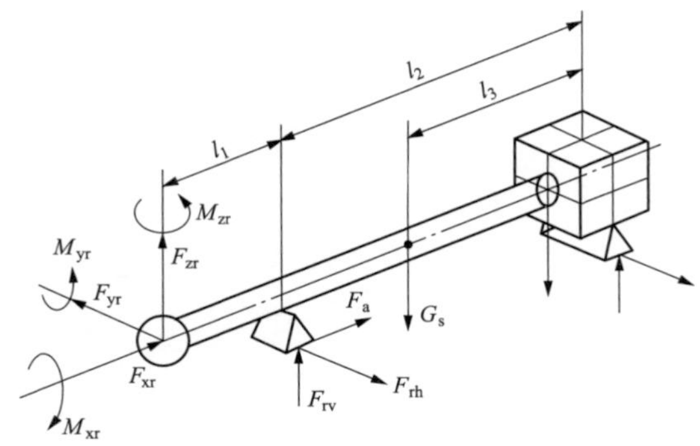

图 4-25　三支点支撑主轴力学模型

F_{yr} —风轮上的横向力；F_{xr} —风轮上的推力；F_{zr} —风轮上的纵向力；M_{yr} —风轮上的倾覆力矩；

M_{xr} —风轮上的驱动力矩；M_{zr} —风轮上的偏航力矩；G_s —主轴重力

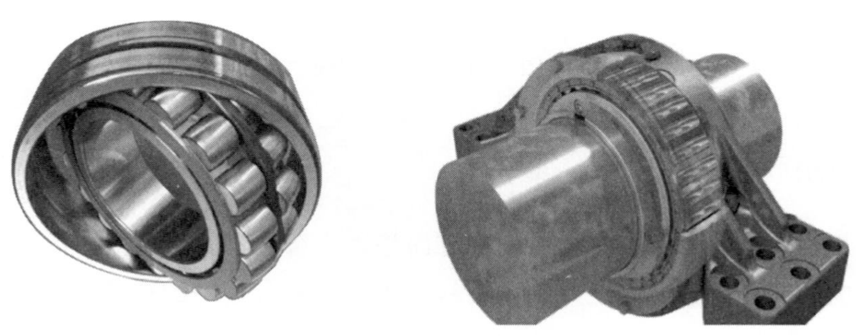

图 4-26　调心滚子轴承

(一) 设计载荷

传统三支点支撑主轴受力图如图 4-25 所示。假设主轴靠近风轮一端由一轴承固定支撑，另一端支撑在齿轮箱行星架上。前端主轴承的载荷可以根据简单的梁理论计算，即

轴向力

$$F_a = F_{xr} \tag{4-19}$$

径向力

$$F_r = \sqrt{F_{rv}^2 + F_{rh}^2} \tag{4-20}$$

式中

$$F_{rv} = \frac{M_{yr} - G_s l_3 + F_{zr}(l_1 + l_2)}{l_2} \tag{4-21}$$

$$F_{rh} = \frac{M_{zh} - F_{yr}(l_1 + l_2)}{l_2} \tag{4-22}$$

(二) 额定寿命

无论主轴承还是齿轮箱轴承，通常需要计算其基本额定寿命 L_{h10}。轴承的使用寿命

采用扩展寿命计算方法进行，计算中所用的失效概率一般按10%设定。根据《滚动轴承额定动载荷和额定寿命》(DIN ISO 281) 推荐，L_{h10} 以当量载荷、轴转速、轴承额定动态载荷和简化载荷分布为基础，主要考虑滚子轴承的动态载荷的影响，表达式为

$$L_{h10}=\frac{10^6}{60n}\left(\frac{C}{P_d}\right)^{\varepsilon} \tag{4-23}$$

式中　L_{h10}——基本额定寿命，h；

n——转速，r/min；

C——根据ISO281确定的基本额定动载荷，N；

P_d——当量动载荷，N，$P_d=XF_r+YF_a$；

ε——寿命指数，对球轴承取3，对滚子轴承取10/3；

X、Y——与轴承有关的系数，见相关手册或样本。

表4-3给出了轴承最小基本额定寿命 L_{h10} 的推荐值。

表4-3　　轴承最小基本额定寿命 L_{h10}

轴承位置	高速轴	高速中间轴	低速中间轴	行星轮	低速轴
L_{h10} /h	30000	40000	80000	100000	100000

注　本表推荐值适用于设计寿命为20年的风电机组风力发电机组。

使用实测载荷谱计算时，式(4-23)中当量动载荷 P_d 应以平均当量动载荷 P_m 计算。

平均当量动载荷 P_m 的计算公式为

$$P_m=\left(\frac{1}{N}\int_L P_d{}^{\varepsilon}\,\mathrm{d}N\right)^{\frac{1}{\varepsilon}} \tag{4-24}$$

式中　P_m——平均当量动载荷；

N——总循环次数；

L——载荷周期；

P_d——作用于轴承上的当量动载荷。

例如载荷谱中，轴承依次在当量动载荷 P_1，P_2，P_3… 作用下运转，其相应转速为 n_1，n_2，n_3…，在每种工况下运转的时间分别为 t_1，t_2，t_3…，则式(4-27)可以简化为

$$P_m=\left(\frac{p_1^{\varepsilon}n_1t_1+p_2^{\varepsilon}n_2t_2+p_3^{\varepsilon}n_3t_3+\cdots}{N}\right)^{\frac{1}{\varepsilon}} \tag{4-25}$$

若无实测载荷谱，一般轴承平均当量动载荷可按额定载荷的2/3进行计算。

对于像主轴轴承这样承受很大载荷且转速又不高的轴承，还应按极限载荷工况对其静强度进行验算。

轴承上作用的径向载荷 F_r 和轴向载荷 F_a，应折合成一个当量静载荷 P_0，即

$$P_0 = X_0 F_r + Y_0 F_a \tag{4-26}$$

式中　X_0——当量静载荷的径向载荷系数；

Y_0——轴向载荷系数。

设计中应使静强度安全系数 $C_0/P_0 \geqslant 4$，C_0 为额定静载荷。

四、润滑及密封

（一）主轴承的润滑

润滑的主要目的是在滚动部件间形成润滑油膜，避免金属与金属的直接接触，这就可以避免磨损和滚动轴承的过早疲劳。此外，润滑减少噪声和磨损，因而改进轴承的运行特性。另外它还防止腐蚀，加强轴承密封件的密封效果。

在选择润滑剂时，需要考虑黏度、运行温度范围、防腐能力和承载能力。

主轴承上最常用的润滑剂是油脂，油脂包含油基、稠化剂和可能的添加剂。

油脂润滑的优点是油膜强度高；油脂黏附性好，不易流失，使用寿命长；密封简单，能防止灰尘、水分和其他杂物进入轴承。更换油脂类型时应特别注意，如果不相容的油脂混在一起，它们的结构可能彻底改变，油脂可能变得相当柔软。

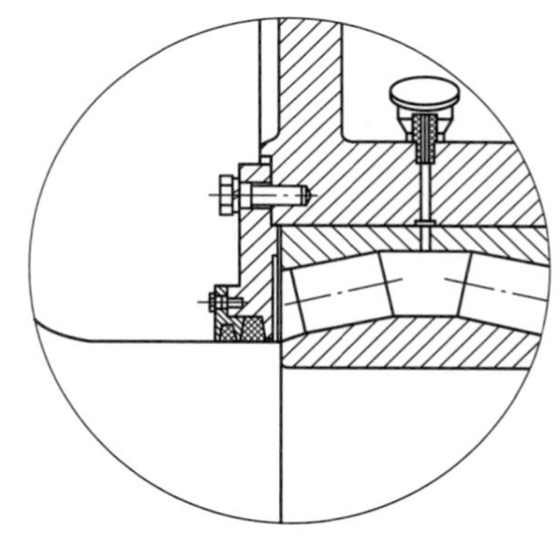

图 4-27　一种形式的主轴承润滑及密封结构

（二）主轴承的密封

轴承的密封是为了保证润滑和防止污染。轴承的密封方式有接触式和非接触式，接触式密封包括毛毡密封、密封圈密封等。此种密封装置中，密封件与主轴直接接触，工作中产生摩擦磨损，长期使用毛毡密封可能会把轴磨出沟槽。结构上无论毛毡密封还是密封圈密封都应便于更换。非接触式密封包括缝隙密封、甩油环密封和迷宫式密封，此种密封方式不与轴接触，无摩擦、无磨损，可作为其他密封的良好补充。如图 4-27 所示为一种填料及毛毡联合密封的结构形式。

第四节　齿　轮　箱

一、基本传动形式

风力发电机组齿轮箱的种类很多，按其传动形式大致可分为平行轴固定轴齿轮传动、行星齿轮传动及它们的组合传动；按传动的级数可分为单级和多级；按布置形式可分为

展开式、分流式和同轴式。

平行轴圆柱齿轮传动一般应用在100～500kW标准风力发电机组上。随着机组功率的增大，风轮转速降低，为获得更大的速比，功率超过600kW的机组齿轮箱，通常使用外形更为紧凑的行星齿轮传动或行星与平行轴齿轮组合传动的结构。一般有两种传动形式：一级行星两级平行轴圆柱齿轮传动，两级行星一级平行轴圆柱齿轮传动。相对于平行轴圆柱齿轮传动，行星齿轮传动具有以下优点：传动效率高，体积小，质量轻，结构紧凑，承载能力大，传动比大，可以实现运动的合成和分解；运动平稳、抗冲击和振动能力较强。行星齿轮传动具有以下缺点：结构形式比固定轴齿轮传动复杂；对制造质量要求高；由于体积小、散热面积小容易导致油温升高，故要求可靠的润滑和冷却装置。

下面介绍几种常见的带有行星齿轮传动的齿轮箱。

图4-28所示为一级行星两级平行轴圆柱齿轮传动齿轮箱，常用功率在2MW以下；两级行星一级平行轴圆柱齿轮传动也有较多应用实例，功率可达3～3.6MW。

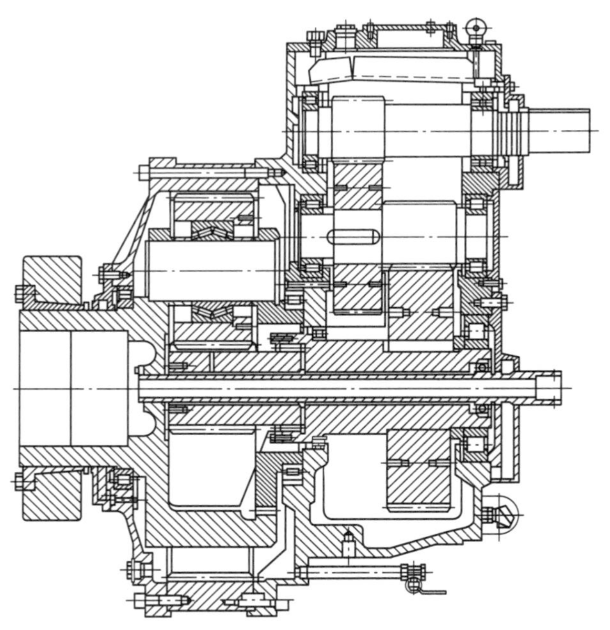

图4-28　一级行星两级平行轴圆柱齿轮传动齿轮箱

对于更大功率的机组，为了减小外形尺寸，节省机舱空间，齿轮箱倾向于应用行星差动与平行轴齿轮组合传动的方式，行星轮一般多于三个，以缩小体积，获取更大的功率密度。

图4-29所示为行星差动与固定轴齿轮组合传动结构，已在国内的大型风力发电机组中得到应用。该结构采用三级齿轮传动：第一级是行星差动齿轮传动；第二级是固定轴

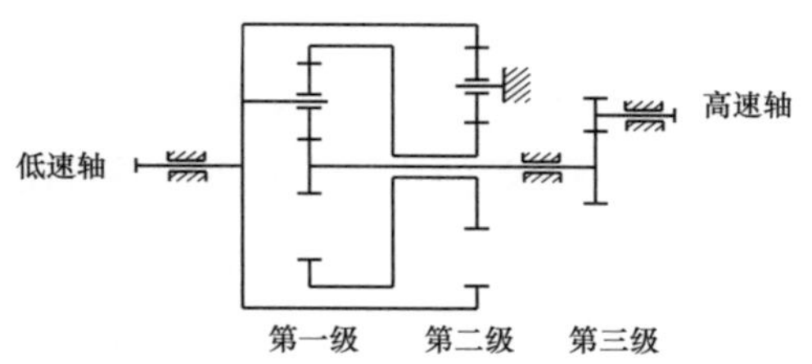

图 4-29　行星差动与固定轴齿轮组合传动结构

齿轮分流传动；第三级是平行轴齿轮传动。

从主轴传来的功率分两路传递：一路经由与第一级行星架直连的第二级内齿圈，通过圆周分布的一组固定轴齿轮传至第二级中心轮，再通过与该中心轮相连的第一级内齿圈回传至行星架；另一路则直接由行星架传递，并在第一级行星轮上与前一路的功率汇合，通过第一级中心轮（太阳轮）传至第三级平行轴齿轮副。

采用四级行星差动与平行轴齿轮组合传动的结构如图 4-30 所示。

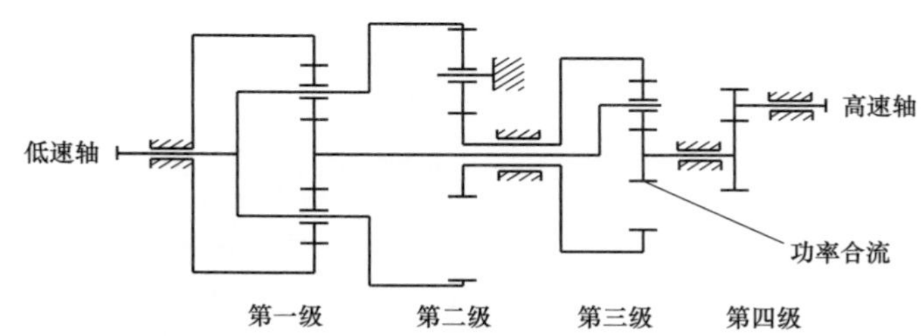

图 4-30　四级行星差动与平行轴齿轮组合传动结构

功率传递分两路：齿轮箱的主传动输入级由一级行星齿轮和固定在箱体上的齿圈组成。与传统的齿轮箱功率传递相反，动力并不完全汇合到太阳轮上，而是部分地通过行星架传到第二级旋转的内齿圈上。在第二级传动中，一组齿轮被支撑在箱体上，与相互啮合的内齿圈和太阳轮一起，用作速度分流和改变旋向，扭矩变化则通过太阳轮进行。

在第三级行星差动齿轮级上，来自第一级太阳轮和第二级太阳轮的功率流汇合。第一级太阳轮驱动行星架，而第二级太阳轮驱动内齿圈。第三级称为三轴行星差动传动，两路功率流在这里汇合到太阳轮上，再传至第四级平行轴主动齿轮，总增速比可达到 200∶1 以上，其中一到三级增速比可达 40∶1，平行轴级 5∶1。

齿轮箱末级传动采用固定轴齿轮副，是遵循风力发电机组非同轴线设计的规则，这是为了在中心孔布置管路或电缆，以便控制风轮叶片变桨距。另外如果产生必要的中心偏移则可以比较方便地调节不同的发电机速度输出。

二、 载荷及齿轮承载能力

（一）计算载荷的确定

计算载荷的大小是齿轮强度及轴承寿命计算的依据，是齿轮箱整个设计中最重要的

参数。设计时应充分注意增速传动与减速传动的区别。行星增速器的结构及性能有下列特点：

（1）在传递功率相同的情况下，增速传动的机械损耗大于减速传动，随着增速比的加大机械效率降低。

（2）增速传动的内部动载荷大于减速传动，振动、噪声略有增加，许用工作功率低于减速传动，在强度计算时通常将使用系数加大10%～15%。

（3）工作机械载荷的骤变对增速器内部的传动件有较大的冲击作用，尤其是工作机械载荷突然变小时有失速冲击现象。有些情况下，要经受工作转速2倍以上的“失速考验”或者较大的突加制动力矩时，内部结构方面要考虑对失速、冲击的适应能力。

此外，机组故障时较大的突加制动力矩可能会对齿轮箱造成严重的破坏。但鉴于这类载荷很少发生，为了降低制造成本，可通过在高速轴端设置具有过载保护功能的挠性联轴器来避免骤变载荷的影响。

《风电齿轮箱设计标准》（AGMA 6006）强调齿轮的计算应以载荷谱为基础，但由于我国目前缺乏相应的基础数据，往往载荷谱很难得到，因此齿轮的强度计算仍要依据使用系数和额定功率来进行。《风电齿轮箱设计标准》（AGMA 6006）未明确无实测载荷谱时的计算方法。考虑到机械效率，齿轮箱的额定功率一般为发电机的110%左右。《风力发电机组 齿轮箱设计要求》（GB/T 19073）允许在无实测载荷谱的情况下，对三叶片风力发电机组齿轮强度计算取使用系数 $K_A=1.3$。

表4-4给出了齿轮强度计算载荷系数及材料安全系数。由于风电齿轮箱载荷的变化十分复杂，按《渐开线圆柱齿轮承载能力计算方法》（GB/T 3480—1997）计算时，直接按1.1倍的发电机额定功率乘以 K_A 再乘以增速传动的1.1倍作为强度的计算功率所设计的齿轮箱尺寸往往偏大，因此齿轮强度计算时应根据现场情况和设计经验，确定一个当量功率来作为强度校核的计算功率。按照 $K_A=1.3$ 和 $S_{Hlim}=1.3$ 设计，设计结果可能偏于保守。不过，在没有现场数据和经验支撑时，这样设计会偏于安全。

表4-4　　齿轮强度计算载荷系数及材料安全系数

参数	计算标准	《渐开线圆柱齿轮承载能力计算方法》（GB/T 3480—1997）	《齿轮强度标准》（AGMA 2001—1995）	《直齿轮和斜齿轮承载能力的计算》（ISO 6336-5-2003）
K_A	有实测载荷谱	1.0		按附录H计算
	无实测载荷谱（三叶片）	1.3		
S_{Hlim}	有实测载荷谱	≥1.2	1.0	1.25
	无实测载荷谱	≥1.3		

续表

参数	计算标准	《渐开线圆柱齿轮承载能力计算方法》(GB/T 3480—1997)	《齿轮强度标准》(AGMA 2001—1995)	《直齿轮和斜齿轮承载能力的计算》(ISO 6336-5-2003)
S_{Flim}	有实测载荷谱	≥1.5	1.0	1.56
	无实测载荷谱	≥1.7		

注 《渐开线圆柱齿轮承载能力计算方法》(GB/T 3480—1997) 等效采用《直齿轮和斜齿轮承载能力的计算》(ISO 6336-5—2003);《齿轮强度标准》(AGMA 2001—1995) 的米制标准为《AGMA 美国齿轮设计标准(国际单位)》。

同时,《风机齿轮箱设计标准和规范》(AGMA 6006) 规定动载系数 K_v 不应小于 1.05,齿向载荷分布系数 $K_{H\beta}$ 不应小于 1.15。

当给定载荷谱时,通常按等效载荷作为设计计算的依据。《风机齿轮箱设计标准和规范》(AGMA 6006) 附录 H 给出了根据载荷谱确定等效载荷的方法。

图 4-31 为某 1.5MW 齿轮箱正常工作状态下的载荷谱。图中的 M_{eq} 是按《风机齿轮箱设计标准和规范》(AGMA 6006) 计算得到的该载荷谱的等效载荷 (当量载荷),M_N 为按额定功率得到的额定载荷 (名义载荷)。载荷谱显示,在额定载荷以上的工作时间仅占总时间 (20 年,约 16.1 万 h) 的 7.8%,大于额定载荷的循环次数仅占总循环次数 (13.8×107) 的 9.3%。显然,按额定载荷设计将偏于保守。根据疲劳损伤累积理论 (Minner 法则),这种类型设计载荷应按当量载荷确定。

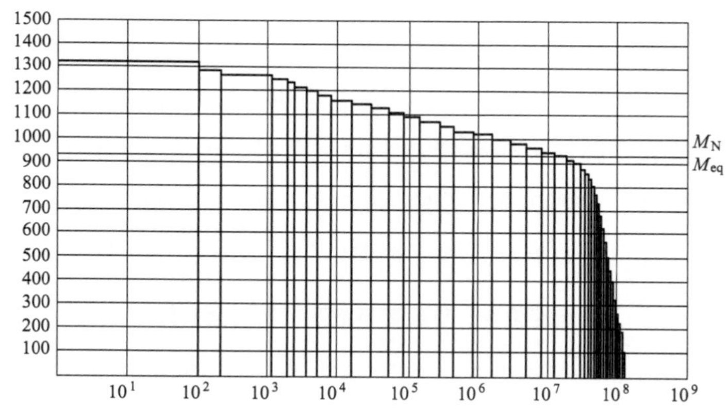

图 4-31 某 1.5MW 齿轮箱正常工作状态下的载荷谱

图 4-32 为以对数为坐标的某齿轮的承载能力曲线与其整个工作寿命的载荷图谱,图中 M_1、M_2、M_3…为经整理后的实测的各级载荷,N_1、N_2、N_3、…为与 M_1、M_2、M_3…相对应的应力循环次数。小于名义载荷 M 的 50%的载荷 (如图中 M_5 所示),认为

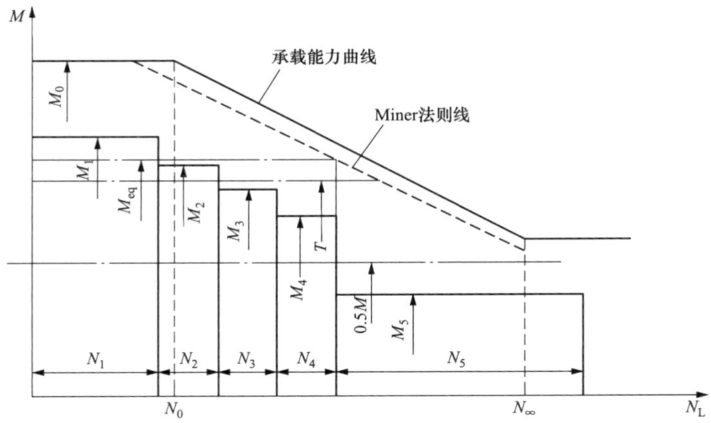

图 4-32　承载能力曲线与载荷图谱

对齿轮的疲劳损伤不起作用，故略去不计。则当量循环次数 N_{Leq} 为

$$N_{Leq}=N_1+N_2+N_3+N_4 \tag{4-27}$$

式中　N_i ——第 i 级载荷应力循环次数。

当量载荷为

$$T_{eq}=\left(\frac{N_1M_1^p+N_2M_2^p+N_3M_3^p+N_4M_4^p}{N_{Leq}}\right) \tag{4-28}$$

式中　p——材料的试验指数。

$$p=\frac{\log N_\infty/N_0}{\log M_0/M_\infty} \tag{4-29}$$

常用齿轮材料的特性数 N_0、N_∞ 及 p 值见表 4-5。

表 4-5　　常用齿轮材料的特性数 N_0、N_∞ 及 p 值

计算方法	齿　轮　材　料	N_0	N_∞	p
接触强度	调质钢，球墨铸铁，珠光体可断铸铁，表面硬化钢	10^5	5×10^7	6.6
	调质钢，球墨铸铁，珠光体可断铸铁，表面硬化钢（允许有一定量点蚀）	10^5	9×10^7	7.89
	调质钢或氮化钢经气体氮化，灰铸铁	10^5	2×10^6	5.7
	调质钢经液体氮化	10^5	2×10^6	15.7
弯曲强度	结构钢，调质钢，球墨铸铁	10^4	3×10^6	6.25
	渗碳淬火钢，表面淬火钢	10^3	3×10^6	8.7
	调质钢或氮化钢经气体氮化，灰铸铁	10^3	3×10^6	17
	调质钢经液体氮化	10^3	3×10^6	83

（二）齿轮承载能力计算

齿轮设计有许多国家标准和国际标准，如《齿轮材料及热处理质量检验的一般规定》（ISO 6336）、《风机齿轮箱设计标准和规范》（AGMA 6006）、《正齿轮承载能力计算》（DIN 3990）。德国标准（DIN）在齿轮传动设计中起到重要作用，其中有关圆柱齿轮承载能力的主要设计标准源于《正齿轮承载能力计算》（DIN 3990）。我国通用设计标准《渐开线圆柱齿轮承载能力计算方法》（GB/T 3480）与国际标准《齿轮材料及热处理质量检验的一般规定》（ISO 6336）基本对应。

三、 齿轮传动主要参数的选择

根据行星齿轮传动所具有的啮合方式可以把行星齿轮传动类型分为：NGW 型具有内啮合和外啮合，同时还具有一个公共齿轮的行星齿轮传动；NW 型具有一个内啮合和一个外啮合的行星齿轮传动；WW 型具有两个外啮合的行星齿轮传动；NN 型具有两个内啮合的行星齿轮传动；NGWN 型具有两个内啮合和一个外啮合，同时还具有一个公共齿轮的行星齿轮传动；N 型仅具有一个内啮合的行星齿轮传动。鉴于风力发电机组齿轮箱行星齿轮传动主要采用 NGW 型，以下内容主要针对 NGW 型传动进行介绍。

（一）传动比分配

目前兆瓦级风电齿轮箱大多采用一级行星两级平行轴传动方式或者两级行星一级平行轴传动方式，增速比最高可达 100 左右。

多级传动中，首先要进行的工作是传动比的合理分配。原则是：

（1）尽可能获得较小的外形，或在外形尺寸一定的情况下获得较大的安全裕度；

（2）各部分强度设计较为均衡，便于采用润滑等必要措施。

一级行星两级平行轴传动方式中，每级传动比可按推荐单级传动比确定，但要避免后两级平行轴传动中大齿轮与轴相碰，同时为了减小尺寸，两级平行轴传动采用折叠式传动路线，太阳轮轴与输出轴的中心距要考虑制动盘不要与集电环相碰。

两级行星一级平行轴传动方式中，行星齿轮传动的传动比的许用范围受结构及强度两方面的影响。在结构方面，最大传动比受邻接条件的限制，即与行星轮的个数 n_p 有关，最小传动比受行星轮最小直径的限制，主要是行星轮的旋转支承即行星轮轴承，一般将轴承设置在行星轮轴孔中，因此行星轮采用滚动轴承时，行星轮的直径尽可能不要太小，即传动比不要过小，一般来说，传动比 $i \geqslant 4$ 时，可在行星轮轴孔中放置滚动轴承。而在强度方面，过大的传动比将损失太多的承载能力，有分析表明，当传动比为 4.5 和 5 时具有较高的承载能力。因此，单级行星齿轮传动的传动比一般在 3.15～6.3 之间。

在没有特殊要求的情况下，当各级传动均为行星齿轮传动时，可参照以下经验方法

分配传动比：

两级传动低速级传动比

$$i_2 = 0.5\sqrt{i} + 2 \sim 2.5\ (i = 16 \sim 45) \tag{4-30}$$

三级传动低速级传动比

$$i_1 = 0.5\sqrt{i} + 1.8 \sim 2.2 (i = 14 \sim 400) \tag{4-31}$$

三级传动中间级传动比

$$i_2 = 0.8\sqrt{i} + 1.2 \sim 1.6 (i = 14 \sim 400) \tag{4-32}$$

为使行星减（增）速器使用更加合理，在下述传动比范围内，推荐采用派生型结构，即在高速端附加硬齿面平行轴固定轴传动：对于单级派生型传动，$i_2 = 7.1 \sim 18$；对于两级派生型传动，$i_2 = 40 \sim 125$。一般情况下，每级的行星轮个数均为 $n_p = 3$。

在工程设计中，同一齿轮箱中相邻两级内齿圈直径的控制比例范围为：尺寸较大一级与尺寸较小一级的分度圆直径之比一般不大于 1.5，通常将这个比例称作相邻齿圈的直径比或简称为级间直径比。相邻齿圈的直径比（K_d）常用范围为 1.2～1.4。

一般情况下低速级的承载能力决定了减（增）速器的额定传递功率，而较高转速一级的承载能力通常会富裕 20%～40%。

（二）齿数、模数、齿形角及变位系数

图 4-33 所示是根据接触与弯曲等强度条件推荐的 $z_{1\max}$ 值，图中硬度值是大齿轮的最低硬度，小齿轮的硬度等于或大于大齿轮的硬度，硬度 200HBW、300HBW 和 45HRC 是整体热处理硬度，60HRC 是轮齿表面硬度。

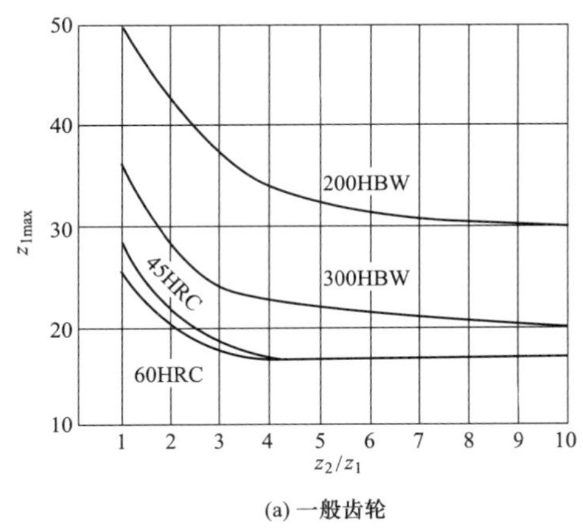

(a) 一般齿轮

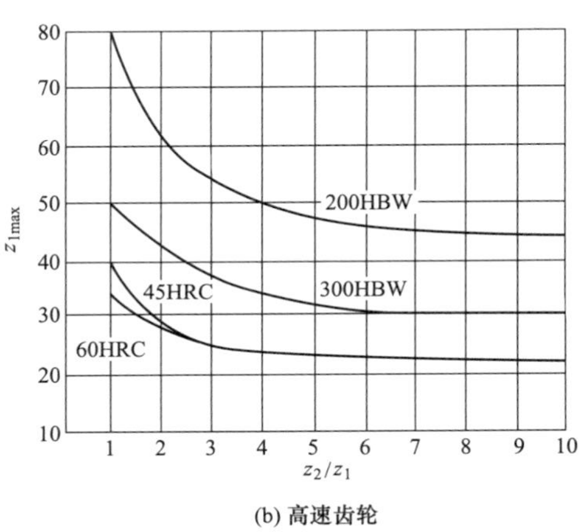

(b) 高速齿轮

图 4-33　小齿轮最大齿数 $z_{1\max}$

当齿面硬度不大于 350HBW 时，推荐 $z_{1min} \geqslant 17$；当齿面硬度大于 350HBW 时，推荐 $z_{1min} \geqslant 12$。

内齿圈的常见齿数范围为 70～125；太阳轮的常见齿数范围为 16～35；行星轮的常见齿数范围为 25～50。模数一般采用标准系列值，齿形角多采用 20°。

一般采用变位传动，外啮合总变位系数为 0.3～0.8，太阳轮、行星轮的变位系数 χ_a、χ_g 计算公式为

$$\chi_a = 0.75 - \frac{z_a}{55} \geqslant 0.2 \tag{4-33}$$

$$\chi_g = 0.6 - \frac{z_g}{120} \geqslant 0.25 \tag{4-34}$$

式中　z_a——太阳轮齿数；

z_g——行星轮齿数。

变位系数的选择除考虑强度及啮合情况外，还应有利于降低滑差。

初步设计时，下面各式可作为参数取值的参考，行星齿轮传动中太阳轮齿数为

$$z_a = (13 \sim 16)\frac{i}{i-2} \tag{4-35}$$

与式（4-35）对应的模数表达式为

$$m = \frac{d_b}{13 \sim 16}\frac{i-2}{i(i-1)} \tag{4-36}$$

式中　d_b——内齿圈分度圆直径，方案初选时按式（4-37）近似计算（行星轮个数为 3，且按接触强度计算时）。

$$d_b \geqslant 608\sqrt[3]{\frac{K_A M_2 (i-1)^2}{\phi_d [\sigma_H]^2 (i-2)}} \tag{4-37}$$

式中　M_2——低速轴（行星架）工作转矩；

K_A——使用系数；

ϕ_d——齿宽系数，对于增速传动，通常 $0.15 \leqslant \phi_d \leqslant 0.25$，一般情况均可取 $\phi_d = \frac{b}{d_b} = \frac{1}{4.5} \approx 0.22$；

$[\sigma_H]$——许用接触应力。

如各齿轮均为硬齿面，则模数 m 应由弯曲强度来确定。

参数选择要满足传动比条件、同心条件、邻接条件、装配条件，根据配齿结果结合以上计算式初定各参数，最终的参数还要满足齿面接触和齿根弯曲强度条件。

四、 主要部件的设计与选型

（一）箱体

箱体承受来自风轮的作用力和齿轮传动过程中的各种反力。箱体必须具有足够的强度和刚度，以防止变形和损坏，保证传动质量。箱体的设计应按照风力发电机组动力传动的布局、加工和装配、检查及维护等要求来进行。应注意选取合适的支承结构和壁厚，增设必要的加强筋。一般采用铸铁作为箱体材料，一方面易于成型及切削加工，适于批量生产；另一方面还具有减震性好的优点。常用的材料有球墨铸铁和其他高强度铸铁。铸造箱体结构时应尽量避免壁厚突变，减小壁厚差，以免产生缩孔和疏松等缺陷。单件、小批生产时，也可采用焊接或焊接与铸造相结合的箱体。为减小机械加工过程和使用中的变形，防止出现裂纹，无论是铸造还是焊接箱体均应进行退火、时效处理，以消除内应力。为了便于装配和定期检查齿轮的啮合情况，在箱体上应设有观察窗。机座旁一般设有连体吊钩，供起吊整台齿轮箱用。箱体支座的凸缘应具有足够的刚性，如图 4-34 所示扭力臂结构，其支承刚度要做仔细的校核计算。为了减小齿轮箱传到机舱机座的振动，齿轮箱通常安装在弹性支撑上，齿轮箱弹性支撑结构如图 4-35 所示。

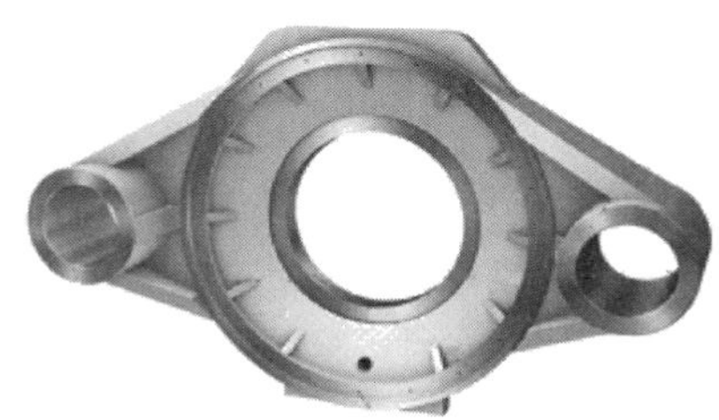

图 4-34　扭力臂结构

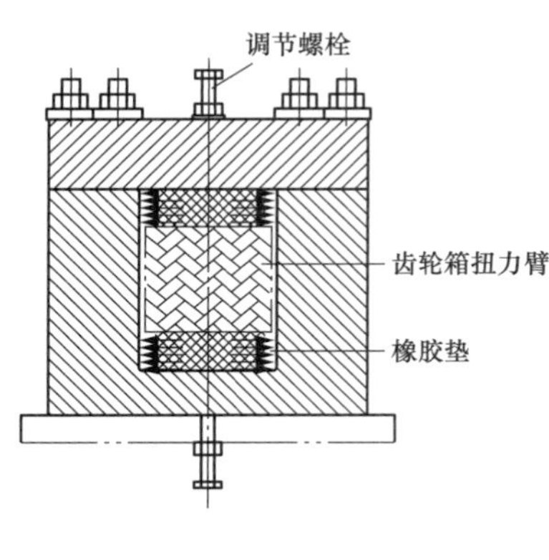

(a) 矩形支撑

(b) 圆形支撑

图 4-35　齿轮箱弹性支撑结构

箱体上还应设有空滤、油标或油位指示器及温度传感器等，在相应部位设有注油孔和放油孔，放油孔周围应留有足够的放油空间。采用强制润滑和冷却的齿轮箱，在箱体的合适部位设置进出油口和相关液压件的安装位置，在寒冷北方应用的齿轮箱，还应设置油箱加热装置。箱体的应力情况十分复杂，通常要采用数值计算方法（如有限元法），才能较为准确地计算出应力分布的状况。

（二）行星架

行星架是行星机构中结构较为复杂的零件，当行星架作为基本构件时，它是机构中承受外力矩最大的零件，要求有足够的强度与刚度，受载变形要小。大功率增速箱中通常采用整体双壁式结构，这种结构刚性好，因为尺寸较大且形状复杂，常采用铸造方法以得到结构和尺寸接近成品的毛坯，常用铸造材料有 QT700-2、ZG34CrNiMo、ZG42CrMoA 等。如果行星架与输入轴为一体且齿轮箱输入轴与主轴经胀套联轴器连接，则材料取合金铸钢为宜，如 ZG34CrNiMo 等，既有较高的强度、冲击韧性及弹性，又有较好的铸造性能。整体式铸造结构形变小，宜于批量生产。对于单件生产，也可采用焊接式行星架。单壁式行星架轴向尺寸小、刚性差，一般只适用于中小功率的传动。行星架一般需做动、静平衡试验。

（三）齿轮

1. 材料及热处理

齿轮所用的材料除了要满足机械强度条件外，还应满足极端温差条件下所具有的材料特性，如抗低温冷脆性、冷热温差影响下的尺寸稳定性等。一般采用锻造方法制取毛坯，可获得良好的锻造组织纤维。为了提高承载能力，齿轮一般都采用优质合金钢制造。外齿轮推荐采用 20CrMnMo、15CrNi6、17Cr2Ni2A、20CrNi2MoA、17CrNiMo6、17Cr2Ni2MoA 等材料。内齿圈按其结构要求，可采用 42CrMoA、34CrNi2MoA 等材料。合理的热处理工艺，可以保证材料的综合机械性能达到设计要求。一般外齿轮均采用渗碳淬火加磨齿工艺，齿表面硬度可达到 HRC60±2。由于国内大型内斜齿制齿加工困难，内齿磨齿成本较高，通常采用直齿加氮化工艺或直齿加渗碳淬火加磨齿工艺。渗碳淬火后获得较理想的表面残余应力，它可以使轮齿最大拉应力区的应力减小，因此加工中对齿根部分通常保留热处理后的表面。表 4-6 给出了齿轮部分材料力学性能。

表 4-6　　齿轮部分材料力学性能

材料牌号	热处理方式	截面尺寸 ϕ（mm）	硬度		力学性能				
			渗碳淬火	调质	σ_b	$\sigma_{0.2}$（σ_s）	δ	ψ	A_k
			HRC	HBW	≥MPa		≥%	≥%	J
20CrMnMo	渗碳+淬火+回火	15	60±2	—	1175	(885)	10	45	55
17CrNi6		11		—	960～1270	(685)	8	35	—
20CrNi2MoA		30		—	980	—	15	40	55
17CrNiMo6		30		—	1080～1320	(785)	8	35	60

续表

材料牌号	热处理方式	截面尺寸 ϕ（mm）	硬度		力学性能				
			渗碳淬火	调质	σ_b	$\sigma_{0.2}$（σ_s）	δ	ψ	A_k
			HRC	HBW	≥MPa		≥%	≥%	J
42CrMoA	调质	≤100	表面淬火 54～60	266～324	900～1100	650	12	50	—
		>100～160		238～280	800～950	550	13	50	—
		>160～250		222～266	750～900	500	14	50	—
		>250～500		204～250	690～840	400	15	—	—
		>500～700		175～219	590～740	390	16	—	—
34CrNi2MoA		≤100	表面淬火 52～58	298～355	1000～1200	800	11	50	45
		>100～160		266～324	900～1100	700	12	55	45
		>160～250		238～280	800～950	600	13	55	45
		>250～500		219～263	740～890	540	14	—	—
		>500～1000		204～250	690～840	490	15	—	—

2. 精度等级

提高齿轮精度等级，与提高齿轮强度、齿面耐磨性、啮合平稳性，同时提高润滑油油膜比厚及保持油膜稳定性有密切关系。按啮合速度选用精度等级时，增速传动的精度要求略高于减速传动；或在齿轮精度一定时，增速传动的许用工作转速低于减速传动。一般应将增速传动的许用工作转速降低20%～30%后使用。

较高的齿轮精度等级是相当必要的，对风电增速箱而言，外齿轮一般不低于5级，详见《圆柱齿轮　精度制》(GB/T 10095)，内齿圈不低于6级，详见《圆柱齿轮　精度制》(GB/T 10095)。

3. 必要的技术措施

对渗碳淬火齿轮来说，齿顶及齿端面的棱边倒角是必需的，一般在渗碳前须做适度的预先倒角（最好是圆角），否则在渗碳过程中极易造成棱边处的氧化和脱碳，在淬火时存在尖角同样是不利的。

（四）轴

轴的材料采用碳钢和合金钢。如40、45、50、40Cr、50Cr、42CrMoA等，常用的热处理方法为调质，而在重要部位作淬火处理要求较高时可采用20CrMnTi、20CrMo、20MnCr5、17CrNi5、16CrNi等优质低碳合金钢进行渗碳淬火处理，获取较高的表面硬度和心部较高的韧性。

由于制动器一般装于高速端，因此瞬间制动对高速轴的冲击较大，高速轴故障频率较高，高速轴设计安全系数应适度加大，同时应考虑高速轴故障时在机舱内完成维修工作的便捷性。

（五）滚动轴承

在风力发电机组齿轮箱上常采用的轴承有圆柱滚子轴承、圆锥滚子轴承、调心滚子轴承等。在所有的滚动轴承中，调心滚子轴承的承载能力最大，且能够广泛应用在承受较大负载或者难以避免同轴误差和挠曲较大的支承部位。原则上轴承设计寿命为 13 万 h。

中小功率齿轮箱输入端轴承采用单列滚子轴承较为普遍，也有采用双列调心滚子轴承的。行星轮中间的轴承以采用短圆柱滚子轴承或双列调心滚子轴承为宜。随着风电齿轮箱向大功率方向发展，单一的双列调心滚子轴承已无法满足承载需要，通常采取单列滚子与四点接触轴承组合方式，其中四点接触轴承可以承受较大的轴向力，如 750kW、1100kW、1300kW 风力发电机组增速箱多用这种结构。

一般推荐在极端载荷下的静承载能力系数 f_s 不应小于 2.0。对风力发电机组齿轮箱输入轴轴承进行静强度计算时，需计入风轮的附加静负荷。

五、 传动效率与噪声

（一）传动效率

齿轮箱的效率可通过功率损失计算或在试验中实测得到。功率损失主要包括齿轮啮合、轴承摩擦、润滑油飞溅和搅油损失、风阻损失、其他机件阻尼等。齿轮传动的效率为

$$\eta=\eta_1\eta_2\eta_3\eta_4 \tag{4-38}$$

式中 η_1——齿轮啮合摩擦损失的效率；

η_2——轴承摩擦损失的效率；

η_3——润滑油飞溅和搅油损失的效率；

η_4——其他摩擦损失的效率。

在标准条件下，风力发电机组齿轮箱的专业标准要求齿轮箱的机械效率大于 97%。

图 4-36 所示为不同类型齿轮箱的传动效率概略值。

图 4-37 所示是根据某 1.5MW 机组 2 级行星齿轮箱实测的传动效率与功率变化关系，图中 P—实测功率；P_R—传动功率。

（二）噪声

根据《风力发电机组　齿轮箱设计要求》（GB/T 19073）规定，额定功率 1MW 以下的齿轮箱不应大于 90dB(A)，额定功率大于或等于 1MW 的齿轮箱不应大于 100dB(A)。

齿轮箱的噪声主要来自个别齿之间的啮合及制造安装质量。轮齿承载时会有轻微变形，如果未对齿形进行修正，轮齿进入啮合时就会产生一系列的撞击，若要减小这种撞

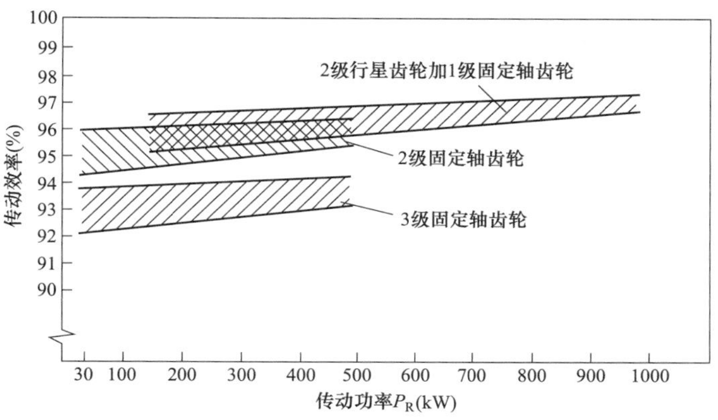

图 4-36　不同类型齿轮箱的传动效率概略值

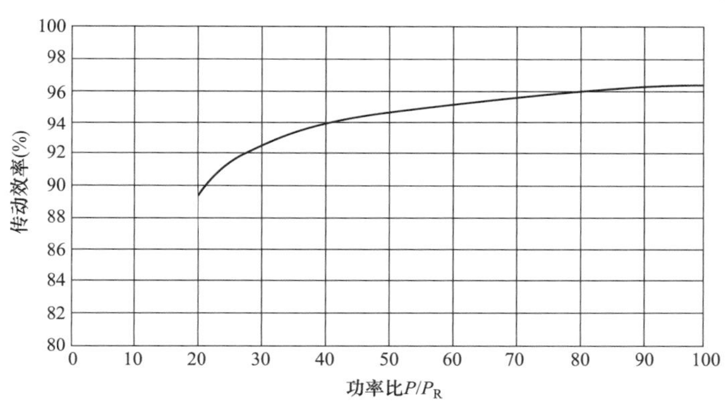

图 4-37　实测的传动效率与功率变化关系

击，就应在设计齿轮时对齿廓进行修形，使空载齿廓顶部在额定载荷时能够无侧隙地啮合。在齿轮设计计算时，应根据齿轮的弯曲强度和接触强度初步确定轮齿的变形量，再结合轴的弯曲、扭转变形以及轴承和箱体的刚度绘出齿形和齿向修形曲线，并在磨齿时进行修正。另外，按额定载荷修形的齿在低于额定功率使用时又会造成重合度的降低，因此，修形也要考虑一个适当的功率范围，即在噪声影响水平较大且难以掩盖的载荷下进行。

降低齿轮箱噪声的措施有：齿轮箱平行轴及行星级采用斜齿轮传动；适当提高齿轮精度，进行齿形修缘，增加啮合重合度；提高轴和轴承的刚度；合理布置传动轴系和轮系。

六、齿轮箱的润滑、冷却和加热

除较小功率齿轮箱，如 200kW 和 250kW 风电增速箱的润滑采用飞溅润滑方式外，功率大于 300kW 的齿轮箱均需强制润滑，齿轮箱需外接一套润滑系统。该系统由润滑油泵、热交换器、电磁换向阀、温度传感器、油位传感器等组成，同时系统中应有完善的滤油装置以确保油液的洁净，如图 4-38 所示。

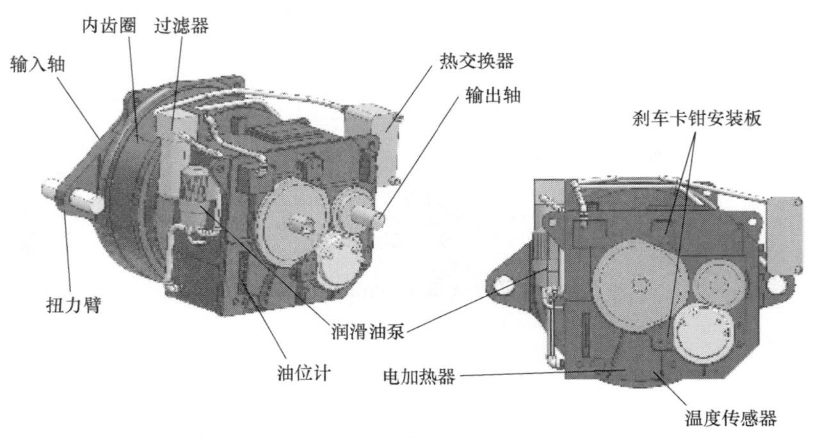

图 4-38 齿轮箱附件

润滑油在整个预期寿命内都应保持良好的抗磨损和抗胶合性能，为提高齿轮的承载能力和抗冲击能力，可采用有添加剂的合成油。油品常采用美孚齿轮油 SHC XM P320、MOBIL632、MOBIL630、壳牌 HD320、德国科宁 Emgard Wind320 等，它们既有较好的低温适应性利于低温启动，又有较好的高温稳定性保持较高的黏度等级，有利于油膜的形成，提高齿轮齿面承载能力。合成油的主要优点是：在极低温度状况下具有较好的流动性；在高温时的化学稳定性好并可抑制黏度降低。不同于普通矿物油，合成油不会出现遇高温会分解而在低温时易于凝结的情况。

润滑油系统中的散热器常用风冷式，特别是海上风力发电机组由于机舱密封的需要，目前较多采用风—水联合冷却方式，由系统中的温度传感器控制，在必要时通过电控旁路阀自动打开冷却回路，使油液先流经散热器散热，再进入齿轮箱。

为解决低温下启动时普通矿物油解冻问题，在高寒地区应给机组设置油加热装置。常见的油加热装置是电热管式的，装在油箱底部。

第五节 联 轴 器

为实现机组传动链部件间的扭矩传递，传动链的轴系还需要设置必要的连接构件，如联轴器等。在风力发电机组中，常采用刚性联轴器、挠性联轴器两种方式。刚性联轴器常用于对中性高的两轴的连接，通常在主轴与齿轮箱低速轴连接处选用刚性联轴

器，一般多选用胀套式联轴器。而挠性联轴器则常用于对中性较差的两轴的连接，一般在发电机与齿轮箱高速轴连接处选用挠性联轴器，例如膜片联轴器，能够弥补机组运行过程中轴系的安装误差、解决主传动链轴系的不对中问题及减少振动的传递。最重要的是挠性联轴器可以提供一个弹性环节，该环节可以吸收轴系因外部负载的波动而产生的振动。

齿轮箱与发电机之间的联轴器设计，需要同时考虑对机组的安全保护功能。由于机组运行过程中可能产生异常情况下的传动链过载，如发电机短路导致的转矩甚至可以达到额定值的 5～6 倍，为了降低设计成本，不可能将该转矩值作为传动系统的设计参数。联轴器上应设置扭矩保护装置，不仅可以保护重要部件的安全，还可以降低齿轮箱的设计与制造成本。

一、 胀套式联轴器

风力发电机组中广泛使用的胀套式联轴器，如图 4-39 所示，它是依靠拧紧螺栓使外锥套楔入刚性较大的内锥套，压迫行星架空心轴套收缩，使轴套和主轴间产生压力及相伴产生的摩擦力来传递负载的一种无键连接方式，可传递转矩、轴向力或两者的复合载荷。胀套连接与一般过盈连接、无键连接相比，具有许多独特的优点：使主机零件制造和安装简单，定心性好；安装胀套的孔和轴的加工不像过盈配合那样要求高精度的制造公差，安装胀套也无须加热、冷却或加压设备，只需将螺栓按规定的扭矩拧紧即可，并且调整方便，可以将胀套在轴上很方便地调整到所需位置；有良好的互换性，拆卸方便；胀套的使用寿命长、强度高；胀套在胀紧后，接触面紧密贴合，不易锈蚀。

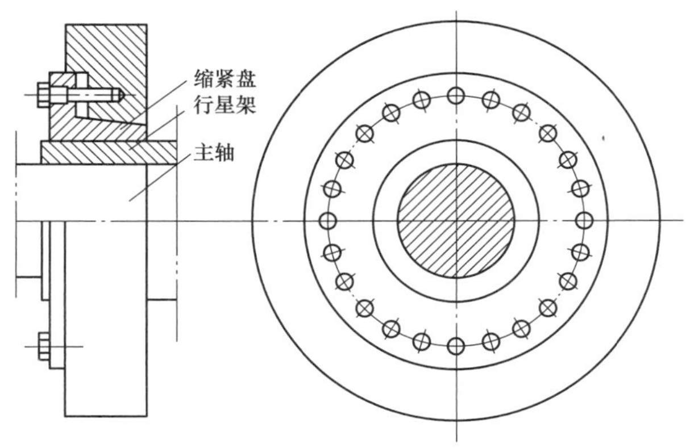

图 4-39　胀套式联轴器

（一）胀套式联轴器的选用方法

按照负载选择胀套。

1. 传递转矩时

$$M_t \geqslant M_{xr} \tag{4-39}$$

式中 M_t——胀套的额定转矩，kN·m；

M_{xr}——需传递的转矩，kN·m；

2. 承受轴向力时

$$F_t \geqslant F_{xr} \tag{4-40}$$

3. 传递转矩及轴向力联合作用时

$$F_t \geqslant \sqrt{F_{xr}^2 + \left(\frac{2000M_{xr}}{d}\right)^2} \tag{4-41}$$

4. 承受径向力时

$$P_t \geqslant \frac{1000F_r}{dl} \tag{4-42}$$

式中 F_t——胀套的额定轴向力，kN；

F_{xr}——需承受的轴向力，kN；

F_r——需承受的径向力，kN；

d——胀套的内径，mm；

l——胀套的内环宽度。

P_t——胀套和轴结合面上的压力，MPa。

（二）胀套式联轴器结合面的公差与表面粗糙度

与胀套结合的轴、孔公差带及表面微观不平度十点高度 R_z 值见表 4-7。

表 4-7　与胀套结合的轴、孔公差带及表面微观不平度十点高度 R_z 值

胀套形式	胀套直径 d(mm)	与胀套结合的轴公差带	与胀套结合的孔公差带	表面微观不平度十点高度 R_z 值	
				轴表面	孔表面
Z2	所有直径	h7 或 h8	H7 或 H8	<16	<16
Z5	所有直径	h8	H8	<16	<16

表 4-8 所示为部分 Z10 型胀套式联轴器的基本尺寸及参数。

表 4-8　部分 Z10 型胀套式联轴器的基本尺寸及参数

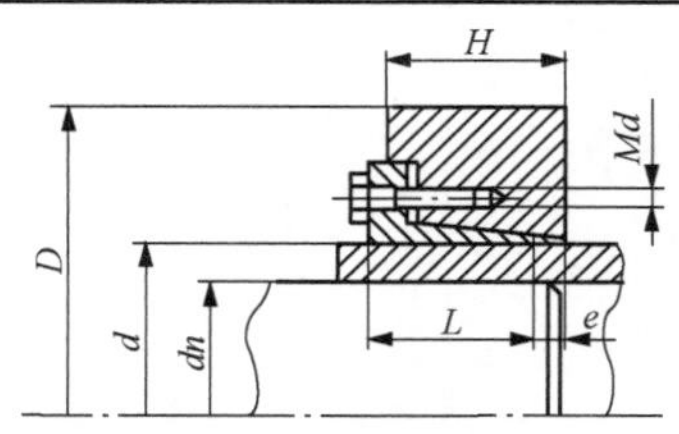

续表

<table>
<tr><th colspan="6">基 本 尺 寸</th><th>螺 钉</th><th colspan="2">额定负荷</th><th rowspan="3">螺钉拧紧力矩 M_A(Nm)</th><th rowspan="3">质量 (kg)</th></tr>
<tr><th>d</th><th>D</th><th>dn</th><th>L</th><th>H</th><th>e</th><th>Md</th><th rowspan="2">轴向力 F_t（kN）</th><th rowspan="2">转矩 M_t (kN·m)</th></tr>
<tr><th colspan="7">mm</th></tr>
<tr><td rowspan="3">390
(380)</td><td rowspan="3">650</td><td>300</td><td rowspan="3">144</td><td rowspan="3">163</td><td rowspan="3">14</td><td rowspan="12">M24×80</td><td>4260</td><td>640</td><td rowspan="3">820</td><td rowspan="3">250</td></tr>
<tr><td>310</td><td>4400</td><td>690</td></tr>
<tr><td>320</td><td>4640</td><td>742</td></tr>
<tr><td rowspan="3">420
(400)</td><td rowspan="3">670</td><td>330</td><td rowspan="3">164</td><td rowspan="3">184</td><td rowspan="3">14</td><td>4770</td><td>787</td><td rowspan="3">820</td><td rowspan="3">300</td></tr>
<tr><td>340</td><td>5000</td><td>846</td></tr>
<tr><td>350</td><td>5200</td><td>910</td></tr>
<tr><td rowspan="3">440
(430)</td><td rowspan="3">740</td><td>340</td><td rowspan="6">172</td><td rowspan="6">192</td><td rowspan="12">15</td><td>5500</td><td>935</td><td rowspan="9">820</td><td rowspan="3">400</td></tr>
<tr><td>350</td><td>5720</td><td>1000</td></tr>
<tr><td>360</td><td>6000</td><td>1060</td></tr>
<tr><td rowspan="3">460
(450)</td><td rowspan="3">770</td><td>360</td><td>6050</td><td>1090</td><td rowspan="3">420</td></tr>
<tr><td>370</td><td>6200</td><td>1150</td></tr>
<tr><td>380</td><td>6500</td><td>1235</td></tr>
<tr><td rowspan="3">480
(470)</td><td rowspan="3">800</td><td>380</td><td rowspan="6">188</td><td rowspan="6">213</td><td rowspan="3">M24×90</td><td>6560</td><td>1280</td><td rowspan="3">500</td></tr>
<tr><td>390</td><td>6750</td><td>1350</td></tr>
<tr><td>400</td><td>6940</td><td>1420</td></tr>
<tr><td rowspan="3">500
(490)</td><td rowspan="3">850</td><td>400</td><td rowspan="3">M27×90</td><td>7500</td><td>1480</td><td rowspan="12">1210</td><td rowspan="3">570</td></tr>
<tr><td>410</td><td>7720</td><td>1600</td></tr>
<tr><td>420</td><td>7920</td><td>1720</td></tr>
<tr><td rowspan="3">530
(520)</td><td rowspan="3">910</td><td>430</td><td rowspan="6">231</td><td rowspan="6">238</td><td rowspan="6">17</td><td rowspan="6">M27×100</td><td>8470</td><td>1880</td><td rowspan="3">740</td></tr>
<tr><td>440</td><td>9000</td><td>2000</td></tr>
<tr><td>450</td><td>9250</td><td>2120</td></tr>
<tr><td rowspan="3">560
(550)</td><td rowspan="3">940</td><td>450</td><td>8950</td><td>2020</td><td rowspan="3">770</td></tr>
<tr><td>460</td><td>9350</td><td>2150</td></tr>
<tr><td>470</td><td>9700</td><td>2280</td></tr>
<tr><td rowspan="3">590
(580)</td><td rowspan="3">980</td><td>470</td><td rowspan="3">228</td><td rowspan="3">260</td><td rowspan="6">18</td><td rowspan="6">M30×100</td><td>10600</td><td>2500</td><td rowspan="3">900</td></tr>
<tr><td>480</td><td>11000</td><td>2650</td></tr>
<tr><td>490</td><td>11450</td><td>2800</td></tr>
<tr><td rowspan="3">620
(610)</td><td rowspan="3">1020</td><td>500</td><td rowspan="3">254</td><td rowspan="3">286</td><td>11000</td><td>2740</td><td rowspan="3">1640</td><td rowspan="3">1080</td></tr>
<tr><td>510</td><td>11300</td><td>2900</td></tr>
<tr><td>520</td><td>11900</td><td>3100</td></tr>
</table>

二、 膜片联轴器

膜片联轴器采用一种厚度很薄的弹簧件制成各种形状，用螺栓分别与主、从动轴上的两半联轴器连接，如图 4-40 所示为一种膜片联轴器的结构，其弹性元件为一叠多边形的膜片，在膜片的圆周上有若干螺栓孔。为了获得相对位移，常采用中间轴，其两端各有一组膜片组成两个膜片联轴器，分别与主、从动轴连接。采用的膜片有分离连杆形膜片（如图 4-41 所示）、连续多边环形膜片（如图 4-42 所示）。

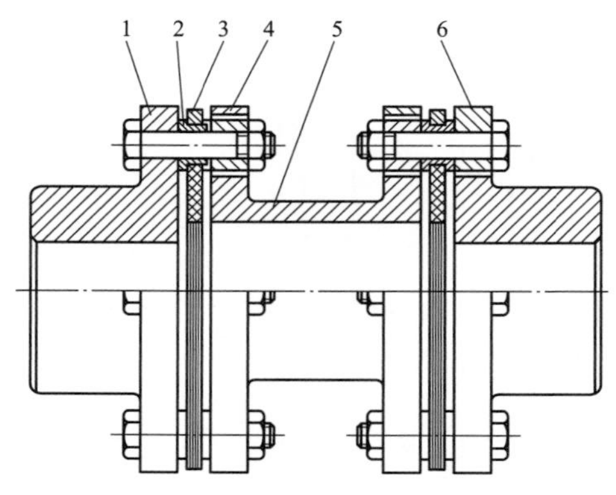

图 4-40　一种膜片联轴器的结构

1、6—半联轴器；2—衬套；3—膜片；4—垫圈；5—中间体

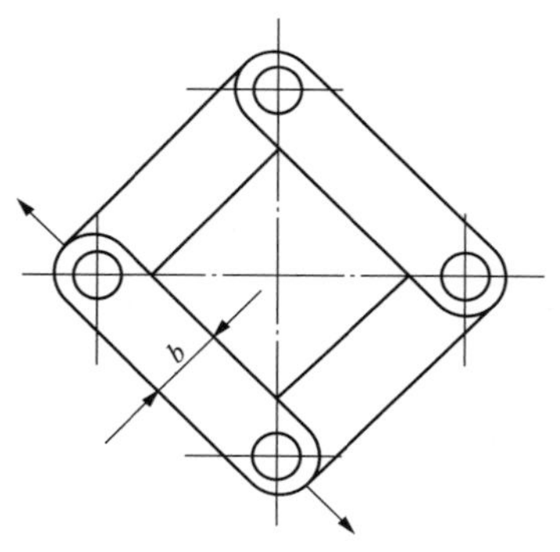

图 4-41　分离连杆形膜片

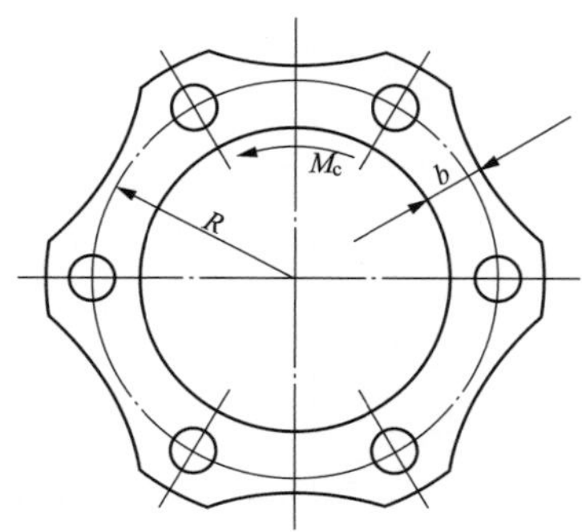

图 4-42　连续多边环形膜片

膜片联轴器结构较简单，弹性元件的连接没有间隙，一般不需润滑，维护方便，平衡容易，质量轻，对环境适应性较强；缺点是扭转弹性较低，缓冲减震性能差。两轴的许用相对位移，轴向位移不超过 2.5mm，径向位移与中间轴的长度有关，一般角位移不超过 1°。

如图4-43所示为德国KTR膜片联轴器，其中间体采用高强度玻璃纤维材料，采用分离连杆形膜片，内设力矩限制器，可允许1000多次打滑，无须维护。其轴向纠偏量可达±8mm，角向纠偏量可达1.5°～2°，可有效实现电绝缘，被广泛应用在风力发电机组高速轴的连接上。

连接高速轴端广泛应用的还有图4-44所示的连杆式联轴器，其电绝缘结构设计在连杆销处。

图4-43　德国KTR膜片联轴器

图4-44　连杆式联轴器

第六节　发　电　机

风力发电机组发电机原则上可以配备任意类型的三相发电机。目前，即使发电机输出变频交流或直流，变流器也能满足电网的要求。几种可用于风力发电机组的一般发电机类型有同步发电机、异步发电机。其中，同步发电机包括绕线转子式发电机（WRSG）、永磁同步发电机（PMSG）；异步发电机包括双馈异步发电机（DFIG）、鼠笼式异步发电机（SCIG）、绕线式异步发电机（WRIG）、感应发电机（OSIG）。其他有发展前景的类型包括高压发电机（HVG）、开关磁阻发电机（SRG）、横向磁通发电机（TFG）。

一、同步发电机

同步发电机比类似容量的感应发电机更昂贵，机械上也更复杂。但与异步发电机相比，它的明显优势是不需要无功励磁电流。

同步发电机的磁场能用永磁体或传统的励磁绕组产生。如果同步发电机有合适的极数（多极的绕线转子式同步发电机或多极的永磁同步发电机），则能够用于直驱，而无须齿轮箱。

同步发电机的主要构成部件包括定子和转子两大部分。定子部分主要有：定子铁芯（硅钢片叠成），其内表面开槽用于嵌放定子绕组；定子三相对称绕组，用于切割磁场感应电动势，将动能转换成电能。转子部分主要有：转子铁芯及磁极；转子绕组（也称为励磁绕组），用于通过直流电流（励磁电流）形成恒定磁场。

风力发电机组常使用的典型同步发电机是永磁同步发电机（PMSG）。由于永磁同步发电机（PMSG）具有自励特性，能够高功率因数和高效率运行，因此，在风力发电机组市场所占份额越来越大。

（一）永磁同步发电机的结构

永磁同步发电机主要是由转子、端盖及定子等部件组成的。一般来说，永磁同步发电机的最大的特点是它的定子结构与普通的异步发电机的结构非常相似，主要是区别于转子的独特结构与其他发电机形成了差别。与常用的异步发电机的最大不同则是转子独特结构，在转子上放有高质量的永磁体磁极。定子结构如图 4-45 所示，转子结构如图 4-46所示。

图 4-45　定子结构

图 4-46　转子结构

由于在转子上安放永磁体的位置有很多，所以永磁同步发电机通常会被分为三大类：内嵌式、面贴式及插入式，如图 4-47 所示。永磁同步发电机的运行性能是最受关注的，影响其性能的因素有很多，但是最主要的是永磁同步发电机的结构。就面贴式、插入式和嵌入式而言，各种结构都有其各自的优点。

面贴式永磁同步发电机在工业上是应用最广泛的，最主要的原因是其拥有很多其他形式发电机无法比拟的优点，例如制造方便、转动惯性较小及结构简单等。并且这种类型的永磁同步发电机更加容易被设计师来进行优化设计，其中最主要的方法是将其分布结构改成正弦分布，这样能够带来很多的优势，例如应用以上的方法能够很好地改善发电机的运行性能。

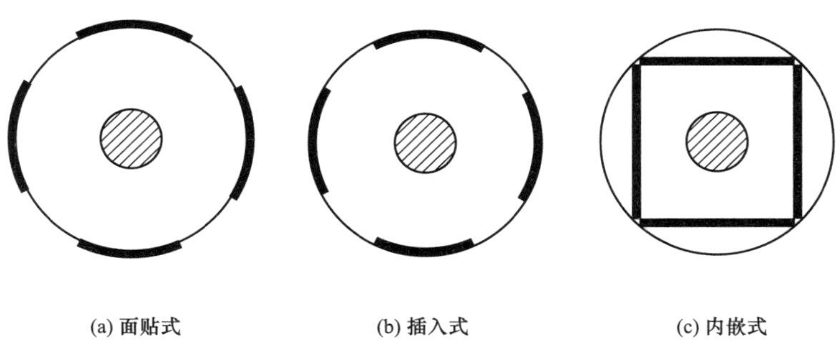

图 4-47　永磁同步发电机

插入式永磁同步发电机之所以能够与面贴式永磁同步发电机相比有很大的改善，是因为它充分地利用了磁链结构，有着不对称性所生成的独特的磁阻转矩，能大大地提高发电机的功率密度且易于制造，所以这种结构的发电机被较多应用，但其缺点也较为突出，例如制作成本和漏磁系数相比面贴式的较大。

嵌入式永磁同步发电机中的永磁体安置在转子内部，相比较而言其结构比较复杂，其优点有：与面贴式永磁同步发电机相比产生的转矩大；嵌入式安装结构使永磁体在失磁后造成危险的可能性小，因此发电机能够在更高的旋转速度下运行，无须考虑转子中永磁体会因离心力过大而被破坏。

永磁同步风力发电机组无齿轮箱，永磁同步发电机连接变流器、变压器并与电网相连，其结构如图 4-48 所示。

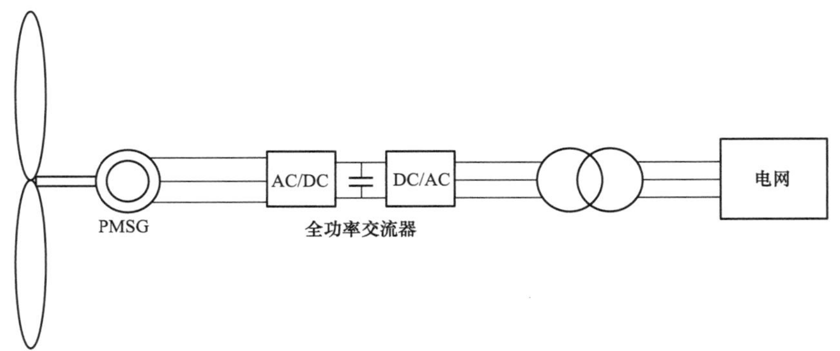

图 4-48　永磁同步风力发电机组结构图

（二）永磁同步发电机的原理

永磁同步发电机转子使用永磁材料励磁，没有励磁绕组，省去了励磁绕组的铜损耗；同时，由叶轮直接驱动发电，不需要齿轮箱等中间传动部件。永磁同步发电机经背靠背式全功率变频器系统与电网相连，通过变频器系统的作用来实现风力发电机组的变速运行。

（三）永磁同步发电机的数学模型

在建立永磁同步发电机的数学模型之前，为了简化分析，通常先做如下假设：

（1）忽略定、转子铁芯磁阻，忽略涡流损耗和磁滞损耗；

（2）气隙磁场均匀呈正弦分布；

（3）忽略齿槽效应；

（4）发电机机端电压三相对称；

图 4-49（a）所示的是一台永磁同步发电机定转子结构示意图，发电机定子有 A、B、C 三相绕组，转子上装有永磁体，A、B、C 分别为三相绕组轴线，d 轴为永磁体磁链方向，θ_r 为永磁体偏离 A 相绕组轴线的电角度，即转子位置角。在建立数学模型时，采用电动机惯例，即以输入电流为正，如图 4-49（b）所示。各绕组线圈流过正方向电流时产生正值磁链。转矩的正方向符合电动机惯例，即电磁转矩取与转子径向同向，为驱动性质，外加负载转矩为制动转矩。

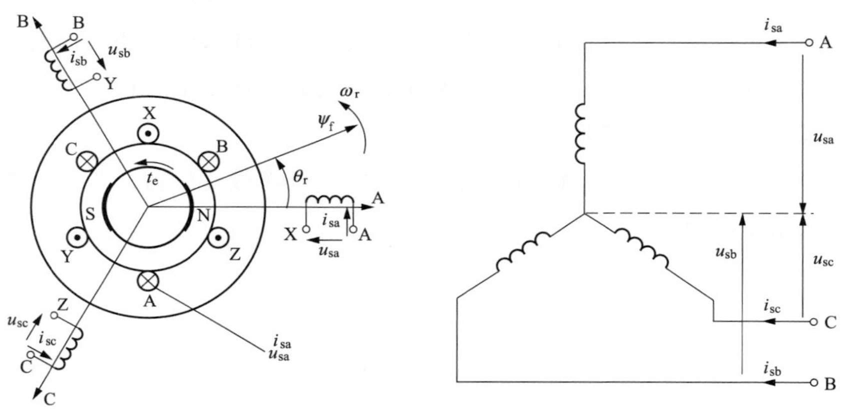

图 4-49 永磁同步发电机定转子结构示意图

利用基尔霍夫电路理论和电磁感应定律，得到三相静止坐标系下的电压方程

$$\begin{cases} u_{sa} = R_s i_{sa} + \dfrac{d\psi_{sa}}{dt} \\ u_{sb} = R_s i_{sb} + \dfrac{d\psi_{sb}}{dt} \\ u_{sc} = R_s i_{sc} + \dfrac{d\psi_{sc}}{dt} \end{cases} \tag{4-43}$$

式中　u_{sa}、u_{sb}、u_{sc}——永磁同步发电机三相端电压；

R_s——定子绕组电阻；

i_{sa}、i_{sb}、i_{sc}——三相定子电流；

ψ_{sa}、ψ_{sb}、ψ_{sc}——三相绕组的全磁链。

而式（4-43）中的磁链可以表示为

$$\begin{cases}\psi_{sa}=L_{aa}i_{sa}+L_{ab}i_{sb}+L_{ac}i_{sc}+\psi_{fa}\\ \psi_{sb}=L_{ba}i_{sa}+L_{bb}i_{sb}+L_{bc}i_{sc}+\psi_{fb}\\ \psi_{sc}=L_{ca}i_{sa}+L_{cb}i_{sb}+L_{cc}i_{sc}+\psi_{fc}\end{cases} \tag{4-44}$$

式中　ψ_{fa}、ψ_{fb}、ψ_{fc}——转子磁链 ψ_f 在三相静止坐标系下 A、B、C 相的轴向向量。

其大小为

$$\begin{cases}\psi_{fa}=\psi_f\cos\theta_r\\ \psi_{fb}=\psi_f\cos(\theta_r-120^\circ)\\ \psi_{fc}=\psi_f\cos(\theta_r-240^\circ)\end{cases} \tag{4-45}$$

永磁同步发电机定子绕组对称分布，气隙磁场均匀，绕组自感和互感都与转子位置无关，因而有式（4-46）成立：

$$L_{aa}=L_{bb}=L_{cc}=L_{s\sigma}+L_{m1} \tag{4-46}$$

式中　L_{aa}、L_{bb}、L_{cc}——每相绕组的自感；

$L_{s\sigma}$——绕组漏电感；

L_{m1}——绕组励磁电感。

$$L_{ab}=L_{ba}=L_{bc}=L_{cb}=L_{ac}=L_{ca}=-\frac{1}{2}L_{m1} \tag{4-47}$$

式中　L_{ab}、L_{ba}、L_{bc}、L_{cb}、L_{ac}、L_{ca}——任意两组绕组的互感。

对于星形连接的永磁同步发电机定子绕组，有

$$i_{sa}+i_{sb}+i_{sc}=0 \tag{4-48}$$

将式（4-54）～式（4-57）代入式（4-53）中，得到定子磁链方程：

$$\begin{cases}\psi_{sa}=(L_{s\sigma}+L_m)i_{sa}+\psi_f\cos\theta_r\\ \psi_{sb}=(L_{s\sigma}+L_m)i_{sb}+\psi_f\cos(\theta_r-120^\circ)\\ \psi_{sc}=(L_{s\sigma}+L_m)i_{sc}+\psi_f\cos(\theta_r-240^\circ)\end{cases} \tag{4-49}$$

式中　L_m——等效励磁电感，$L_m=\frac{3}{2}L_{m1}$。

根据规定的正方向，运动方程可写为

$$T_e=T_L+J\frac{d\Omega}{dt}+R_\Omega\cdot\omega \tag{4-50}$$

式中 T_e——电磁转矩；

T_L——负载转矩；

J——转子转动惯量；

R_ω——旋转阻力系数；

ω——转子机械角速度。

由电磁转矩与磁链、电流的关系可以得到

$$T_e = n_p \psi_s \times \boldsymbol{i}_s \tag{4-51}$$

式中 n_p——发电机的磁极对数；

ψ_s——定子磁链矢量；

$\boldsymbol{i}_s$——定子电流矢量。

（四）永磁同步发电机的优点

（1）无齿轮箱，减少了购置于维修风力发电机组的成本，也减少了风力发电机组出故障的概率。

（2）同步发电机不仅不消耗系统的无功功率，还可以提供无功功率给系统，保证系统的电压稳定性。

（3）采用的并网变流器与控制策略可以提高风能的利用率并保障系统稳定性。

（4）发电机采用的永磁励磁材料可以减小发电机的体积和质量。

二、异步发电机

（一）异步发电机基本原理

异步发电机是利用定子与转子间气隙旋转磁场与转子绕组中感应电流相互作用的一种交流发电机。发电机的性能好坏直接影响整机效率和可靠性。使用异步发电机的优点是其结构简单、成本低、并网控制简单；缺点是要从电网吸收无功功率以提供自身的励磁，需要在发电机端并联电容器来改善。

异步发电机的基本结构与同步发电机的一样，也是由定子和转子两大部分组成。异步发电机的定子与同步发电机的定子基本相同，其转子可分为绕线式和鼠笼式，绕线式异步发电机的转子绕组和定子绕组相同，鼠笼式异步发电机的转子绕组由端部短接的铜条或铸铝制成像鼠笼一样。

异步发电机的优点有结构简单、价格便宜、易启动、并网简单、坚固耐用、维修方便等，在大中型风力发电机组中得到广泛应用。

（二）异步发电机的参数

1. 额定功率

额定功率是发电机在额定功率因数下连续运行而输出的功率，它是由用户提出或由

不同的使用目的而确定的。它是风力发电机设计的最基础数据，单位为 kW；也有用视在功率表示的，单位为 kVA。

2. 额定电压

发电机额定运行时电压为定子或转子输出的电压，单位为 V。

3. 额定频率

发电机额定运行时其电压变化的频率。国内交流电网电压频率为 50Hz，国外也有交流电网 60Hz 的。

4. 额定励磁电流

发电机在额定运行时的励磁电流。

5. 额定温升

发电机在额定功率输出及额定负载下定子绕组与转子绕组允许的最高温度与额定入口风温的差值。

6. 全效率

风力发电机的全效率为风轮叶片接受风能的效率 η_1、增速器的效率 η_2、发电机的效率 η_3、传动系统效率 η_4 等的乘积，即 $\eta=\eta_1\eta_2\eta_3\eta_4$。

（三）异步发电机的结构类型

三相异步电动机的主要部件由定子和转子两大部分组成。此外，还有端盖、机座、轴承、风扇等部件。定子部分包括：定子铁芯，由导磁性能很好的硅钢片叠成（导磁部分）；定子绕组，放在定子铁芯内圆槽内（导电部分）；机座、固定定子铁芯及端盖，具有较强的机械强度和刚度。转子部分包括：转子铁芯，由硅钢片叠成，也是磁路的一部分；转子绕组，可分为鼠笼式转子和绕线式转子，如图 4-50 所示。

(a) 鼠笼式转子

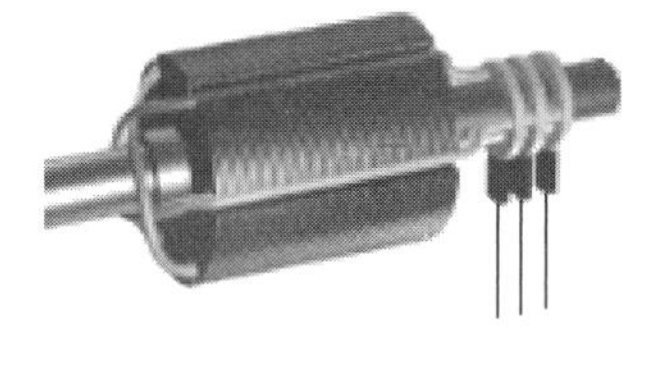
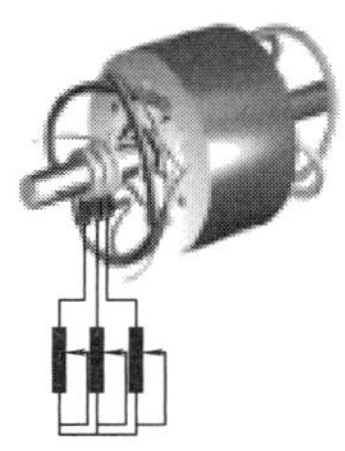

(b) 绕线式转子

图 4-50　异步发电机转子结构

三、 鼠笼式异步发电机

鼠笼式异步发电机（SCIG）具有机械简单、效率高和维护要求低的特点。

笼型转子绕组如图 4-51 所示，转子铁芯插入导条，并用端环将导条短路，构成笼型绕组。由于鼠笼式异步发电机的转速变化较小，转差率仅有几个百分点，因此用于恒速风力发电机组。由于最佳风轮转速与发电机转速范围是不同的，因此发电机与机组风轮通过齿轮箱连接。

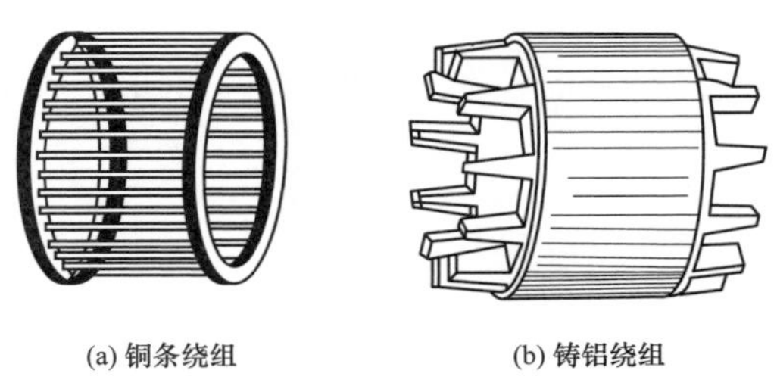

图 4-51　笼型转子绕组

鼠笼式异步发电机拓扑结构如图 4-52 所示。鼠笼式异步发电机消耗无功功率，含有这种发电机的典型风力发电机组配有软启动器和无功功率补偿装置。这种发电机的转矩速度特性很陡，因此风功率的波动直接传送到电网中。风力发电机组并网时，这种暂态情况特别危险，冲击电流能达到额定电流的 7～8 倍；弱电网中大冲击电流能引起严重的电压干扰。因此，通过鼠笼式异步发电机软启动器限制冲击电流。

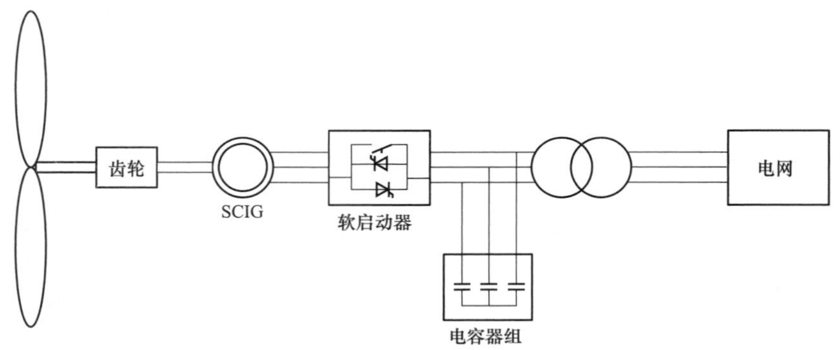

图 4-52　鼠笼式异步发电机拓扑结构

在额定转速运行且直连强电网时，鼠笼式异步发电机是非常耐用和稳定的。转差变化且随负荷增加而增加。其主要缺点是定子绕组的励磁电流由电网提供，满负荷功率因数相对较低。过低的功率因数可以用与发电机并联的电容器来补偿。

鼠笼式异步发电机中，有功功率、无功功率、端电压和转子速度之间有特定的关系。即高风速情况下，只有在发电机吸收更多的无功功率时，风力发电机组才能产生更多的有功功率。这种发电机消耗的无功功率随风况变化，是不可控的。由于没有任何其他电

气组件提供无功功率，发电机只能直接从电网获取无功功率，而电网提供无功功率会引起额外的传输损耗，而且在特定情况下，会引起电网不稳定。电容器组或现代功率变换器可以用来减少无功功率消耗，其主要缺点是在合闸时电网会发生暂态变化。

在故障状态下，没有无功功率补偿系统的鼠笼式异步发电机能导致电网电压不稳定。例如，在故障发生时由于电磁转矩和机械转矩不平衡，风力发电机组风轮可能加速（转差增加）；而当故障清除后，鼠笼式感应发电机从电网吸收大量的无功功率，会导致电压进一步降低。

四、 绕线式异步发电机（WRIG）

绕线式异步发电机（WRIG）本质上是一台带有定子和转子的感应发电机。与鼠笼式异步发电机不同的是：在转子结构中，WRIG 用铜绕组代替鼠笼结构，由三相星形连接的绝缘铜绕组缠绕出与定子相同的级数，通过集电环和电刷连接外部可调电阻器，高于额定转速时有效地控制外部电阻使转差率可控，通过设定更大的转子电阻或漏电抗获得更大的滑差，适用于较大容量的风机，能在狭窄的变速范围内变速。WRIG 是恒速运行和变速运行之间的折中方法。

五、 双馈异步发电机（DFIG）

双馈异步发电机的定子接入电网，转子绕组由频率、相位、幅值都可调节的电源供给三相低频交流励磁电流。当稳态运行时，定子旋转磁场和转子旋转磁场在空间上应保持相对静止，当定子旋转磁场在空间以 ω_0 的速度旋转时，转子的励磁电流形成的旋转磁场的旋转速度 ω_s 为

$$\omega_s = \omega_0 - \omega_r = \omega_0 s \tag{4-52}$$

式中 ω_0——定子磁场旋转角速度；

ω_r——转子旋转角速度；

ω_s——励磁电流形成的旋转磁场的旋转速度；

s——转差率。

转差率计算公式如下

$$s = \frac{n_1 - n}{n_1} \tag{4-53}$$

式中 n_1——同步转速；

n——转子转速。

式（4-52）说明转子电流形成的旋转磁场的角频率与转差率成正比。若交流励磁发电机的转子转速低于同步转速，则转子电流形成的旋转磁场与转子旋转的方向相同；如

果转子转速高于同步转速，则两者的旋转方向相反。

根据 $\omega=2\pi f$ 可知转子绕组中的励磁电流的频率与定子电流的频率之间的关系为

$$f_s=sf_0 \tag{4-54}$$

式中 f_0——定子电流频率；

f_s——转子励磁电流频率。

根据转子转速的变化，绕线转子双馈风力发电机组可以有以下三种运行状态：

$$n<n_1$$

(1) 亚同步运行状态。此种状态下，由通入转子绕组的频率为 f_2 的电流产生的旋转磁场其转速的方向与转子的转速方向相同，因此有 $n+n_2=n_1$。

(2) 超同步运行状态。此种状态下，$n>n_1$，改变通入转子绕组的频率为 f_2 的电流相序，其所产生的旋转磁场转速 n_2 的转向与转子的转速方向相反，因此有 $n-n_2=n_1$。为了实现 n_2 的转向反向，在次同步运行转向超同步运行期间，转子三相绕组必须能自动改变其相序。

(3) 次同步运行状态。此种状态下，$n=n_1$，转差频率 $f_2=0$，这表明此时通入转子绕组的电流频率为 0，也就是直流电流，因此与普通同步发电机一样。

(一) 数学模型

在双馈发电机的定子绕组采用电动机惯例或发电机惯例，转子绕组采用电动机惯例的情况下，为便于问题分析，做出如下假定：忽略空间谐波，设三相绕组对称，在空间中互差 120°电角度，所产生的磁动势沿气隙圆周按正弦规律分布；忽略磁路饱和，认为各绕组的自感和互感都是线性的；忽略铁芯损耗；不考虑频率变化和温度变化对绕组电阻的影响；转子侧参数都折算到定子侧，折算后定子和转子绕组匝数相等；各绕组电压、电流、磁链的正方向符合电动机惯例（即取电流的正方向为流入电路的方向，电磁转矩的正方向与旋转方向一致）和右手螺旋定则。

根据以上假设，发电机绕组可等效为图 4-53 所示的双馈发电机绕组模型。

定子绕组坐标系 A、B、C 在空间中固定，转子绕组坐标系 a、b、c 随转子旋转。转子 a 轴和定子 A 轴的电角度 θ_r 为转子空间位置角。

1. 电压方程

定、转子绕组的电压方程可以表达为

$$\begin{pmatrix} u_A \\ u_B \\ u_C \\ u_a \\ u_b \\ u_c \end{pmatrix}=\begin{pmatrix} R_s & 0 & 0 & 0 & 0 & 0 \\ 0 & R_s & 0 & 0 & 0 & 0 \\ 0 & 0 & R_s & 0 & 0 & 0 \\ 0 & 0 & 0 & R_r & 0 & 0 \\ 0 & 0 & 0 & 0 & R_r & 0 \\ 0 & 0 & 0 & 0 & 0 & R_r \end{pmatrix}\begin{pmatrix} i_A \\ i_B \\ i_C \\ i_a \\ i_b \\ i_c \end{pmatrix}+p\begin{pmatrix} \psi_A \\ \psi_B \\ \psi_C \\ \psi_a \\ \psi_b \\ \psi_c \end{pmatrix} \tag{4-55}$$

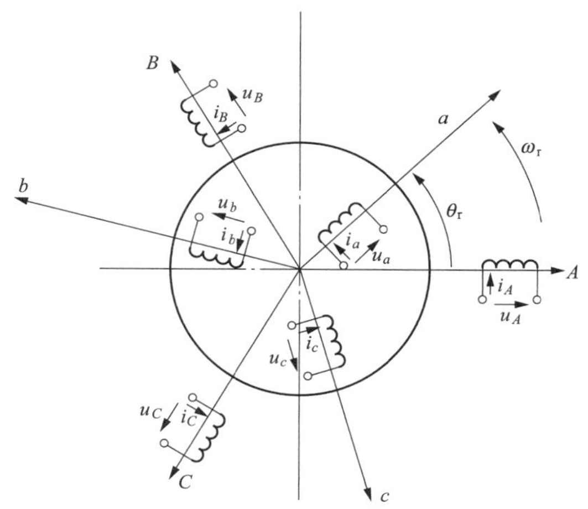

图 4-53　双馈发电机绕组模型

把转子电压 u_a、u_b、u_c，转子电流 i_a、i_b、i_c，转子磁链 ψ_a、ψ_b、ψ_c 及转子电阻 R_r 都折算到定子侧，则式（4-55）变为

$$\begin{pmatrix} u_A \\ u_B \\ u_C \\ u'_a \\ u'_b \\ u'_c \end{pmatrix} = \begin{pmatrix} R_s & 0 & 0 & 0 & 0 & 0 \\ 0 & R_s & 0 & 0 & 0 & 0 \\ 0 & 0 & R_s & 0 & 0 & 0 \\ 0 & 0 & 0 & R'_r & 0 & 0 \\ 0 & 0 & 0 & 0 & R'_r & 0 \\ 0 & 0 & 0 & 0 & 0 & R'_r \end{pmatrix} \begin{pmatrix} i_A \\ i_B \\ i_C \\ i'_a \\ i'_b \\ i'_c \end{pmatrix} + p \begin{pmatrix} \psi_A \\ \psi_B \\ \psi_C \\ \psi'_a \\ \psi'_b \\ \psi'_c \end{pmatrix} \tag{4-56}$$

式中，R'_r 为折算到定子侧的转子电阻，$R'_r = R_r(N_1/N_2)^2$；u' 为转子各绕组折算后的电压，$u' = (N_1/N_2)u$。

2. 磁链方程

定、转子绕组的磁链方程可以表达为

$$\begin{pmatrix} \psi_A \\ \psi_B \\ \psi_C \\ \psi_a \\ \psi_b \\ \psi_c \end{pmatrix} = \begin{pmatrix} L_{AA} & L_{AB} & L_{AC} & L_{Aa} & L_{Ab} & L_{Ac} \\ L_{BA} & L_{BB} & L_{BC} & L_{Ba} & L_{Bb} & L_{Bc} \\ L_{CA} & L_{CB} & L_{CC} & L_{Ca} & L_{Cb} & L_{Cc} \\ L_{aA} & L_{aB} & L_{aC} & L_a & L_{ab} & L_{ac} \\ L_{bA} & L_{bB} & L_{bC} & L_{ba} & L_b & L_{bc} \\ L_{cA} & L_{cB} & L_{cC} & L_{ca} & L_{cb} & L_c \end{pmatrix} \begin{pmatrix} i_A \\ i_B \\ i_C \\ i_a \\ i_b \\ i_c \end{pmatrix} \tag{4-57}$$

即 $\boldsymbol{\psi} = \boldsymbol{L} \cdot \boldsymbol{I}$，其中 $\boldsymbol{\psi} = [\psi_A\ \psi_B\ \psi_C\ \psi_a\ \psi_b\ \psi_c]^T$；$\boldsymbol{I} = [i_A\ i_B\ i_C\ i_a\ i_b\ i_c]^T$；$\boldsymbol{L}$ 为 6×6 矩阵，其中各元素分别为各绕组的自感和互感。

3. 转矩方程

在一般情况下，发电机的转矩平衡方程式是

$$T_L = T_e - J\frac{d^2\theta}{dt^2} - D\frac{d\theta}{dt} - K\theta_m \tag{4-58}$$

式中 T_L——负载阻力矩；

T_e——电磁转矩；

J——机组的转动惯量；

θ——电角位移；

D——与转速成正比的摩擦及风阻力矩系数；

K——扭转弹性力矩系数；

θ_m——机械角位移，且 $\theta = n_p\theta_m$，n_p 为发电机的磁极对数。

故式（4-64）即为

$$T_L = T_e - J\frac{d^2\theta}{dt^2} - D\frac{d\theta}{dt} - \frac{K}{n_p}\theta \tag{4-59}$$

对于异步发电机传动系统，上式中 $K=0$，又有 $\omega_r = d\theta/dt$（ω_r 为转子旋转电气角速度），所以

$$T_L = T_e - J\frac{d^2\theta}{dt^2} - \frac{D}{n_p}\frac{d\theta}{dt} = T_e - \frac{J}{n_p}\frac{d\omega_r}{dt} - \frac{D}{n_p}\omega_r \tag{4-60}$$

如果摩擦阻力矩也归划到 T_L 中去，那么转矩方程式变为

$$T_L = T_e - \frac{J}{n_p}\frac{d^2\theta}{dt^2} = T_e - \frac{J}{n_p}\frac{d\omega_r}{dt} \tag{4-61}$$

（二）双馈异步风力发电机组优点

（1）转子侧背靠背变流器仅需要25%的风力发电机额定功率，降低了变流器的造价。

（2）双馈发电机变流器的谐波含量只占整个系统的一小部分，降低了相应的滤波器容量和成本。

（3）通过对最佳转速的跟踪，在可发电的较大转速范围内均可获得最佳功率输出。

（4）通过对风力发电机组的有功和无功输出功率进行解耦控制，并采用一定的控制策略，可以分别单独控制风力发电机组有功、无功功率的输出，具备电压的控制能力。

（5）由于采用了交流励磁，发电机和电力系统构成了“柔性连接”，即可以根据电网电压、电流和发电机的转速来调节励磁电流，准确调节发电机输出电压，使其满足要求。

六、 其他类型发电机

下面简单介绍其他类型发电机，它们可能成为未来风力发电机组工业的代表。

（一）高压发电机

高压发电机可以用同步发电机也可以用感应发电机，发电机电压匹配电网电压，并网就无须变压器。它的缺点是整个系统的成本高，比低压发电机复杂。目前，许多公司开始研究高压发电机，并取得了不同进展。例如，Lagerwey 公司开始系列生产 LW72 型 2MW 风力发电机组，它使用同步发电机，输出电压 4kV。

（二）开关磁阻发电机

开关磁阻发电机坚固耐用、机械机构简单、效率高、成本低，且不用齿轮。在发电机自身故障时它能降低功率输出连续运行，因此适合于航空应用。

开关磁阻发电机是同步发电机，它具有双倍凸极结构，在定子和转子上都有凸极。与感应发电机一样，励磁电流是由定子电流提供的。由于功率密度低，它被认为不如永磁同步发电机。它作为并网发电机运行时，需要全功率变频器。而且，它比永磁同步发电机效率低，比感应发电机功率因数低。

（三）横向磁通发电机

横向磁通发电机（TFG）的拓扑十分新颖，且很有发展前景。横向磁通原理可以应用到一系列发电机类型中。例如，它既可以用于永磁同步发电机，也可以用于开关磁阻发电机。发电机的固有特性与一般发电机类型相同，但是也有横向磁通设计带来的特殊性。每千克有源材料的高转矩率非常有吸引力。

横向磁通发电机的运行本质与同步发电机相同，原理上与其他永磁同步发电机功能类似。它由大量的磁极组成，这使它适合于直接无齿轮应用。但横向磁通发电机有相对大的漏感。在磁阻发电机中会导致正常运行时功率因数很低，短路电流不足以启动正常的保护。在永磁同步发电机中也有同样的问题，但因为采用永磁材料，问题并不严重。

横向磁通发电机的缺点是需要大量的特殊部件，必须使用磁极冲片技术。随着磁粉生产技术进步，情况可以改善。

第七节　机舱底盘及机舱罩

一、机舱底盘

机舱底盘内部安装几乎所有的机械和电气零部件。为了适应瞬变的风向，机舱底盘通过偏航回转轴承与塔架相连。

（一）底盘结构

对于双馈式风力发电机组，底盘上面布置有风轮、主轴、轴承座、齿轮箱、发电机、偏航驱动装置、起重机、塔顶控制柜、变流器等部件；对于直驱式风力发电机组，带有前法兰的底盘直接支撑发电机及风轮。机组运行过程中产生的大部分动、静载荷都通过机舱底盘平衡并传递给塔架，因此底盘需要有足够的强度、刚度及稳定性。

底盘按制造方法及材料可分为铸造机舱底盘、焊接机舱底盘两类；按结构形状可分为梁式机舱底盘、框架式机舱底盘、箱式机舱底盘等三类。图 4-54 所示为某 1.5MW 底盘。

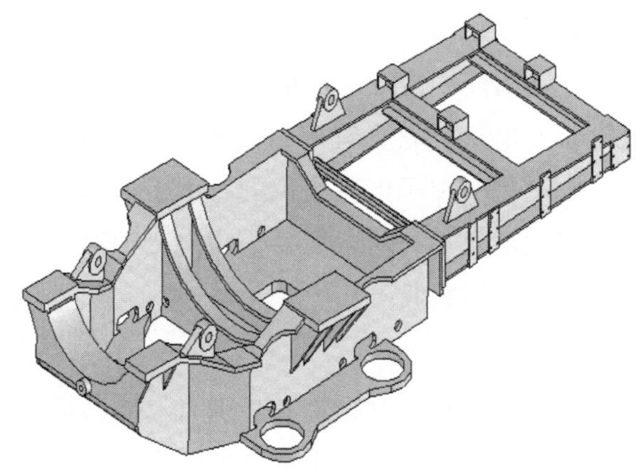

图 4-54　某 1.5MW 底盘

大功率双馈式风力发电机组的机舱底盘通常由前后两部分组成，一般前底盘为铸造结构，后底盘为焊接结构，通过螺栓连接成一个整体，连接方式如图 4-55 所示。为减小螺栓载荷，常采用凸台来承受剪切力。较大功率机组的前后底盘则应采用钢结构框架来加固连接。

直驱式风力发电机组有的也具有一个较小的后底盘，主要安装塔顶控制柜及冷却装置等，与双馈式机组类似；有的则只有一个完整的底盘，结构更为紧凑，如图 4-56 所示。

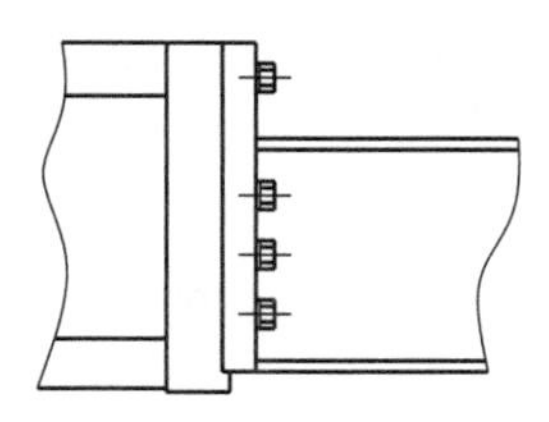

图 4-55　前后底盘连接结构

图 4-56　直驱式风力发电机组的机舱底盘

(二) 机舱底盘的常用材料及热处理

风力发电机组的机舱底盘常用材料为球墨铸铁。例如 QT400-18，该材料具有韧性高、低温性能较好的优点，且有一定的耐腐蚀性。铸造机舱底盘用的热处理方法为时效处理，目的是在不降低铸件力学性能的前提下消除或稳定铸件内应力和机械加工切削应力，以减少设备长期使用中的变形，保证设备的几何精度。

焊接机舱底盘具有强度和刚度高、质量轻、生产周期短及施工简便等优点，多采用 Q355 板材，在高寒地区宜采用 Q355D 或 Q355E 板材。为了保持尺寸稳定，焊接后必须进行热处理，第一次热处理安排在焊接完成后，第二次热处理安排在粗加工之后。

二、 机舱罩

为保护风力发电机组设备免受外界环境（如阳光、雨雪等）的影响，应在底盘上加装机舱罩，见图 4-57。对于安装在海上的风力发电机组，机舱罩还有密闭或舱内正气压的要求，以避免盐雾对设备的腐蚀。

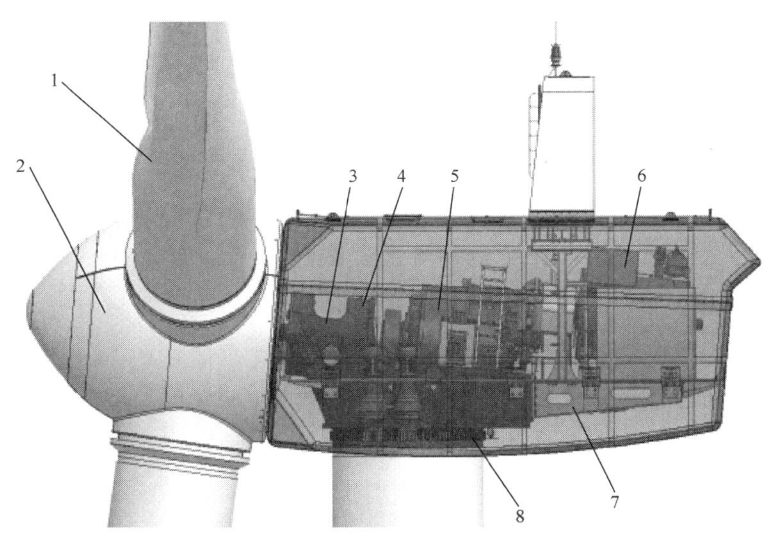

图 4-57　机舱罩及导流罩

1—叶片；2—轮毂；3—主轴；4—前底盘；5—齿轮箱；6—发电机；7—后底盘；8—偏航轴承

机舱罩通常通过减振器支撑在底盘外伸的支架上。图 4-58 所示为机舱罩内壁上的支点。

机舱罩一般用轻型材料制造，如玻璃钢等复合材料质量轻、强度高、耐腐蚀，其抗拉及抗弯强度通常不小于 230N/mm^2，密度为 1.7～1.9t/m^3。大型机组机舱罩要设计得足够大，以便于设备吊装和人员操作。通常在机舱罩内侧壁糊制矩形加强筋以提高其强

图 4-58　机舱罩内壁上的支点

度和刚度。

对中、大型风力发电机组，在下侧机舱罩的后半部分应有吊孔，以吊送小型零部件和工具等；为便于大型零部件的维修和更换，可在机舱罩盖上设置开孔，大小应保证发电机转子和增速器的大齿轮等能由此进出，甚至可利用液压装置将整个机舱罩盖体向上掀开，这一点在机舱设计时务必注意，并设法尽量做到，另外机舱罩盖上还应有透明天窗和人孔以观察和维修窗外设备。

机舱罩后部的上方装有风速和风向传感器，舱壁上有保温隔音和通风装置等，底部开圆孔使塔架通过。

考虑到风力发电机组对环境和视觉的影响，还应对机舱整体进行造型设计，机舱要设计得轻巧、美观并尽量带有流线型，下风向布置的风力发电机组尤其需要这样。

第八节　塔 架 及 基 础

近地面受地形、地物的影响，风速锐减，且常出现紊流，风力发电机组在紊流中运行会产生剧烈振动，严重时会导致风力发电机组损坏。为获得较高且稳定的风速，利用塔架将风力发电机组主体支撑到距离地面一定的高度，高度从几十米到近百米，如图 4-59 所示。塔架受力的频率与自身的振动频率接近时会造成塔架共振，这是塔架破坏的主要原因。良好的设计应保证塔架在恶劣环境中安全稳定运行。

图 4-59　风力发电机组塔架

在风力发电机组中塔架的重量占风力发电机组总重的 1/2 左右，其成本占风力发电机组制造成本的 15%左右，由此可见塔架在风力发电机组设计与制造中的重要性。

一、 塔架

（一）塔架的分类

塔架按固有频率的不同，可分为刚性塔架和柔性塔架，对于三叶片风力发电机组，

如果将风轮旋转频率（即风轮转速）记为 $1P$，则叶片通过频率为 $3P$，设塔架一阶弯曲固有频率为 f，当 $f>3P$ 时，称为刚塔；当 $1P<f<3P$ 时，称为柔塔；而当 $f<1P$ 时，则称为超柔塔。刚塔的优势在于运行时不会发生共振、噪声小、需用的材料多，柔塔的优势在于质量轻、成本低。

（二）塔架的结构型式

塔架的结构型式主要有锥管式、钢管拉索式、桁架式、混凝土式及钢一混凝土混合式五种，如图 4-60 所示。当前常用塔架为锥管式，其他塔架型式应用较少。

(a) 锥管式　(b) 钢管拉索式　(c) 桁架式　(d) 混凝土式

图 4-60　塔架型式

1. 锥管式

这种塔架采用强度和塑性都较好的钢板，滚压并焊接成圆锥形钢筒，两端焊接对接法兰，几节锥筒连接成一个塔架。外形美观，结构紧凑，便于做整体防腐处理，塔梯及电缆在筒内通过，便于日常维护管理。在交通运输、安装环境条件适宜的情况下采用锥管式塔架，适宜机械化吊装，施工效率高，便于控制工程质量。虽然造价比桁架式塔架高，但仍得到广泛应用，大型风力发电机组塔架一般用 Q345 高强度钢板制造。

2. 拉索式

这种塔架有两种形式：一种是钢管拉索式塔架，这种形式的塔架结构简单、轻便、易于搬运安装、制造和安装施工成本较低。风轮直径偏小的风力发电机组多采用这种塔架；另一种是柱形桁架拉索式塔架，由角铁或钢管等型材焊成，结构剖面呈等边三角形或四边形，塔体上下外轮廓尺寸相同。与相同外轮廓尺寸的钢管拉索式塔架相比，风载荷更小，制造和安装施工成本较低。在安装场地狭小的复杂地形，道路交通运输困难，起重装备不能到达安装现场的地方可以选择柱形桁架拉索式塔架。

3. 桁架式

早期小型风力发电机组多采用钢管或角钢焊接而成的桁架结构，顶部截面尺寸小，根部截面尺寸大，可以按等强度减少耗材的原则进行设计，耗材少、性价比高、便于运输，但美观性差。在松软地质的地面上，采用这种塔架可节省基础用材料，减少基础挖掘深度，降低工程造价。适用于风轮下风向布置的风力发电机组，能有效地降低塔影效应带来的影响。

桁架式塔架，在早期风力发电机组中大量使用，其主要优点是制造简单、成本低、运输方便，缺点是不美观、线缆外露、通向塔顶的上下爬梯难以布局、攀爬时安全性差。

4. 混凝土式

混凝土塔架刚度大，可有效避免共振，抗腐蚀性好，适用于滩涂、沿海等地，可现场浇筑或作成预制件后再现场组装，但现场施工周期长，如预制塔架自重大、运输困难，早期应用在小型风力发电机组上，后来随着风力发电机组批量化生产和趋于大型化而被钢结构塔架所取代。

5. 钢-混凝土混合式

随着风力发电机组单机容量和风轮直径越来越大，轮毂高度也越来越高。传统的风力发电机组的支撑结构为钢制圆锥形塔架，分段制作，用螺栓连接，钢制塔架具有外形美观、安装方便的特点，但随着风力发电机组大型化的发展，为满足受力及刚度需要，钢制塔架的直径越来越大，当轮毂高度超过 100m 时，其底段塔架的直径已远远超过了常规公路运输的限制尺寸，从而限制了风力发电机组大型化的发展。

为解决大型风力发电机组钢制塔架直径过大而运输困难的问题，需要减小钢制塔架的高度，即将下部塔架由钢制塔架改为混凝土塔架，而上部塔架仍采用常规的钢制塔架，上部的钢制塔架由于高度减小、受力减小，其直径就可以满足常规公路运输的要求。下部的混凝土塔架由于直径大、质量大、施工工艺复杂，混凝土塔架除了需要满足结构强度和刚度要求外，还需要能够方便地运输和安装，并节省投资。

图 4-61　分段塔架

（三）塔架的构造

1. 塔架外形

常见的钢制塔架一般采用合适的锥度形式，以获得等强度效果，考虑制造、运输和安装等问题，塔架还需要采用合理的分段设计、现场组装形式，如图 4-61 所示。分段筒体一般采用钢板滚弯成形后焊接，必须考虑滚弯设备

能力；公路运输要考虑道路允许的通过直径及高度，一般国家的通过限制宽度为4.0～4.2m，有些地区宽度限制可能会更小。

2. 塔架分段连接

分段塔架在现场组装时，如果就地焊接会带来很多问题，一般多采用螺栓连接组装在一起。连接法兰通常采用整体锻造法兰，这样成型的法兰强度较好。法兰与塔架间为焊接，为防止焊接变形和疲劳载荷影响，法兰一般采用带有焊颈的形式，如图4-62所示。

最底段塔架底部由于承受较大的载荷，一般采用内外法兰和内法兰连接方式。而上部法兰通常为单侧法兰且置于塔架内部，以方便检修维护。

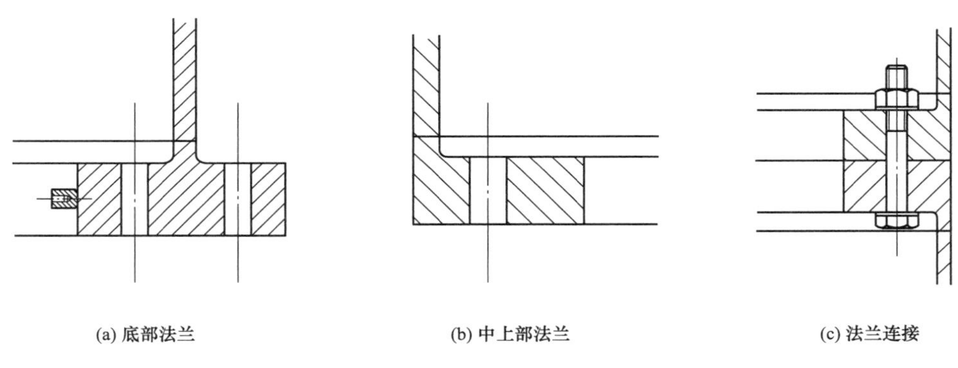

(a) 底部法兰　　(b) 中上部法兰　　(c) 法兰连接

图4-62　连接法兰

采用分段塔架时需预留防雷接地系统，一般是在每节塔架法兰盘内边缘或法兰盘上、下200mm处对角焊接四个接地端子，每90°一个作为连接地线用，最底层法兰边缘塔壁内侧200mm处焊接六个接地端子，每60°一个作为连接地线用，如图4-63所示。

3. 塔架附件

(1) 平台。塔架内需布置数个平台，如图4-64所示，以方便安装维护及放置设备，通常有塔底平台及中、上部平台。塔底平台放置在最底段塔架底部，位于塔门入口处，通常放置电气柜等设备；中、上部平台一般设置在每节塔架距顶部1.2～1.8m位置，这个位置便于机组安装时工人操作对接塔架及拧紧连接螺栓。

平台一般为螺栓连接的框架结构，下部平台支撑在支腿上，中、上部平台则悬挂在塔架内壁上，上覆6mm左右厚度的花纹钢板，适当位置需开出爬梯口、电梯口及母线排口，爬梯口宽度一般在700mm左右。平台及其开口边缘处应有向上翻边，以防止物品滑落。

图 4-63　防雷导线连接

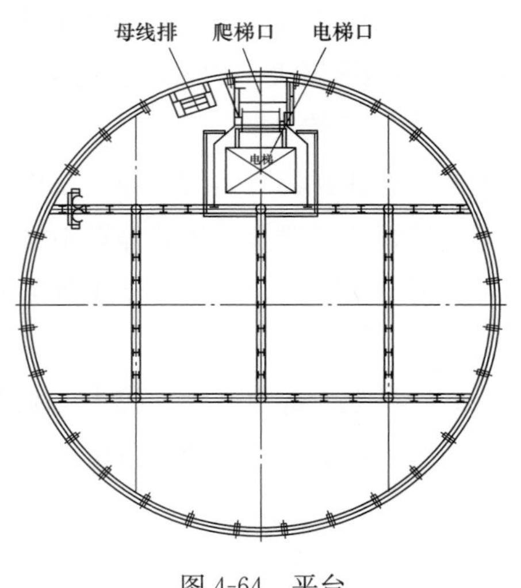

图 4-64　平台

（2）爬梯和提升机。爬梯如图 4-65 所示，采用矩形钢管或槽钢（取决于电梯导轨要求）做竖直梁，方形管做踏杆焊接而成。爬梯宽一般不小于 500mm，踏杆间距 280mm 左右。爬梯被支撑杆支撑在塔架内壁上，距内壁距离一般不小于 700mm，但不应过大，以使人员能脚踏踏杆背靠塔架壁休息。如设置提升机，则应尽量接近爬梯，以便出现故障时人员可经爬梯离开。

图 4-65　爬梯及母线排

（3）母线排支架。塔架内壁上应设置母线排支架，以支撑各类线缆，如图 4-65 所示。需要注意的是，母线排要注意各类线缆的距离，以避免电磁干扰。

此外，塔架法兰上还应设置防雷接线柱，使雷电能顺利通过相邻塔架对接处。塔门外还应有外部走梯。

(4) 电缆鞍架。顶段塔架内需设置电缆鞍架用以悬挂电缆，如图 4-66 所示。从机舱底盘下垂到鞍架之间的电缆为自由悬挂，并采用工业柔性电缆以满足机舱偏航时的扭缆要求，鞍架的位置设置应便于检修。

图 4-66　电缆鞍架

(四) 塔架高度

由于地表粗糙度的影响，产生风的剪切效应，塔架越高，风速越大，风力发电机组获取的风能越多，但是制造成本和安装费用也越高，经济、合理的塔架高度的确定需要从风能量增益和成本费用增加两者统筹考虑。大型风力发电机组的塔架高度一般按式 (4-62) 初选：

$$H=(1\sim 1.3)D \tag{4-62}$$

式中　D——风轮直径。

当附近有障碍物时，塔架的最低高度 H 为

$$H=h+e+R \tag{4-63}$$

式中　h——接近风力发电机的障碍物的高度；

e——由障碍物的最高点到风轮扫掠面最低点的距离，一般取 1.5～2m；

R——风轮半径。

几种大型风力发电机组的设计参数与塔架高度见表 4-9。

表 4-9　　风力发电机组的设计参数与塔架高度

风力发电机组型号	额定功率 (MW)	额定风速 (m/s)	风轮直径 (m)	塔架高度 (m)
Gamesa	2.0	14.0	90	67、78、100
Gamesa	2.0	15.0	80	67、80、100

续表

风力发电机组型号	额定功率（MW）	额定风速（m/s）	风轮直径（m）	塔架高度（m）
Repower MW	2.0	13.5	70	55、65、80
Vestas V80	2.0	15.0	80	60、95、100
Nordex N90	2.3	13.0	90	80、100、105
Nordex N80	2.5	15.0	80	60、80
FL2500	2.5	13.0	90	100、117、160

（五）塔架制造

由于加工设备限制，每段塔架通常也是由几段短筒分别滚压成型后焊接而成，一般各分段厚度不相同。钢筒通常为10～40mm的钢板，用卷板机卷制，如图4-67所示。对于厚度小于40mm的钢板，卷板机是常用设备，当厚度超过40mm时，常规卷板机不能加工，需要特质的卷板设备。

塔架的焊接通常采用自动焊，且对焊缝应提出严格要求。焊接加工后，要求对焊缝做超声波或X射线探伤，检查是否存在缺陷。塔架加工完成后，表面涂防锈漆和装饰漆。

一般每节塔架两端焊有高强度钢的连接法兰，法兰多设置在塔架内部，以便于检修。法兰与钢筒的焊接要求很高，不能出现焊接变形，需要保证连接后的塔架在法兰处不能出现间隙。现场安装时用螺栓将各节塔架通过法兰连接，形成最终的塔架，如图4-68所示。

图4-67　塔架的卷制加工

图4-68　塔架内法兰

塔架顶部与机舱通过水平偏航轴承法兰连接，由于该部位通常需要安装机舱，故多采用高强度钢制作。

二、基础

（一）陆地基础

风力发电机陆地基础如图4-69所示，均为现浇钢筋混凝土独立基础。根据风力发电

场场址工程地质条件和地基承载力及基础荷载、尺寸大小不同，从结构的形式看，常见的有板状基础、桩式基础和桁架式基础等。

图 4-69　陆地基础

1. 板状基础

板状基础即实体重力式基础，应用广泛，主要有四种形式。

图 4-70（a）为均匀厚度的板层设计形式，上表面位于地表面。该方案一般在岩床距离地表面很近时采用，主要的加强体由顶部和底部钢筋网组成，以承受板层的弯曲载荷。由于对抗剪能力不再提出设计要求，因此板层应具有足够的厚度。

图 4-70（b）所示形式，应用于岩床深度大于板层厚度时的情况，以满足抵抗板层弯曲力矩和剪切载荷的要求。下层土壤地基上的重力载荷由于基础体积较重而相应增加，所以板状基础的平面尺寸可以适当减小。

图 4-70（c）所示形式与图 4-70（b）类似，但增加了两个可选的改进措施，用一个嵌入板状基础中的短塔段代替了原有的基架，并引入板型基础深度向的斜坡。该种形式可在短桩段靠近板层顶部穿孔对顶部加固，抵抗来自塔桩底部法兰盘的冲剪载荷。此种板型基础深度向的斜坡具有节省材料的优点。

图 4-70（d）所示形式采用岩石锚固装置，可同时满足载荷平衡和重力基础配重的需要，且可以有效减小基础的尺寸，目前应用较少。

理想的重力地基形状为圆形，但是考虑到建立圆形模板的复杂性，经常使用一种替代的形状，即八角形。有时，板状基础是方形的，目的是简化挡板和钢筋。

板状基础按基础结构剖面可分为“凹”形和“凸”形两种，“凹”形结构如图 4-71 所示，整个基础为方形实体钢筋混凝土；“凸”形结构如图 4-72 所示。两者均属实体基础，后者与前者相比，区别在于扩展的底座盘上回填土也成了基础重力的一部分，这样可节省材料，降低费用。

对板状基础进行动力分析时，可以忽略基础的变形，并将基础作为刚性体来处理，而仅考虑地基的变形。

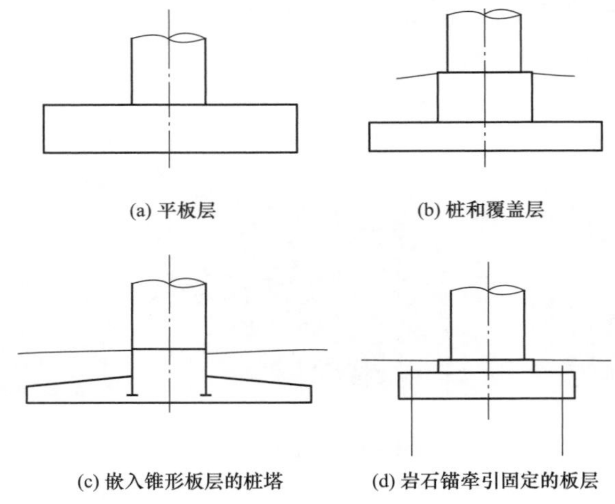

图 4-70　四种板状基础

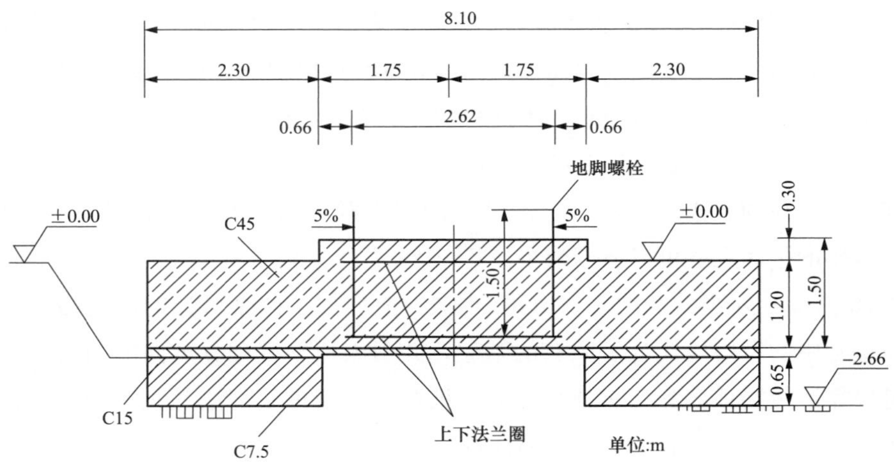

图 4-71　凹形塔架基础结构

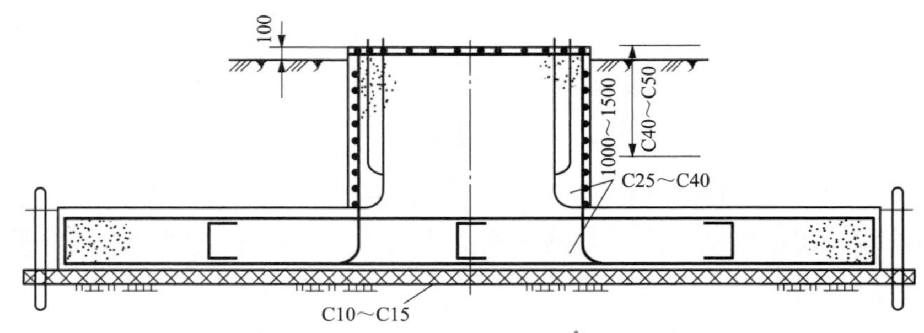

图 4-72　凸形塔架基础结构

2. 桩式基础

对于交叉的地质条件，柱状地基比板状地基可以更有效地利用材料。图 4-73（a）所示是一种由多个圆形桩柱和桩帽组成的基础。塔架倾覆力矩由桩径向和轴纵侧面的反力矩抵抗，由于桩载荷是由施加于各桩顶部的力矩所产生的，要求塔架基础的连接钢筋能够在桩和桩帽之间提供充分且连续的力矩传输路径。

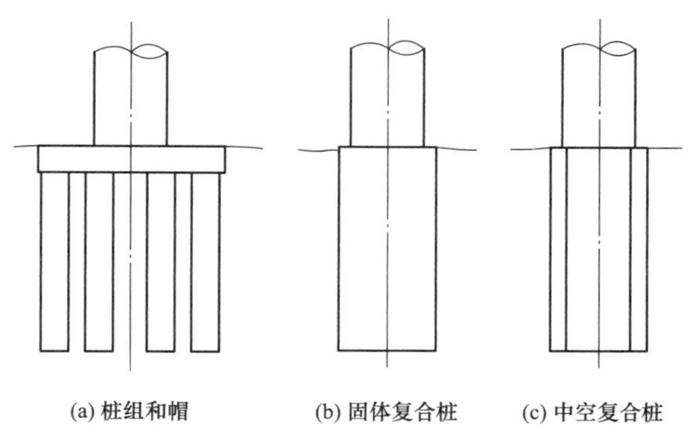

图 4-73　三种桩基础的设计形式

图 4-73（b）所示为混凝土单桩基础。基础的主体为一较大直径的混凝土圆柱，通过向土壤传递横向载荷抵抗塔架倾覆力矩。对于砂土地质条件，侧面载荷可以应用兰金刻度理论或者库仑定理，通过逆向计算得到。如采用兰金刻度理论，可以用来计算桩柱壁上的被动压力，忽略土壤和壁之间的摩擦力；而库仑理论则综合考虑了土壤与桩柱壁之间的压力和摩擦力。

单桩基础桩柱若有倾斜趋势，在土壤楔入边会产生摩擦力，往往可以提供更大的抵抗倾覆能力。当水平线很低且土质能够提供挖掘深洞而不出现边缘下陷时，单桩类型基础具有优势。但应注意，此种基础虽然形式简单，但成本较高。

4-73（c）所示是一种解决方案，可以考虑部分替换圆柱实体的混凝土，采用中空的复合桩柱，选择比较便宜的材料，使混凝土仅作为填充体而不起到结构作用。

3. 桁架式基础

桁架式塔架的基础桩柱间跨距相对较大，可采用独立的桩基础。桩基础可使用螺旋钻钻孔后浇注或采用钢制桩基础，如图 4-74 所示。阻止倾覆的反向载荷在桩上被简单地上提或下推，但设计中必须同时对桩作用的水平剪力载荷引起的

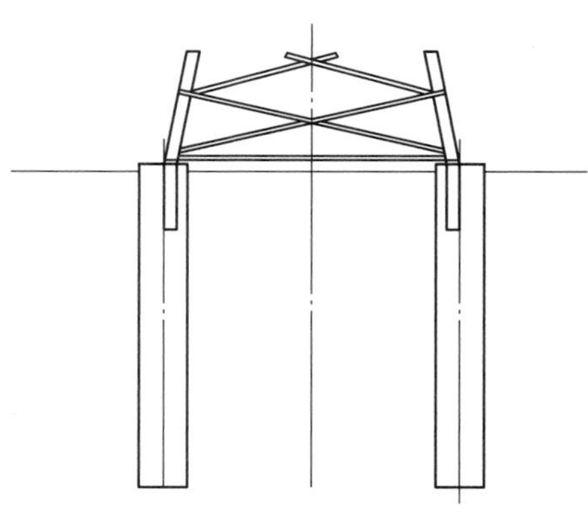

图 4-74　桁架式基础

弯矩进行计算。桩上作用的纵轴向载荷需由桩表面的摩擦力平衡，而该摩擦力取决于土壤和桩之间的摩擦角及侧面泥土的压力。由于有较多不确定性因素的存在，一般推荐采用基桩检测评估桩的承载能力。

（二）海上基础

国内外已建成的海上风力发电场主要采用了以下 7 种基础形式，分别是单桩基础、多桩基础、导管架基础、重力式基础、高桩承台基础、吸力锚基础和漂浮式基础。

1. 单桩基础

在已建成的海上风力发电场中广泛应用，单桩基础如图 4-75 所示，特别适于浅水及中等水深且具有较好持力层的海域。通常直径为 4～4.5m，单桩基础的优点是施工简便、快捷，基础费用较小，结构型式简单，受力明确，工期较短并且基础的适应性强。

2. 多桩基础

多桩基础如图 4-76 所示，采用 3 根或以上的钢管桩，钢管桩顶部采用钢桁架与基础段相连。多桩基础在国外已有少量的应用，主要用于单机容量较大、水深较深的风力发电场。有效降低桩的直径，但存在淤泥质黏土容易发生倾斜的问题，而且纠偏的难度和费用均较大。

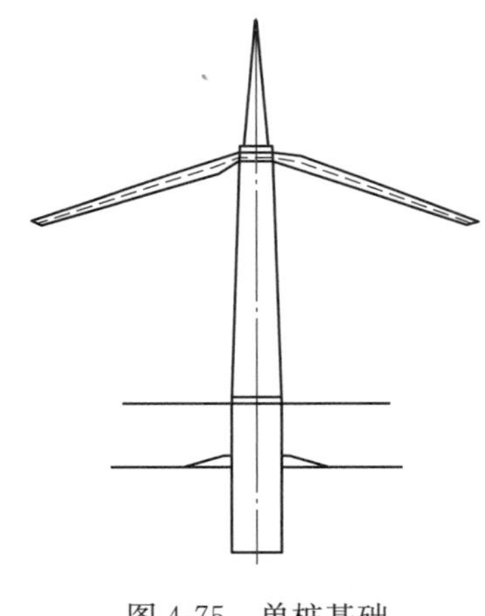

图 4-75　单桩基础

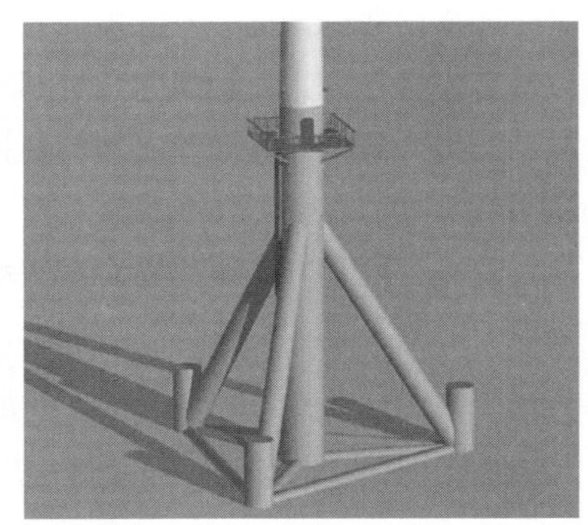

图 4-76　三桩基础

3. 导管架基础

导管架基础如图 4-77 所示，属于“网格的三角架式基础”。导管架的负荷由打入地基的桩承担。导管架基础形式在海洋石油钻采油平台的建设中已得到相当成熟的应用，可推广应用于海上风电。其优点是基础强度高、安装技术成熟、质量轻，适用于大型风机、深海领域；缺点是需要大量的钢材，制造时间较长，成本相对较高，安装时受天气影响较严重，适用于水深 300m 以下浅海域，不适用于海床存在大面积岩石的情况。它是深海海域风力发电场未来发展的趋势之一。

4. 重力式基础

重力式基础如图 4-78 所示，一般分为混凝土沉箱式和重力基座式两类，是适用于浅海且海床表面地质较好的一种基础类型，依靠其自身重量来平稳风荷载、浪荷载等水平荷载。因此，重力式基础是所有基础类型中体积和质量最大的。它一般是在陆地预制好，然后通过驳船运输至施工现场后吊装就位，这种基础安装简便、投资较省，但对水深有一定要求，一般不适合水深超过 10m 的风力发电场；对海床表面地质条件也有一定限制，不适合淤泥质的海床。目前重力式基础国内较少使用，国外有丹麦的和瑞典一些风力发电场应用此种类型的基础。

图 4-77　导管架基础

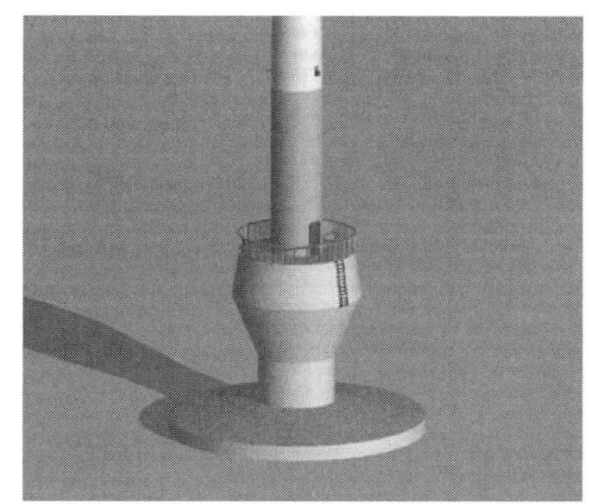

图 4-78　重力式基础

5. 高桩承台基础

高桩承台基础如图 4-79 所示，又称“群桩式高桩承台基础”，根据实际的地质条件和施工难易程度，可做成不同数量的桩，外围桩一般整体向内有一定角度的倾斜。该基础应用于风电基础之前，是海岸码头和桥墩基础的常见结构，由基桩和上部承台（混凝土）组成，优点是结构受力和抵抗水平位移较为有利；缺点是桩基相对较长，总体结构偏于厚重，适用于 20m 以下浅海域。国内的东海大桥 100MW 海上风电示范项目就是采用的高桩承台基础。

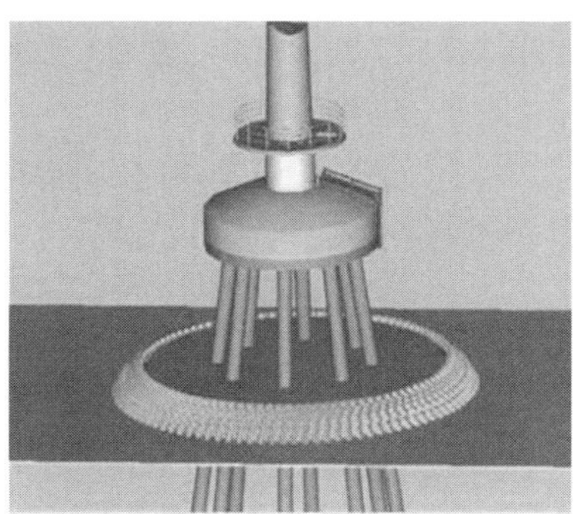

图 4-79　高桩承台基础

6. 吸力锚基础

吸力锚基础如图 4-80 所示，分为单桶、三桶和四桶吸力式沉箱结构形式。吸力锚基础通过吸力泵将钢裙沉箱中的水抽出形成负压产生吸力。这种基础结构最早在海洋边际石油平台上使用。该基础的优点是可节省大量的钢材用量和海上施工时间，具有较良好的应用前景，在浅海、深海均可适用。

7. 漂浮式基础

漂浮式基础可以用于单台风机也可以构建风力发电机组群，风力发电机组群以 3 台或更多的风力发电机组为一个单元，每台机组的塔架底部由一个圆弧钢结构刚性连接在一起，或利用基础以及系泊系统相互之间的耦合作用抵抗上部结构传至基础的荷载。

漂浮式基础的类型有：

（1）单柱式基础：利用固定在浮力罐中心底部的配重（压舱物）来实现平台的稳定性，如图 4-81 所示。

（2）张力腿基础：该平台利用系缆张力实现平台的稳定性。

（3）半潜式基础：该平台是利用抽取压载水来补偿动态运动的一种浮动装置。

（4）驳船式基础：该平台利用大平面的重力扶正力矩使整个平台保持稳定，其原理与一般船舶稳定性无异。

挪威建造的世界上第一个漂浮式风力发电场，Hywind 公司成功解决了漂浮式风力发电场设计和建造关键技术问题，取得了令人惊叹的成果。这个漂浮式海上风力发电试验场离岸约 30km，水深 220m，安装一台 Simens 2.3MW 风力发电机组。现场风力强劲，处于满发状态。当时浪高 3m，但十分稳固。据介绍所有技术已到实用阶段。

图 4-80　吸力锚基础

图 4-81　单柱式基础

第五章　风力发电机组控制、保护和执行系统

第一节　主　控　系　统

风力发电机组由多个部分组成，控制系统相当于风力发电机组的神经贯穿到每个部分，风机所有的监视和控制功能都通过控制系统来实现，因此控制系统的质量直接关系到风力发电机组的工作状态、发电量的多少及设备的安全性。主控系统是机组可靠运行的核心，在整个风机系统中，起着中心控制功能，通过控制程序将偏航、液压、变桨、变流等系统有机地协调起来，实现机组的发电控制。

一、主控系统概述

风力发电机组的主控系统是综合性控制系统，不仅要监视电网、风况和机组运行参数，对机组进行控制，还要根据风速和风向的变化，对机组进行优化控制，以提高机组的运行效率。某风力发电机组控制系统总体结构示意图如图 5-1 所示。

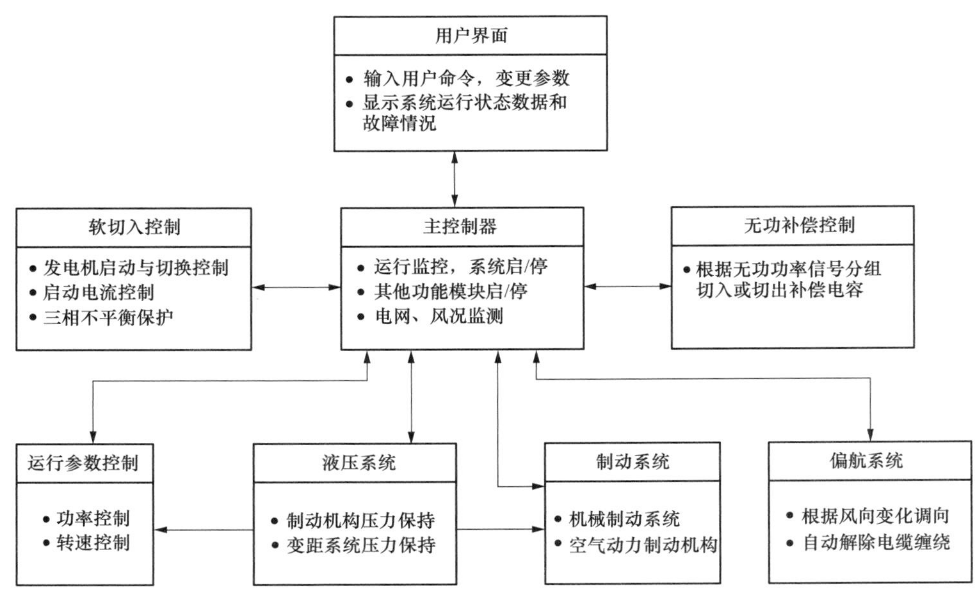

图 5-1　某风力发电机组控制系统总体结构示意图

风力发电机组的主控系统具有良好的可靠性和实时性；互联网的应用及分时多任务的处理方式，可根据任务的优先等级和执行时间优化资源，实时监视风力发电机组的运行状态，并及时处理异常情况，对风力发电机组的各项运行数据进行统计。

主控系统一般位于机组主控制柜内，控制模块通过光纤数据传输电缆和 RS485 串口分别与塔基变流系统和轮毂变桨控制系统相连。

二、 主控系统组成

大型风力发电机组主控系统由传感器、执行部件、数字电源、数字和模拟 I/O、安全继电器、通信模块、人机界面等组成，安装在塔基的主控制柜中。某大型风力发电机组主控系统硬件结构图如图 5-2 所示。

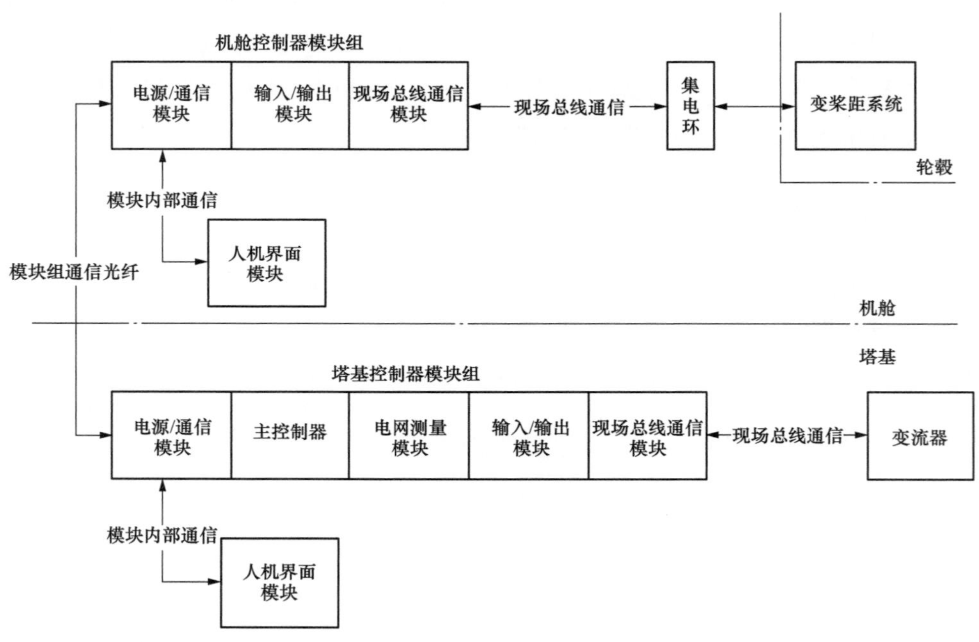

图 5-2　某大型风力发电机组主控系统硬件结构图

三、 主控系统的基本功能

主控系统是整机控制的核心，基本功能可以分为控制功能和保护功能。

（一）控制功能

风力发电机组的控制功能主要通过主动或被动的方式控制风力发电机组运行，并使运行参数保持在正常范围内。功能包括数据采集及输入、输出信号处理；逻辑功能判定；对外围执行机构发出控制指令；与机舱柜通信，接收机舱信号，并根据实时情况进行判

断发出偏航或液压站的工作信号；与三个独立的变桨柜通信，接收三个变桨柜的信号，并对变桨系统发送实时控制信号控制变桨动作；对变流系统进行实时检测，根据不同的风况对变流系统输出扭矩要求，使风机的发电功率保持最佳；与中央监控系统通信、传递信息。控制机组自动启动、变流器并网、主要零部件除湿加热、机舱自动跟踪风向、液压系统开停、散热器开停、机舱扭缆和自动解缆、电容补偿和电容滤波投切以及低于切入风速时自动停机，如图 5-3 所示。

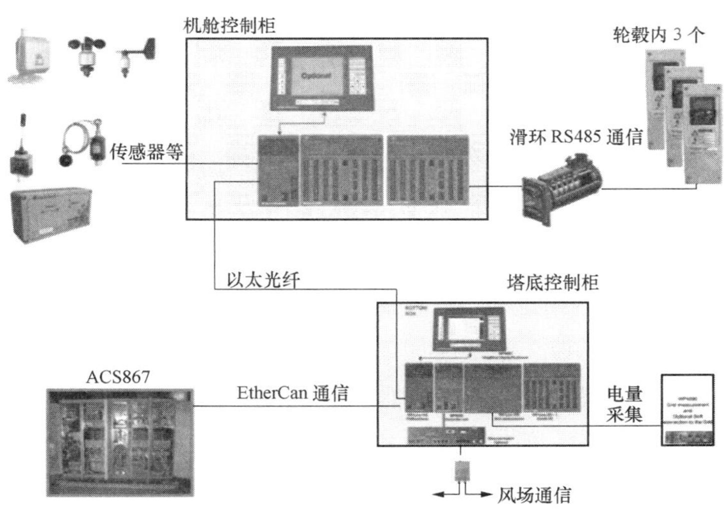

图 5-3　风力发电机组主控系统示意图

（二）保护功能

风力发电机组电控系统工作的安全可靠性已成为风力发电系统能否发挥作用，甚至风力发电场能否长期安全可靠运行的重大问题。风力发电机组内部或外部发生故障，或监控系统的参数超过极限值，或控制系统失效，风力发电机组不能保持在正常运行范围内，则应启动安全保护系统，使风力发电机组维持在安全状态。

安全保护系统分为软件安全保护和硬件安全保护，设计时应以失效—安全为原则。当安全保护系统内部发生任何部件单一失效或故障时，安全保护系统应能对风力发电机组实施保护，设计原则如下：风力发电机组的运行和安全性受控于控制系统和保护系统；控制系统任何一个部件失效不应引起保护系统的误动作；手动或自动控制的介入，不应损害保护系统功能；硬件安全保护系统的动作应独立于控制系统，即使控制系统发生故障也不会影响安全保护系统的正常工作；安全保护系统应优先使用至少两套制动系统以及发电机的脱网设备，一旦偏离正常运行值，安全保护系统应立即被触发，使风力发电机组保持安全状态；安全保护系统的软件设计中应采取适当措施防止用户或其他人员的误操作引起风力发电机组的误动作。机组在任何状态下，非法的键盘及按键输入不应被承认。

1. 软件安全保护

软件安全保护中一般提供三层权限限制。最低的用户层权限供风电厂值班人员使用，允许查询风力发电机组的状态参数、故障记录、运行参数累计值等，可以控制风力发电机组的启动、停机和左右偏航等；高一级的维护层权限提供给风力发电机组维护人员使用，需要输入密码。它除了具有用户层的权限外，还可以修改风力发电机组的运行参数；最高层权限是设计层，它仅提供给设计人员使用，需要输入设计层密码，这样可以防止用户程序被非法修改，保护软件的版权。

2. 硬件安全保护

大型风力发电机组的硬件安全保护设计原则如下：控制系统在单一元件或部件失效时，安全链为最后一级保护措施，应确保机械安全链的可靠动作；对安全链的设计至少包括叶轮超速、发电机超速、扭缆、振动、紧急停机、变桨限位、看门狗等信号；在电气系统、液压系统均失效的情况下，若叶轮过速，应设计至少一套气动刹车，使风力发电机组安全停机。

安全链为一个单信号触发即动作的控制链，当风力发电机组触发安全链中的任何一个信号时，安全链立即动作，使风力发电机组紧急停机。电网掉电时，控制器在后备电源（UPS）的支持下，完成风力发电机组的安全脱网、制动和停机程序。安全键检测工作流程如图 5-4 所示。

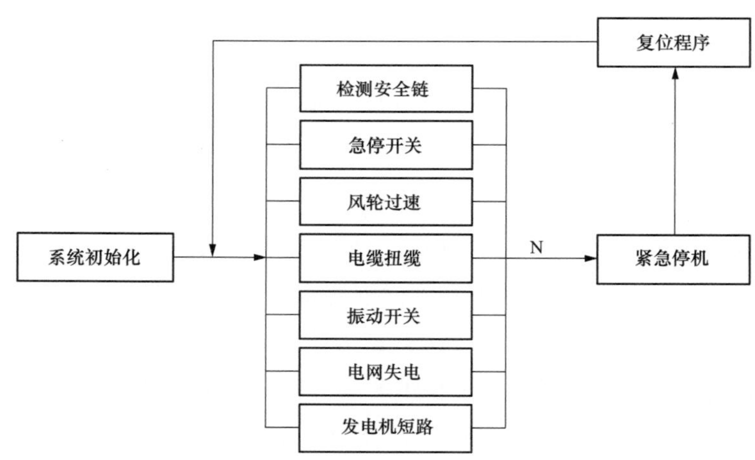

图 5-4　安全链检测工作流程图

四、 控制系统工作状态

风力发电机组有四种工作状态：运行状态、暂停状态、停机状态、紧急停机状态，

这四种工作状态的主要特征和说明如下。

（一）运行状态

风力发电机组运行状态的特征为：

（1）机械闸松开；

（2）允许机组并网发电；

（3）机组处于自动偏航调向；

（4）桨叶桨距控制系统选择优化工作模式，风力发电机组可根据风速状况选择优化的桨距角；

（5）液压系统保持工作压力；

（6）冷却系统为自动状态；

（7）操作面板显示“运行”状态。

（二）暂停状态

风力发电机组暂停状态的特征为：

（1）机械闸松开；

（2）液压系统保持工作压力；

（3）机组自动偏航调向；

（4）叶片桨距角调到接近顺桨状态；

（5）叶轮空转或停止；

（6）冷却系统自动状态；

（7）操作面板显示“暂停”状态。

这个状态在调试时很有用，主要用来调试时测试整个系统的功能是否正常。

（三）停机状态

风力发电机组停机状态的特征为：

（1）机械闸松开；

（2）叶片处于全翼展状态；

（3）液压系统保持工作压力；

（4）机组自动偏航调向停止；

（5）冷却系统非自动状态；

（6）操作面板显示“停机”状态。

（四）紧急停机状态

风力发电机组紧急停机状态的特征为：

（1）机械闸抱闸；

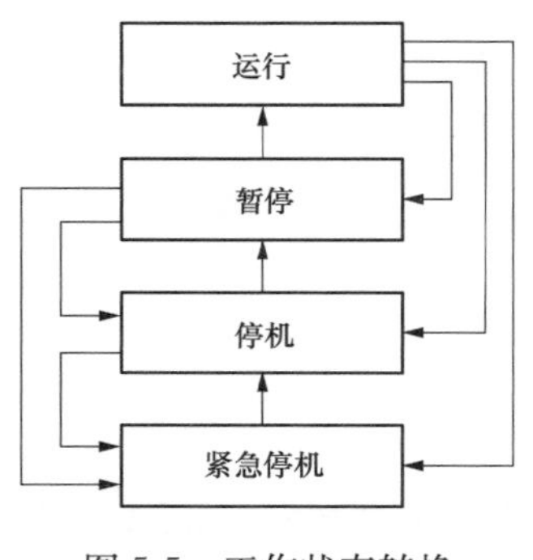

图 5-5　工作状态转换

（2）紧急电路（安全链）开启；

（3）控制器所有输出信号无效；

（4）控制器仍在运行和测量所有输入信号；

（5）操作面板显示“紧急停机”状态。

当急停电路（安全链）动作时，所有接触器断开，控制器输出的任何信号都无效。这种状态多在手动操作和按下紧急停机按钮时出现。这几种工作状态的转换如图 5-5 所示。

第二节　偏　航　系　统

一、偏航系统的作用

偏航系统是水平轴式风力发电机组必不可少的组成系统之一，对风力发电机组利用风能起着非常大的作用，偏航系统的作用有以下几个。

（一）自动对风

当机舱偏离风向一定角度时，控制系统发出向左或向右调向的指令，机舱开始对风，当达到允许的误差范围时，自动对风停止。

（二）自动解缆

当机舱向同一方向偏转 2 圈后，若风速小于切入风速且无功率输出时则停机、解缆；若有功率输出，则暂不自动解缆；若机舱继续向同一方向偏转到 3 圈时，则控制停机，解缆。若因故障自动解缆未成功，扭缆到 4 圈时，扭缆机械开关动作，报告故障，自动停机，等待人工解缆。

（三）偏航制动

当机舱处于迎风或正常停机时，机组通过偏航制动器及偏航电机电磁刹车使机组处于制动状态，避免机舱左右摆动。

对于定桨距风力发电机组，在有特大强风时释放叶尖阻尼板及主轴机械制动失效时，可以通过手动和控制程序偏航 90°侧风停机，避免机组超速飞车；对于变桨距风力发电机组，叶片顺桨失败、风轮过速或遭遇切出风速以上的大风时，可以通过手动和控制程序偏航 90°侧风停机，避免机组超速飞车。当前，采用偏航 90°背风方式是风力发电机组预防飞车的一项有效措施。

二、 偏航系统分类

偏航系统一般分为主动偏航系统和被动偏航系统。主动偏航指的是采用电力或液压拖动来完成对风动作的偏航方式，常见的有齿轮驱动和滑动两种形式；被动偏航指的是依靠风力通过相关机构完成机组风轮对风动作的偏航方式，常见的有尾舵、舵轮和下风向三种。

三、 偏航系统组成

风力发电机组偏航系统主要由偏航支撑轴承、偏航驱动装置、偏航制动装置、风向传感器、偏航计数器、扭缆保护装置、液压控制回路等组成。

（一）偏航支撑轴承

偏航支撑轴承又称偏航大齿圈，如图 5-6 所示，支撑机舱与偏航减速器一起实现机舱的迎风转动。偏航支撑轴承的轮齿形式可以分为外齿和内齿形式，外齿又分为带滚道轴承和不带滚道轴承两种。带滚道偏航支撑轴承常采用四点接触球轴承结构。滚道表面淬火方式确保轴承具有稳定的硬度和淬硬层，合理的齿面模数形状和硬度使轴承在工作中具有良好的耐磨性、抗冲击性及较高的适用寿命。轴承表面进行热喷涂防腐处理，具有良好的表面防腐蚀性能。外齿不带滚道轴承属于滑动驱动结构，主要由大齿圈、定位销、滑动衬垫、划垫保持装置、压板圆弹簧等结构组成，轴承侧面结构如图 5-7 所示。

(a) 外齿不带滚道

(b) 外齿带滚道

(c) 内齿带滚道

图 5-6　偏航支撑轴承

（二）偏航驱动装置

偏航驱动装置由偏航电机和偏航减速器组成，如图 5-8 所示，接受主机控制器的指令驱动偏航转动。一般有 4 组，每一个偏航驱动装置与主机架连接处的圆柱表面都是偏心的，以达到通过旋转整个驱动装置调整小齿轮与齿圈啮合侧隙的目的。每个减速器还有一个外置的透明油位计，用于检查油位。油位计通过管路和呼吸冒及加油螺塞连接，当油位低于正常油位时，旋开加油螺塞补充规定型号的润滑油。

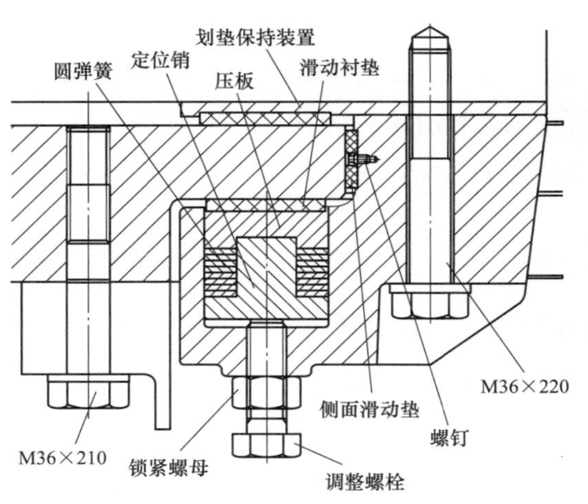

图 5-7　轴承侧面结构

图 5-8　偏航驱动装置

（三）偏航制动装置

齿轮驱动和滑动结构的偏航制动装置结构存在明显差异。齿轮驱动的偏航制动装置如图 5-9（a）所示，由偏航制动钳、制动盘、制动片及电机电磁制动装置组成；滑动结构的偏航制动装置如图 5-9（b）所示，由大齿圈、定位销、滑动衬垫、划垫保持装置、压板圆弹簧及电机电磁制动装置组成。自动偏航时提供一定的偏航阻尼，保持偏航系统平稳地转动；在偏航转动结束后，使机舱可靠的定位。

(a) 齿轮驱动的偏航制动装置

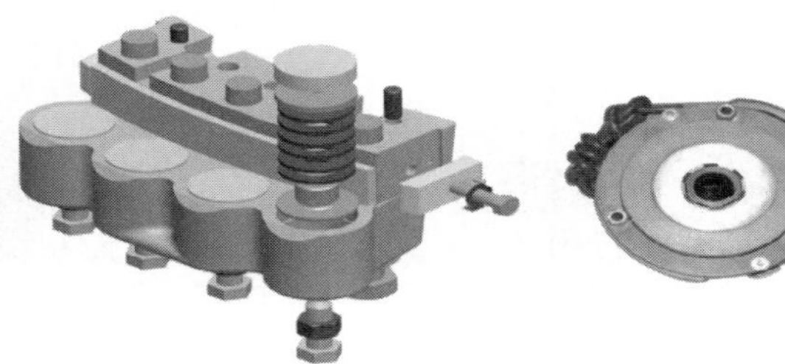

(b) 滑动结构的偏航制动装置　　(c) 电机电磁制动装置

图 5-9　偏航制动装置

（四）风向传感器

风向传感器与风向标中相应机构一起来控制机舱的方位，它传出的信号经主控制器判断对与错，会时时对偏航减速器发出指令。

（五）偏航计数器

偏航计数器一般由编码器和扭缆保护装置组成，如图 5-10 所示。偏航计数器通过内

部的编码器，检测机舱的精确位置；在偏航超出极限位置时，触发扭缆保护装置内部限位开关，机组停机解缆或触发急停，防止风机塔架的动力电缆由于过度扭转而造成损坏。

图 5-10　偏航计数器

例如，某机型偏航系统工作流程如图 5-11 所示。

1. 自动偏航功能描述

当偏航系统收到中心控制器发出的需要自动偏航的信号后，连续 3min 时间内检测风向情况，若风向确定同时机舱不处于对风位置，松开偏航刹车，启动偏航电机运转，开始偏航对风程序，同时偏航计时器开始工作，根据机舱所要偏转的角度，使叶轮法线方向与风向基本一致。

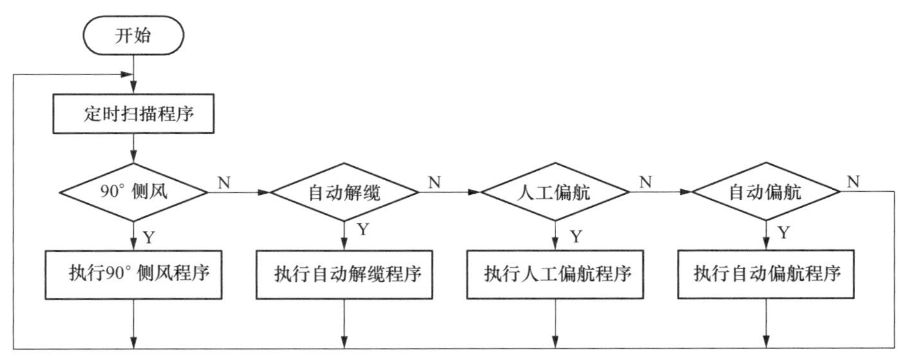

图 5-11　某机型偏航系统工作流程图

2. 手动偏航功能描述

手动偏航控制包括顶部机舱控制、面板控制和远程控制三种方式。

3. 自动解缆功能描述

自动解缆功能是偏航控制器通过检测偏航角度、偏航时间及偏航传感器，使发生扭转的电缆自动解开的控制过程。当偏航控制器检测到纽缆达到 2.5～3.5 圈时，根据电缆粗细和布局情况可随意设置，控制器收到响应信号时，若风力发电机组在暂停或启动状态，则进行解缆；若正在运行，则中心控制器将不允许解缆，偏航系统继续进行正常偏航对风跟踪。当偏航控制器检测到扭缆达到保护极限 3～4 圈时，偏航控制器请求中心控制器正常停机，此时中心控制器允许偏航系统强制进行解缆操作。在解缆完成后，偏航系统便发出解缆完成信号。

4.90°侧风功能描述

风力发电机组的90°侧风功能是在风轮过速或遭遇切出风速以上的大风时，控制系统为了保证风力发电机组的安全，控制系统对机舱进行90°侧风偏航处理。

由于90°侧风是在外界环境对风力发电机组有较大影响的情况下，为了保证风力发电机组的安全所实施的措施，所以在90°侧风时，应使机舱走最短路径，且屏蔽自动偏航指令。在侧风结束后，应抱紧偏航刹车盘，同时当风向变化时，继续追踪风向的变化，确保风力发电机组的安全。

第三节　液　压　系　统

液压系统是风力发电机组的重要组成系统之一，对液压控制的风力发电机组，液压系统是风力发电机组的一种动力系统，液压系统工作性能的好坏直接关系到风力发电机组能否安全运行。液压系统可分为液压传动系统和液压控制系统两类。液压传动系统以传递动力和运动为主要功能。液压控制系统则要使液压系统输出满足特定的性能要求(特别是动态性能)，通常所说的液压系统主要指液压传动系统。风力发电机组液压系统的主要功能是为液压变桨装置、轴系制动装置、偏航制动装置及叶尖阻尼装置提供液压驱动力。

一、液压传动的工作原理

液压传动是以液体为工作介质来传递动力的；液压传动用液体的压力能来传递动力，它与液体动能的液力传动是不相同的；液压传动中的工作介质是在受控制、受调节的状态下进行工作的，因此液压传动和液压控制一般难以分开。

二、液压传动的特点

液压传动的优点：①在同等体积下，液压装置能比电气装置产生出更多的动力；②在同等功率下，液压装置的体积小、质量轻、结构紧凑；③液压装置工作比较平稳；④液压装置能在大范围内实现无级调速，还可以在运动状态下进行调速；⑤液压装置易于实现自动化；⑥液压装置易于实现过载保护；⑦由于液压元件已实现标准化、系列化和通用化，液压装置的设计、制作和使用都比较方便；⑧用液压装置实现直线运动比机械传动简单。

缺点：①液压传动不能保证严格的传动比，这是由于液压油的可压缩性和泄漏等原因造成的；②液压传动在工作过程中有较大的能量损失、摩擦损失、泄漏损失，长距离

损失更是如此；③液压传动对油温变化比较敏感，它的工作稳定性很容易受到温度的影响，因此它不适宜在很高或很低的温度条件下工作；④为了减少泄漏，液压元件的加工精度要求较高，因此其造价较高，而且对油的污染比较敏感；⑤液压传动要求有单独的能源；⑥液压传动出现故障时不易找出原因。

三、液压系统的组成部分

一个完整的液压系统由五部分组成，即动力元件、执行元件、控制元件、辅助元件和液压油，如图 5-12 所示。

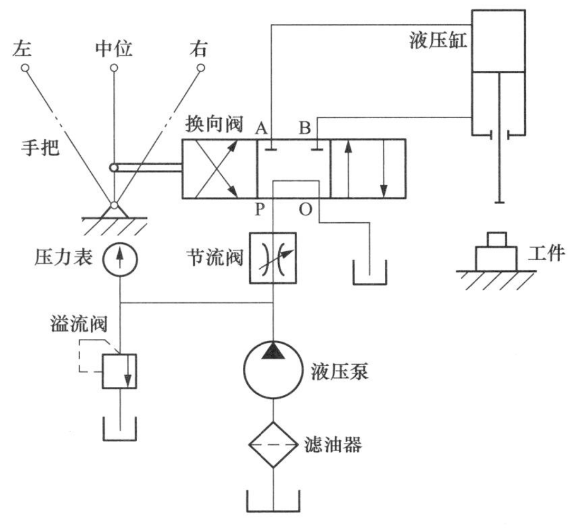

图 5-12　液压系统组成

（一）动力元件

动力元件的作用是将原动机的机械能转换成液体的压力能，这里指液压系统中的油泵，它向整个液压系统提供动力。液压泵的结构形式一般有齿轮泵、叶片泵和柱塞泵。液压泵的主要性能参数有额定压力、理论排量、功率和效率。

常见液压泵的图形符号见表 5-1。

表 5-1　液压泵的图形符号

名称	单向定量泵	双向定量泵	单向变量泵	双向变量泵	双联减压泵
图形符号					

1. 齿轮泵

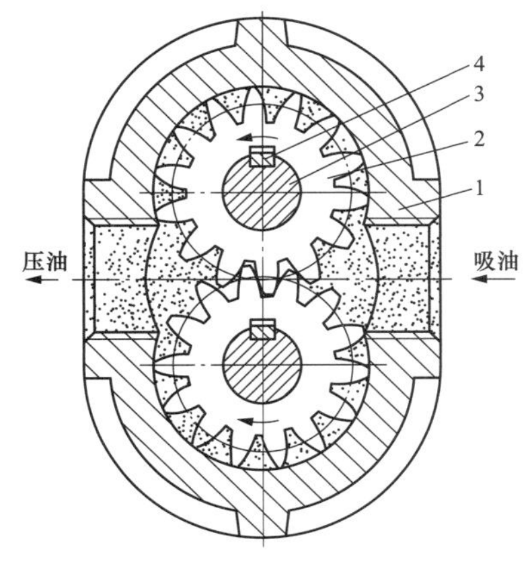

图 5-13　外啮合齿轮泵的工作原理图

1—泵体；2—齿轮；3—传动轴；4—键

齿轮泵是以成对齿轮啮合运动完成吸油和压油动作的一种壳体承压型定量液压泵，是液压系统中常用的液压泵，分为外啮合齿轮泵和内啮合齿轮泵两类，其中外啮合齿轮泵应用较多，如图 5-13 所示。外啮合齿轮泵通常由泵体及前、后端盖组成的分离三片式结构组成，具有结构简单、价格低廉、体积小、质量轻、耐污染、工作可靠、使用维护方便等优点，但其传动轴和轴承受径向不平衡力，磨损严重，容积效率低，振动和噪声较大，不适合在高压下使用。

2. 叶片泵

叶片泵是靠叶片、定子和转子间构成的密闭工作腔容积变化而实现吸、压油的一类壳体承压型液压泵。按每转吸、压油次数，分为单作用叶片泵和双作用叶片泵，如图5-14（a）和图5-14（b）所示。与其他液压泵相比，叶片泵的优点是：结构紧凑；定量叶片泵的轴承受力平衡、流量均匀、噪声较小、寿命长；单作用叶片泵可制成变量泵；单作用和双作用叶片泵均可制成双联泵（两个或多个单级泵安装在一起，在油路上并联而成的液压泵，以满足液压系统对流量的不同需求等）。叶片泵的缺点是：对油液清洁度要求高；双作用叶片泵的定子结构复杂，单作用叶片泵的转子承受单方向液压不平衡作用力、轴承寿命短等。

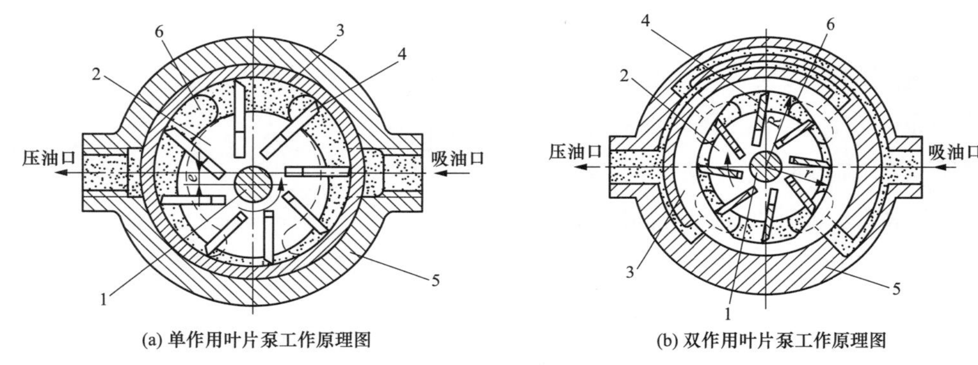

图5-14 叶片泵工作原理图

1—传动轴；2—转子；3—定子；4—叶片；5—泵体；6—配油盘

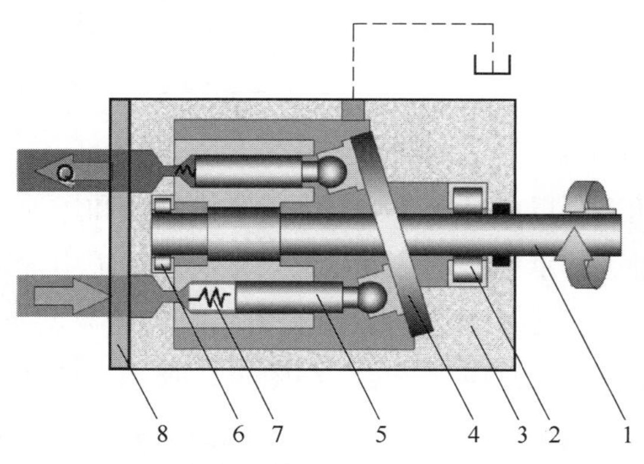

图5-15 斜盘式轴向柱塞泵的工作原理图

1—传动轴；2—轴承；3—壳体；4—斜盘；5—柱塞；6—轴承；7—弹簧；8—配油盘

3. 柱塞泵

柱塞泵是靠柱塞在缸体中往复运动进行吸油和压油的一类液压泵，如图5-15所示。柱塞泵的壳体起到连接和支承各工作部件的作用，所以是一种壳体非承压型液压元件。在各类柱塞泵中，斜盘式轴向柱塞泵在风力发电机组中应用较广。

（二）执行元件

执行元件（如液压缸和液压电动机）的作用是将液体的压力能转换为机械能，驱动负载做直线往复运动或回转运动，如图5-16所示。风力发电机组常用液压缸驱动变桨系统。液压缸按其结构特点分为活塞

式、柱塞式和组合式三类；按作用方式又可分为单作用式和双作用式。液压缸具有结构简单、工作可靠、使用维护方便的优点，在各类机械的液压系统中应用广泛。

液压缸的常用性能参数有压力、流量、输出推力和运动速度。其中液压缸的工作压力是由负载决定的液压缸实际运行压力；公称压力是液压缸能用以长期工作的压力；最高允许压力是液压缸在瞬间所能承受的极限压力。

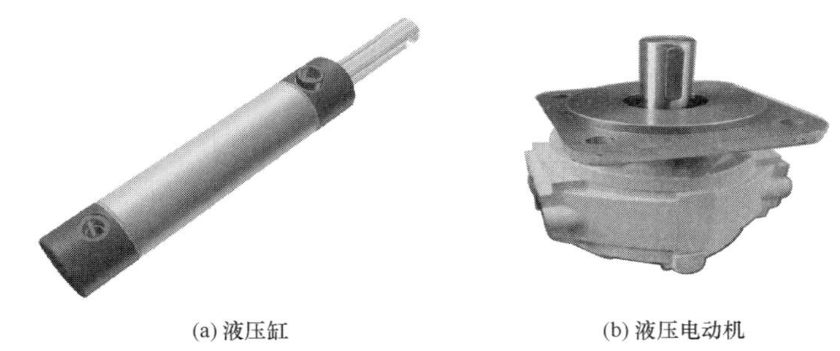

(a) 液压缸　　(b) 液压电动机

图 5-16　执行元件

（三）控制元件

控制元件（即各种液压阀）在液压系统中控制和调节液体的压力、流量和方向。根据控制功能的不同，液压阀可分为压力控制阀、流量控制阀和方向控制阀。

1. 压力控制阀

在液压系统中用来控制油液压力，或利用压力作为信号来控制执行元件和电气元件动作。按压力控制阀在液压系统中的作用不同，可分为溢流阀、减压阀、顺序阀、压力继电器等，它们的共同特点是利用液压力和弹簧力的平衡原理进行工作，调节弹簧的预压缩量（预调力），即可获得不同的控制压力。

（1）常用溢流阀图形符号见表 5-2。

表 5-2　　溢流阀图形符号

名称	符　号	说　明
溢流阀		一般符号或直动型溢流阀
先导型溢流阀		

续表

名称	符　号	说　明
先导型电磁溢流阀	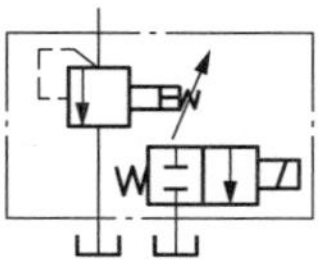	（动断）
直动式比例溢流阀	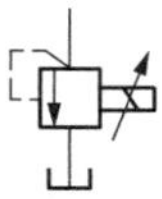	
先导比例溢流阀	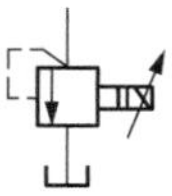	
卸荷溢流阀	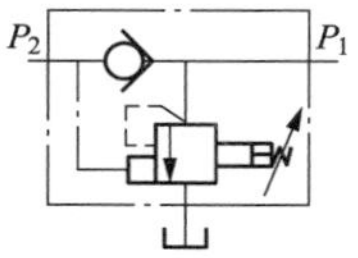 P_2 P_1	$P_2>P_1$ 时卸荷
双向溢流阀	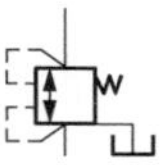	直动式，外部泄油

（2）常用减压阀图形符号见表 5-3。

表 5-3　　减压阀图形符号

减压阀	减压阀	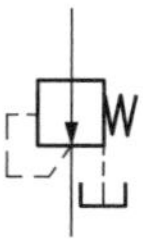	一般符号或直动型减压阀
	先导型减压阀	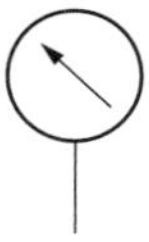	
	溢流减压阀	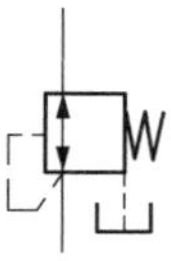	
	先导型比例电磁式溢流减压阀	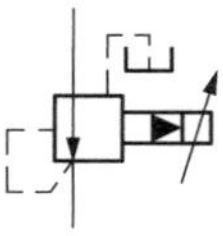	

续表

减压阀	定比减压阀	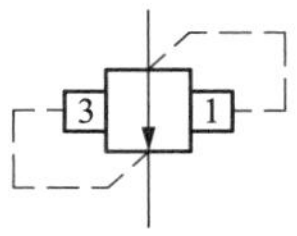	减压比 1/3
	定差减压阀	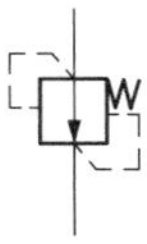	

（3）常用顺序阀图形符号见表 5-4。

表 5-4　　顺序阀图形符号

顺序阀	顺序阀	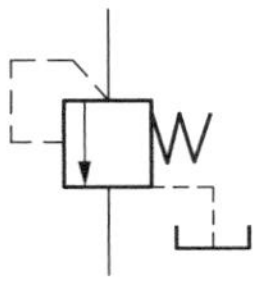	一般符号或睦动型顺序阀
	先导型顺序阀	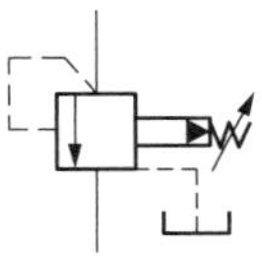	
	单向顺序阀（平衡阀）	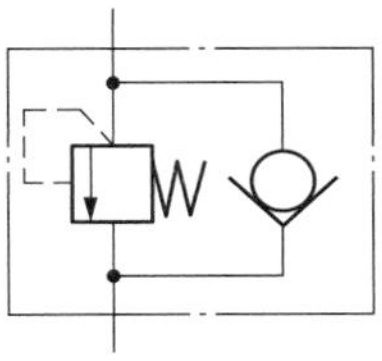	

2. 流量控制阀

液压系统中用来控制液体流量的阀统称为流量控制阀，简称为流量阀。它是靠改变控制口的大小，调节通过阀的液体流量，来改变执行元件的运动速度。流量控制阀包括节流阀、调速阀和分流集流阀等。其中节流阀是结构最简单、应用最广泛的流量控制阀，如图 5-17 所示。

调速阀结构原理及图形符号如图 5-18 所示。

3. 方向控制阀

方向控制阀（简称方向阀）的作用是控制液压系统中油的流动方向，接通或断开油路，从而控制执行机构的启动、停止或改变方向。方向控制阀包括单向阀、液控单向阀、换向阀等。

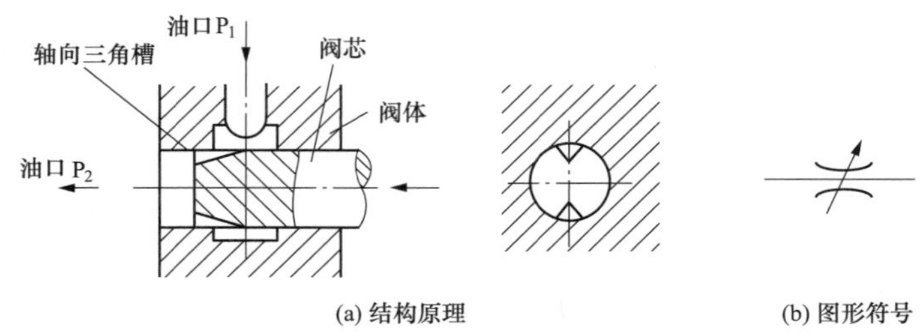

图 5-17　节流阀的结构原理及图形符号

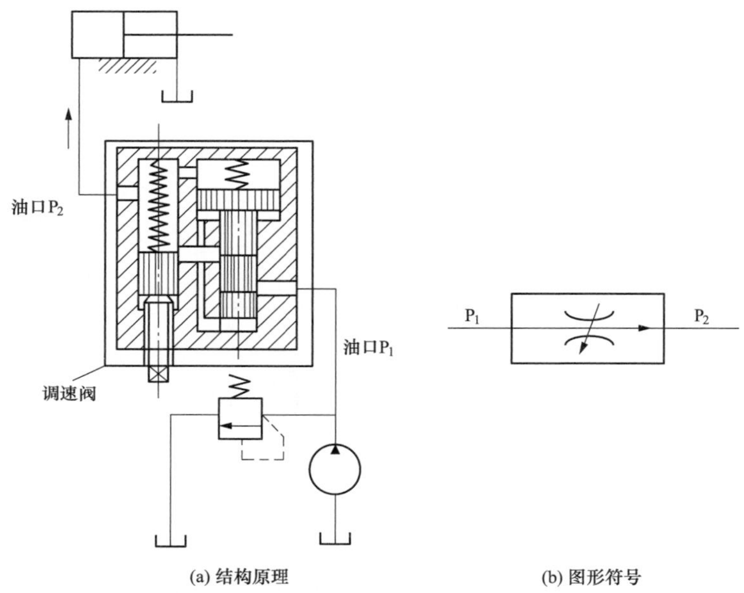

图 5-18　调速阀结构原理及图形符号

（1）单向阀结构原理和图形符号如图 5-19 所示。

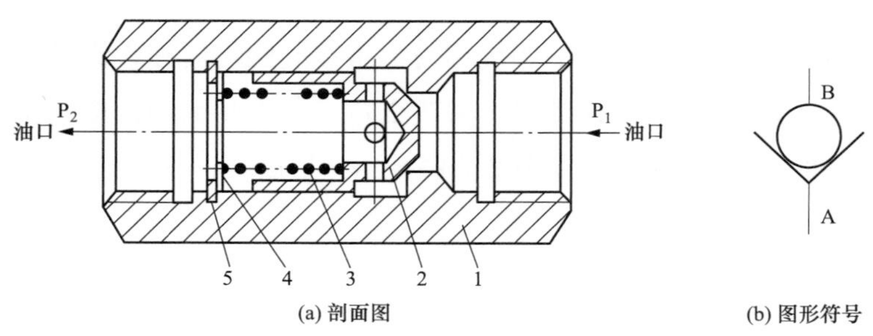

图 5-19　单向阀的剖面图和图形符号

1—阀体；2—锥芯；3—弹簧；4—挡圈；5—阀体

（2）液控单向阀除了能实现普通单向阀的功能外，还可按需要由外部油压控制，实

现反向接通功能，如图 5-20 所示。

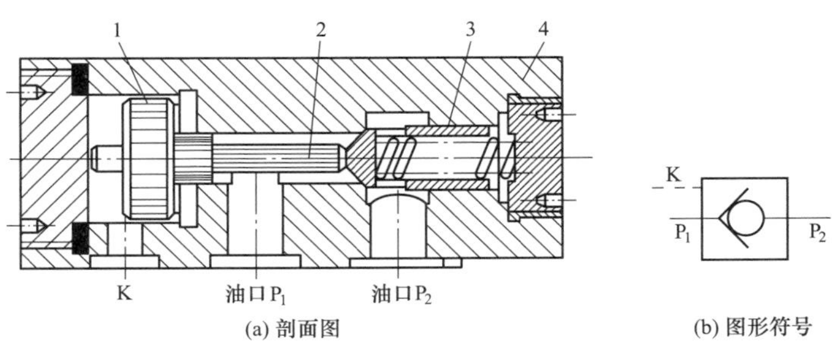

图 5-20　液控单向阀的剖面图和图形符号

1—控制活塞；2—顶杆；3—阀芯；4—阀体；K—控油路

（3）换向阀利用阀芯相对于阀体的运动来控制液流方向，接通或断开油路，从而改变执行机构的运动方向、启动或停止，滑阀式换向阀的工作原理和图形符号如图 5-21 所示。

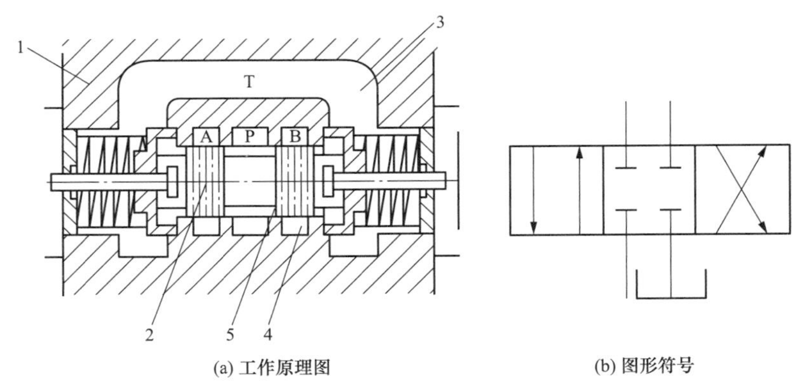

图 5-21　滑阀式换向阀的工作原理图和图形符号

1—阀体；2—滑动阀芯；3—主油口（通口）；4—沉割槽；5—台肩

滑阀式换向阀的两个重要参数是位数与通路数，位数表示阀芯可实现的工作位置数目，通路数表示换向阀处于常态（停车位置）时与外部连接的主油路通路数（不含控制油路和泄油路的通路数）。

改变阀芯位置的操纵方式有手动、机动、电磁、液动和电液动等。

4. 电磁换向阀

二位四通电磁换向阀如图 5-22 所示，三位四通电磁换向阀如图 5-23 所示，它们都是借助电磁铁通电时产生的推力使阀芯在阀体内做相对运动实现换向。它的电气信号可以由液压设备上的按钮开关、行程开关、压力继电器等元件发出，从而可使液压系统方便地实现各种控制及自动顺序动作。

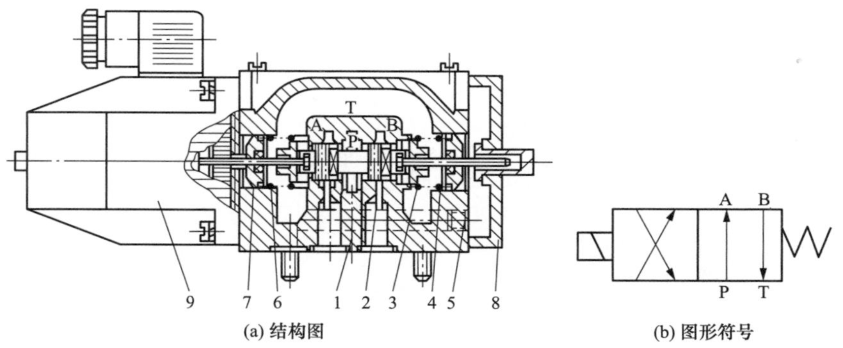

图 5-22　二位四通电磁换向阀

1—阀体；2—阀芯；3—弹簧座；4—复位弹簧；5—推杆；6—挡板；7—O 形圈座；8—后盖板；9—电磁铁

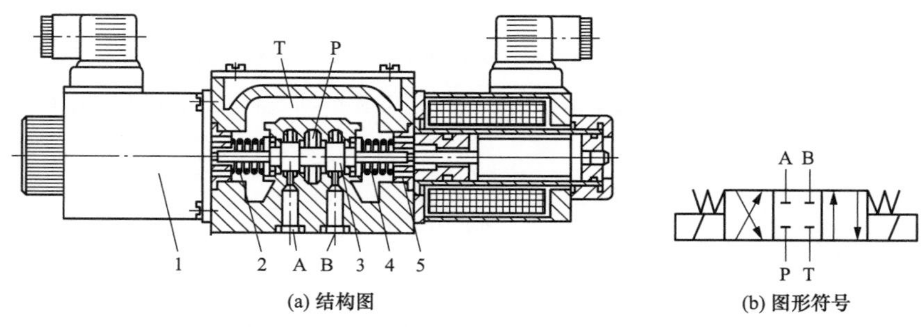

图 5-23　三位四通电磁换向阀的结构图和图形符号

1—电磁铁；2—推干；3—阀芯；4—弹簧；5—挡圈；P—压油口；T—回油口；A、B—功能位

T　A　P　B　T

K1　K2

(a) 结构图

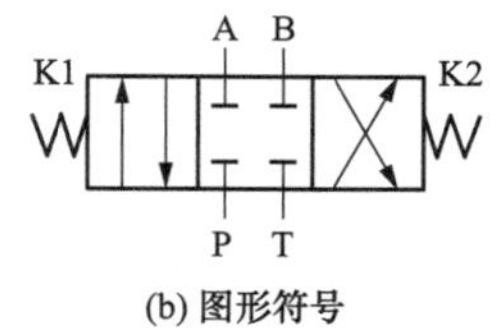

(b) 图形符号

图 5-24　三位四通液动换向阀的结构图和图形符号

P—压油口；T—回油口；A、B—功能位

5. 液动换向阀

液动换向阀常用于大流量液压系统的换向。液动换向阀是通过外部提供的液压油作用使阀芯换向，如图 5-24 所示。

6. 电液动换向阀

由小规格电磁换向阀和作为主控制阀的大规格液动换向阀安装在一起的换向阀，驱动主阀芯的信号来自通过电磁阀的控制液压油（外部提供），控制液压油的流量较小，实现了小容量电磁阀控制大规格液动换向阀的阀芯换向，如图 5-25 所示。

7. 电液比例阀

电液比例阀是用比例电磁铁代替普通电磁

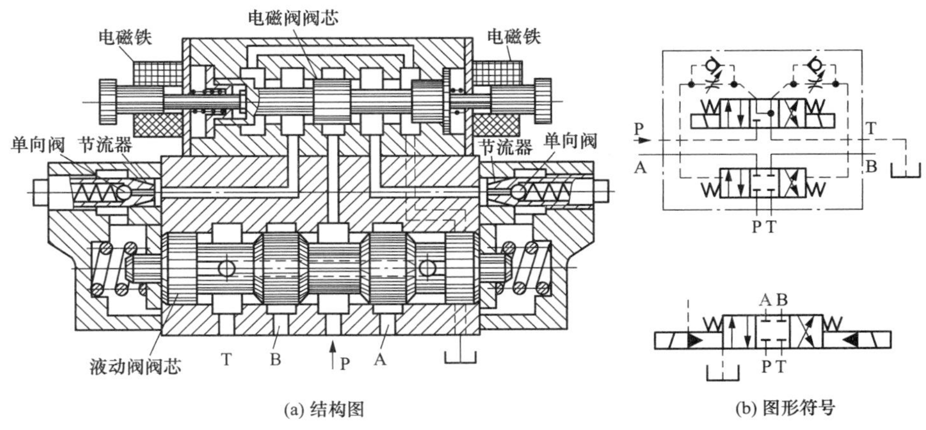

(a) 结构图　(b) 图形符号

图 5-25　电液动换向阀的结构图和图形符号

换向阀电磁铁的液压控制阀，如图 5-26 所示。可以根据输入电信号连续成比例地控制系统流量和压力。

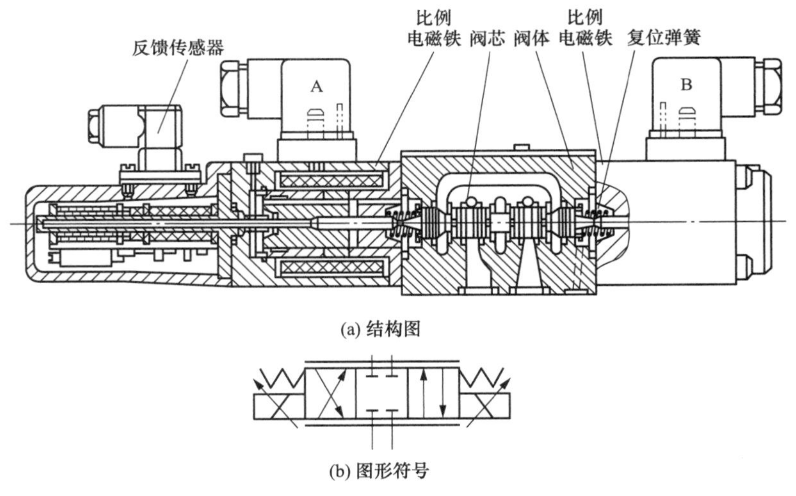

(a) 结构图

(b) 图形符号

图 5-26　电液比例阀的结构图和图形符号

（四）液压辅助元件

液压系统中的辅助元件包括蓄能器、过滤器、油箱、冷却器、加热器、油管、管接头、密封件、压力表和压力表开关等。

1. 蓄能器

蓄能器是液压系统中储存和释放液体压力能的装置。当系统的压力高于蓄能器内液体的压力时，系统中的液体充进蓄能器中，直到蓄能器内外压力相等；当蓄能器内液体压力高于系统的压力时，蓄能器内的液体流到系统中，直到蓄能器内外压力平衡。蓄能器可作为辅助能源和应急能源使用，还可吸收压力脉动和减少液压冲击。蓄能器可以分为活塞式、气囊式和隔膜式，如图 5-27 所示。

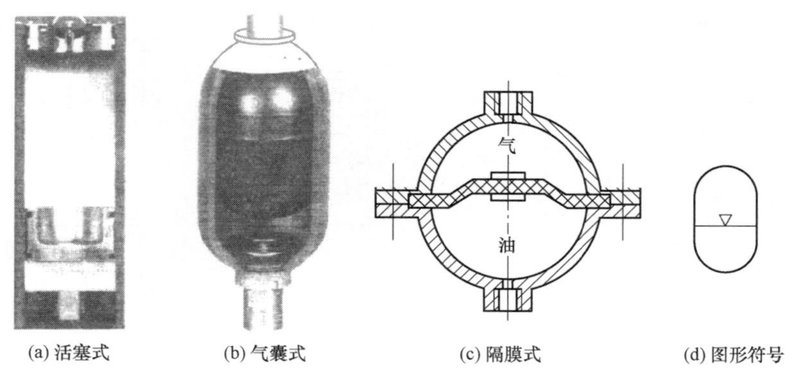

图 5-27　常用蓄能器的剖面图和图形符号

2. 过滤器

液压油中含有杂质是造成液压系统故障的重要原因。因为杂质的存在会引起相对运动零件的急剧磨损、划伤，破坏配合表面的精度。颗粒过大的杂质甚至会使阀芯卡死、节流阀节流口及各阻尼小孔堵塞，造成元件动作失灵，影响液压系统的工作性能，甚至使液压系统不能工作。因此，使用过滤器保持液压油的清洁是液压系统能正常工作的必要条件。过滤器的剖面图和图形符号如图 5-28 所示。

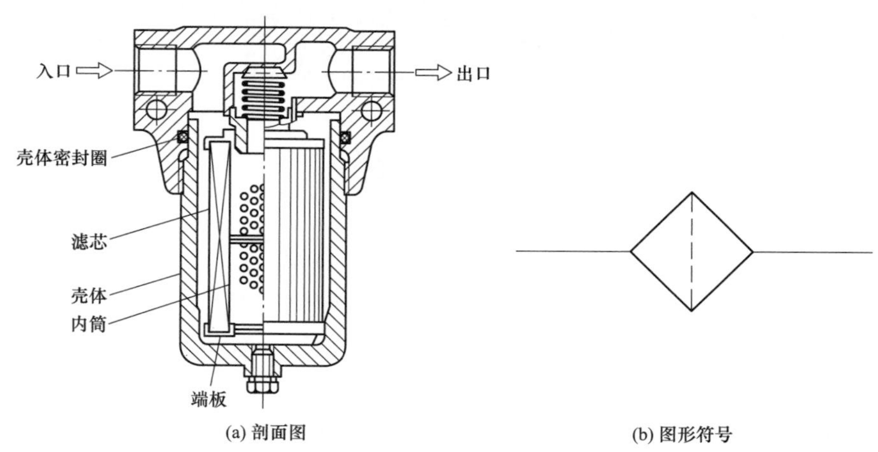

图 5-28　过滤器的剖面图和图形符号

3. 油箱

油箱可分为总体式和分离式两种结构。总体式结构利用设备机体空腔作油箱，散热性不好，维修不方便；分离式结构布置灵活，维修保养方便。

油箱的作用：储存一定数量的油液，以满足液压系统正常工作所需要的流量；冷却油液，使油液温度控制在适当范围内；分离油液，在油箱中放置的油液可逸出空气，从而清洁油液；油液在循环中还会产生污物，可在油箱中沉淀杂质。油箱的剖面图和图形符号如图 5-29 所示。

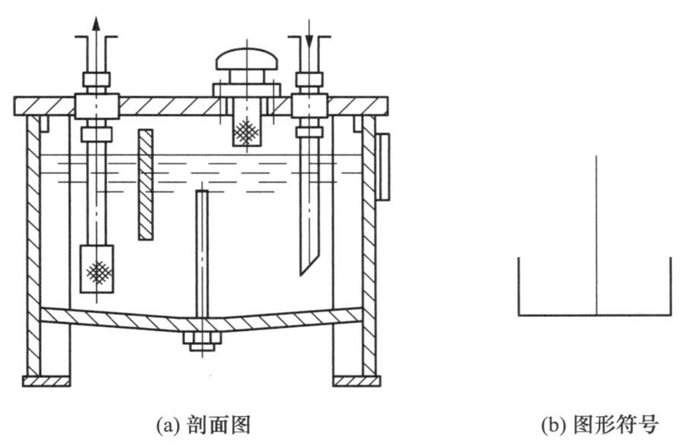

(a) 剖面图　　(b) 图形符号

图 5-29　油箱的剖面图和图形符号

4. 冷却器

液压系统中的油液在系统中工作时，会使油液温度升高、黏度下降、泄漏增加。若长时间油温过高，将造成密封老化、油液氧化，严重影响系统正常工作。为保证正常工作温度，需要在系统中安装冷却器。液压系统中常用的冷却器均采用表面式换热器，有风冷式和水冷式两种。管式水冷却器的剖面图和图形符号如图 5-30 所示。

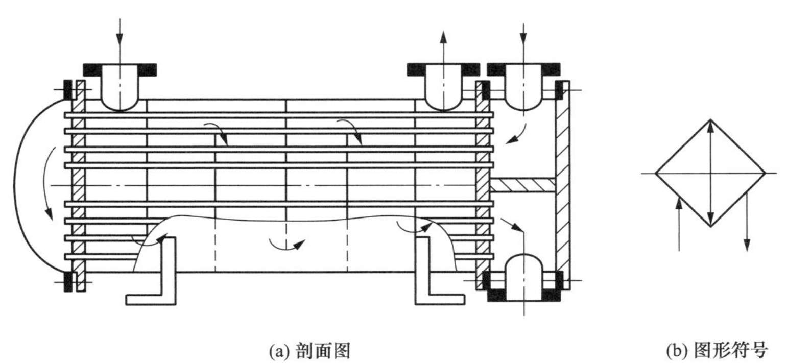

(a) 剖面图　　(b) 图形符号

图 5-30　管式水冷却器的剖面图和图形符号

5. 加热器

液压系统在低温环境下，油温过低，油液黏度过大，设备启动困难，压力损失加大并引起较大的振动。此时系统应安装加热器，将油液温度升高到合适的温度，风力发电场多用电加热方式进行油液加热。电加热器的剖面图和图形符号如图 5-31 所示。

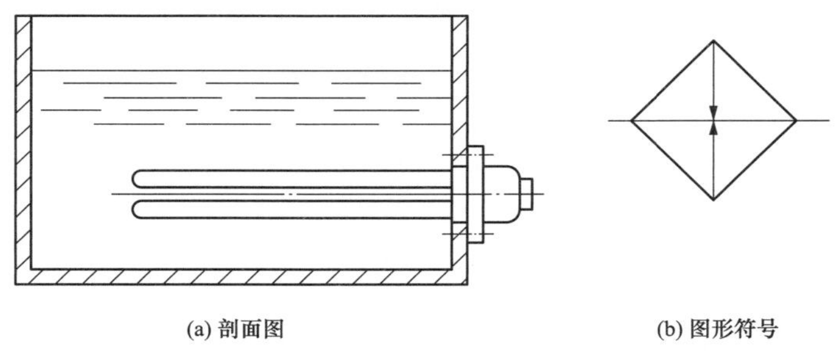

图 5-31　电加热器的剖面图和图形符号

（五）液压油

液压油就是利用液体压力能的液压系统使用的液压介质，在液压系统中起着能量传递、抗磨、系统润滑、防腐、防锈、冷却等作用。对液压油来说，首先应满足液压装置在工作温度下与启动温度下对液体黏度的要求，由于润滑油的黏度变化直接与液压动作、传递效率和传递精度有关，还要求油的黏温性能和剪切安定性应满足不同用途所提出的各种需求。液压油的种类繁多，分类方法各异，长期以来，习惯以用途进行分类，也有根据油品类型、化学组分或可燃性分类的。这些分类方法只反映了油品的挣注，但缺乏系统性，也难以了解油品间的相互关系和发展。

第四节　变　桨　系　统

随着风力发电技术的迅速发展，风电机组正从定桨距向变桨距方向发展。变桨距风电机组以其能最大限度地捕获风能、输出功率平稳、机组受力小等优点，已成为当前风电机组的主流机型。

变桨系统作为大型风电机组控制系统的核心部分之一，对机组安全、稳定、高效的运行具有十分重要的作用。风力发电机组从早期的小型定桨距机组，发展到现在的大型变桨距机组。小型机组没有变桨机构，在高速时必须依靠桨叶失速来调节；大型变桨距机组通过调节桨叶的节距角，改变气流对桨叶的攻角，进而控制风轮捕获的气动转矩和气动功率。

定桨距风力发电机组是指桨叶与轮毂固定连接，桨距角固定不变，即当风速变化时，桨叶的迎风角度不能随之变化，桨叶翼型具有失效特性。当风速大于额定风速时，气流的攻角达到失速条件，使桨叶表面产生涡流，效率降低，降低机组功率输出。优点：①机械结构简单，易于制造；②控制原理简单，运行可靠性高。缺点：①额定风速高，风轮转换效率低；②转速恒定，机电转换效率低；③对电网影响大；④常发生过负荷现

象，加速机组的疲劳损坏；⑤叶片结构复杂，较难制造。

变桨距风力发电机组是指桨叶与轮毂通过变桨轴承连接，可以根据风速大小调节气流对叶片的攻角。当风速小于额定风速时，桨距角保持在0°位置不变，不做任何调节；当风速大于额定风速时，调节系统根据风速的大小调整桨距角的大小，使输出功率稳定；当风速达到切出风速时，使叶片顺桨状态，机组停机。优点：①启动性好；②刹车机构简单，叶片顺浆及风轮转速可以逐渐下降；③额定点前的功率输出饱满；④额定点后的输出功率平滑；⑤风轮叶根的静动载荷小；⑥叶宽小，叶片轻，机头质量比失速机组小。缺点：由于有叶片变距机构，轮毂较复杂，可靠性设计要求高，维护费用高。

目前，根据变桨执行机构的不同，可以分为电动变桨系统和液压变桨系统。

一、 电动变桨系统

电动变桨系统采用电机配合减速器对桨叶进行单独控制，其结构紧凑可靠。当机组控制器给变桨控制器发出桨距角指令时，变桨控制器就会按照一定的控制策略控制三个伺服驱动器，驱动电动机带动减速器完成变桨。根据变桨电动机的不同，电动变桨系统又分为直流变桨系统和交流变桨系统。直流变桨系统优点：电动机控制简单、控制性能好；故障情况可直接通过后备电源顺桨。缺点：电动机成本高，电刷需要定期维护，体积大维护不便。交流变桨系统优点：造价低，维护方便；电动机体积小，成本低，维护量小。缺点：故障情况时必须通过伺服驱动器驱动电动机顺桨，不能通过后备电源直接顺桨。矢量控制技术解决了交流电动机在伺服驱动中的动态控制问题，使交流伺服驱动系统性能可与直流伺服驱动系统相媲美，而且总体成本更低。变桨系统中，有刷直流电动机必定被交流伺服电动机所取代。

电动变桨系统由轮毂控制器、伺服驱动器、变桨电动机、减速器、后备电源等组成。例如，某机型电动变桨系统的布局图如图 5-32 所示，轮毂里有三套电池箱、轴箱、伺服电动机和减速机，还有一套电动变桨控制系统安装在控制箱中。通信总线和电缆靠集电环与机舱的主控制器相连接。

该电动变桨系统的构成框图如图 5-33 所示，主控制器与轮毂内的控制器通过总线通信，控制三个桨叶的变桨。主控制器根据风速、发电机功率和转速等信号，把命令值发送到电动变桨系统控制变桨，同时电动变桨系统速度和位置等信号反馈到主控制器。电气连接示意图如图 5-34 所示，其中包括各种通信总线、电源线及其执行机构和传感器。

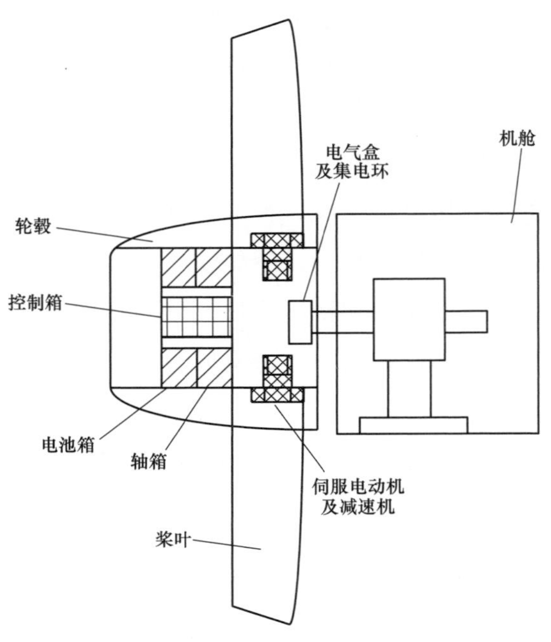

图 5-32　某机型电动变桨系统的布局图

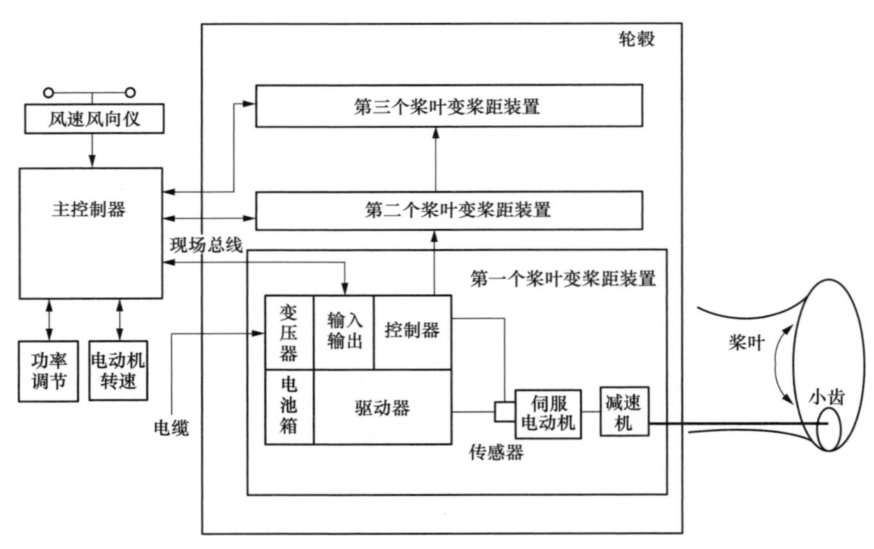

图 5-33　电动变桨系统的构成框图

二、 液压变桨系统

液压变桨系统由电动液压泵作为工作动力、液压油作为传递介质、电磁阀作为控制单元，通过将油缸活塞杆的径向运动变为桨叶的圆周运动，实现调节桨距角的目的。按

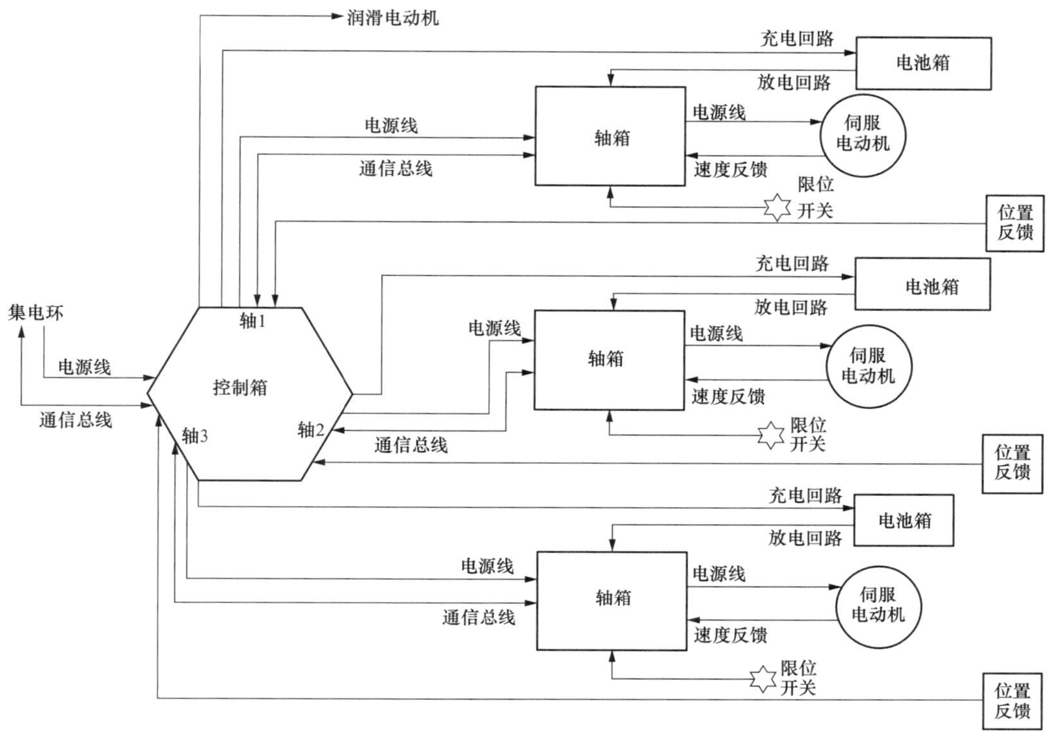

图 5-34　电动变桨系统的电气连接示意图

其控制方式可分为统一变桨和独立变桨两种方式。对于小功率的风力发电机组一般采用统一变桨控制，也就是说利用一个液压执行机构控制整个机组的所有桨叶变桨，但对于大功率风力发电机组常采用独立变桨距机构，可以有效解决桨叶和塔架等部件的载荷不均匀的问题，具有结构紧凑、易于控制、可靠性高等优势。

液压变桨系统主要优点有传动平稳、传动力矩大、质量轻、体积小、动作灵敏、定位准确。缺点有油液易渗漏、油液易受温度的影响、油液易污染、发生故障不易检查与排除。

液压变桨系统主要由液压站、控制阀、蓄能器、执行机构等组成。执行机构主要由推动杆、支撑杆、导套、防转装置、同步盘、短转轴、连杆、长转轴、偏心盘、桨叶法兰等部件组成。其机械结构简图如图 5-35 所示。

液压变桨系统控制框图如图 5-36 所示，变桨距驱动形式为曲柄同步盘推动，PID 控制器输出信号经过放大器将输入电压信号转换成±10V 的电压输出到比例阀，根据电压的正负、大小决定比例阀流量的方向和大小控制液压缸的位置变化，驱动执行机构变桨。

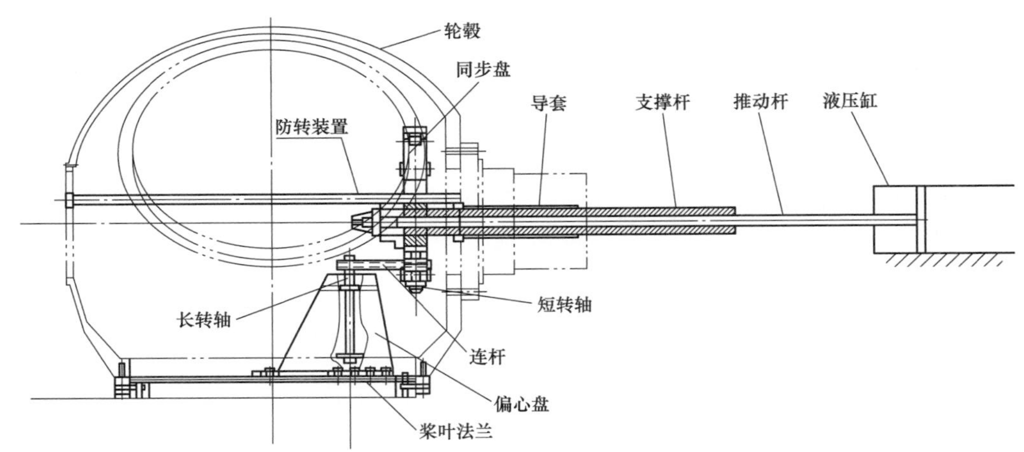

图 5-35　液压变桨系统执行机构机械结构简图

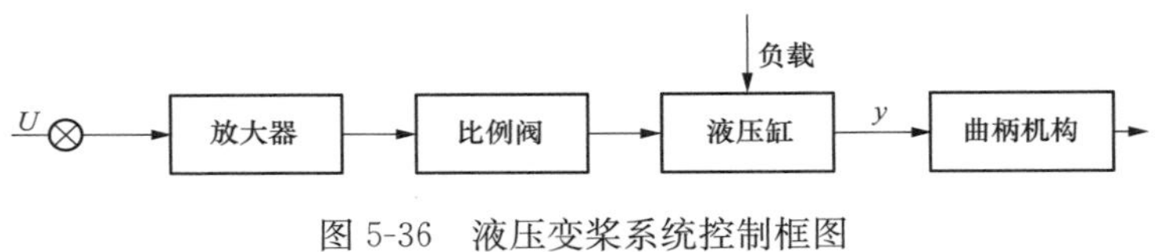

图 5-36　液压变桨系统控制框图

第五节　变　流　系　统

变流技术实际上就是电力电子器件的应用技术，该技术以电路理论为基础，以电力电子器件构成各种电力变换的电路，对电路进行控制，形成更复杂的装置或系统。变流技术是随着半导体器件的发展而出现的交叉新技术，从早期以晶闸管为代表的分立器件，发展为功率集成器件，到现在的功率集成电路。目前，在器件结构上已经开发出具有智能化功能的模块，而在器件的控制模式上，也从原本的电流型控制发展为电压型控制，由此不仅降低了栅极的控制功能，还使器件导通与关断的速度大幅度提高，器件的工作频率随之提高。变流技术的应用范围涉及以下几方面：一是整流，可实现 AC/DC 变换；二是逆变，可实现 DC/AC 的变换；三是变频，可实现 AC/AC、AC/DC/AC 变换；四是斩波，可实现 DC/DC 变换；五是静止式固态断路器，可实现无触点的开关与断路器功能。风力发电机组变流系统采用变流技术。

风力发电机组变流系统的核心部件就是变流器，变流器是风力发电机组中的重要组成部分，其主要作用为在叶轮转速变化的情况下，控制风力发电机组输出端电压与电网电压保持幅值和频率一致，达到变速恒频的目的，并且配合主控完成对风力发电机组功

率的控制，且保证并网电能满足电能质量的要求。

当电网电压发生故障时，在主控和变桨的配合下，在一定的时间内保持风力发电机组与电网连接，并根据电网故障的类型提供无功功率，支撑电网电压恢复。

根据变速恒频风力发电机组类型的不同，变流器主要分为双馈型变流器和全功率变流器。双馈型变流器应用在双馈型风电机组，其控制对象为双馈异步发电机；全功率变流器可匹配直驱型永磁、电励磁同步发电机及带齿轮箱高速永磁、高速电励磁同步发电机和鼠笼异步发电机等多种机组。

一、　双馈型变流器

目前，双馈型变流器采用交-直-交电压源型拓扑结构。由于具有输入、输出特性好，能量双向流动，功率因数可调的特点，风力发电机组常采用双馈型变流器。

（一）双馈型变流器的功能

风力发电机组双馈型变流器中与网侧相连的 AC/DC 部分为网侧变流器，与双馈发电机转子相连的 DC/AC 部分为机侧变流器。网侧变流器主要控制目标为维持直流侧电压稳定，并实现能量双向流动。机侧变流器根据转子转速的变化动态调节双馈发电机转子侧励磁电流的频率，以保证定子输出的频率不变；机侧变流器调整转子电流的幅值和相位，实现对风力发电机组有功功率和无功功率的控制。

（二）双馈型变流器的拓扑结构

1. 双馈型变流器组成

双馈型变流器一般由预充电回路、电网侧主接触器、支路滤波单元、网侧电抗、网侧变流器、机侧变流器、机侧电抗（du/dt）、Crowbar 等部分组成，如图5-37 所示。

2. 双馈型变流器并网流程

并网启动时，先启动预充电回路，通过网侧变流器给直流母线进行预充压；当直流侧电压达到设定值时切出预充电回路，电网侧主接触器闭合，同时投入支路滤波单元、准备电网侧变流器调制；当电网侧变流器建立起稳定的直流母线电压，且发电机转速在运行范围内，机侧变流器调试运行，为发电机转子提供交变励磁电流，控制发电机定子并网，并网后功率（无功）控制。

3. 滤波单元

网侧 LC 滤波单元与箱式变压器漏感构成 LCL 拓扑结构，有效地滤除高次谐波，降低变流器对电网的高次谐波污染；机侧通过由 LCR 所组成的 du/dt 网络，有效降低发电机终端的电压尖峰，减少对发电机绝缘的损坏，提高发电机的使用寿命。

4. 直流卸荷电路

双馈风力发电机组有的机型直流侧配备直流卸荷电路（DC Chopper 电路），如图 5-38

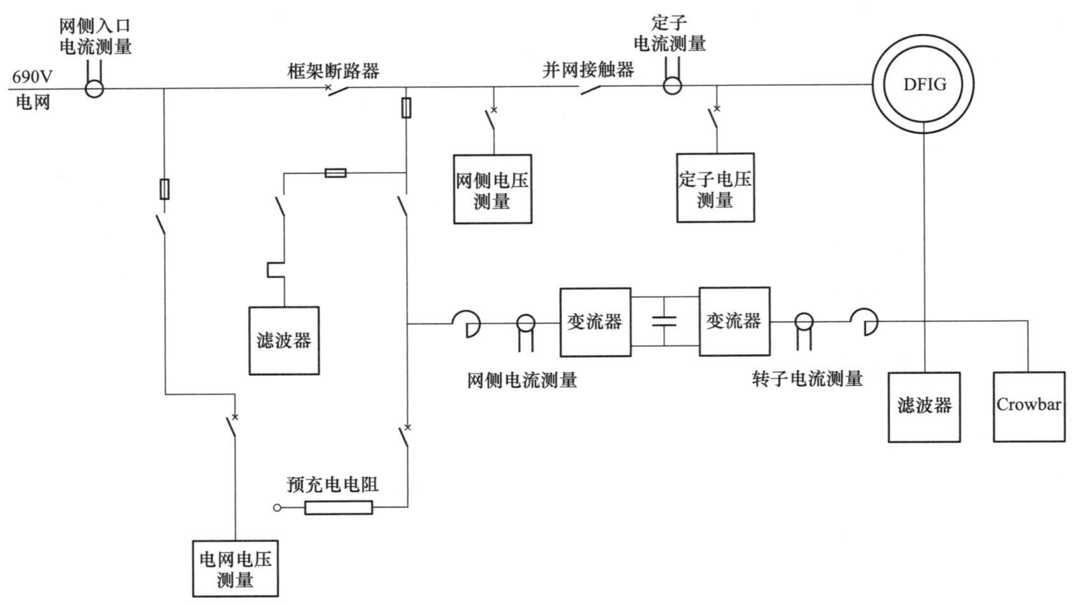

图 5-37 双馈型机组拓扑图

所示。直流母线装有卸荷电路，吸收直流母线多余的能量，抑制直流过压并缩短暂态时间。卸荷电路不是低电压穿越必需的，但推荐配备卸荷电路，可有效防止各种故障所引起的直流母线过压，降低直流侧电容、IGBT 过压击穿的风险。

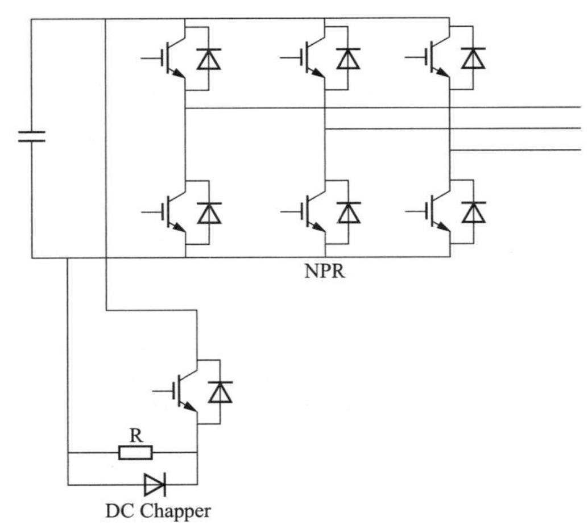

图 5-38 直流卸荷电路

5. Crowbar 电路

Crowbar 电路可以吸收发电机转子多余的能量，同时设计了完备的缓冲吸收电路，使之具备短时间大电流工作要求；IGBT 良好的开关特性可以快速地投入、切出 Crowbar 装置，度过暂态及快速向机组投入无功电流。

Crowbar 电路分为主动式 Crowbar 电路和被动式 Crowbar 电路。

两者的不同之处在于：被动式 Crowbar 电路主要采用不可控电力电子器件作为投切控制开关，不能按电网要求在任何需要的时候马上恢复转子侧变流的正常工作。当转子电流中存在很大的直流分量时，由于晶闸管过零关断的特性不再适用，会造成 Crowbar 保护拒动，延长了双馈感应发电机从异步发电机运行状态恢复到双馈调速运行状态的时间，不利于电网和整个机组的运行。而

主动式 Crowbar 电路中主要采用可关断的电力电子器件作为投切控制开关，可以根据电网对双馈感应风力发电机组的要求，在 Crowbar 电路动作后，在适当的时候断开，从而使得风力发电机组能够在不脱离电网的情况下恢复转子侧变流器的工作，缩短了从异步发电机运行状态恢复到双馈调速运行状态的过渡时间，有利于机组和电网的运行。主动式 Crowbar 电路如图 5-39 所示。

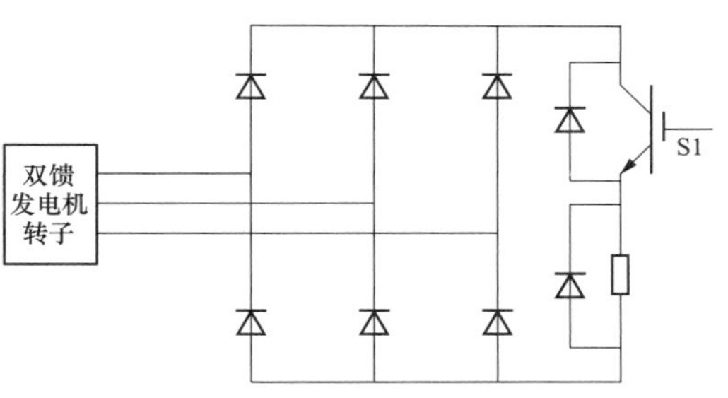

图 5-39 主动式 Crowbar 电路

（三）变流器控制策略

1. 网侧变流器控制策略

网侧变流器的控制目标是在保持直流母线电压稳定的前提下使交流侧输入电流正弦且相位即功率因数可控。根据对网侧变流器交流侧电流控制方式的不同，网侧变流器的控制策略分为电流开环控制（即间接电流控制）和电流闭环控制（即直接电流控制）两大类。采用基于电网电压定向的矢量控制策略，经过坐标变换和电网电压矢量定向，通过控制 d 轴电流分量 i_{gd} 的正负便可实现有功功率双向流动；控制 q 轴电流分量 i_{gq} 即可控制无功功率；便可实现 d、q 轴电流分量 i_{gd}、i_{gq} 分别控制网侧有功功率和无功功率的目的。网侧变流器电压、电流双闭环控制。如图 5-40 所示，ω、θ 分别是电网电压角频率和

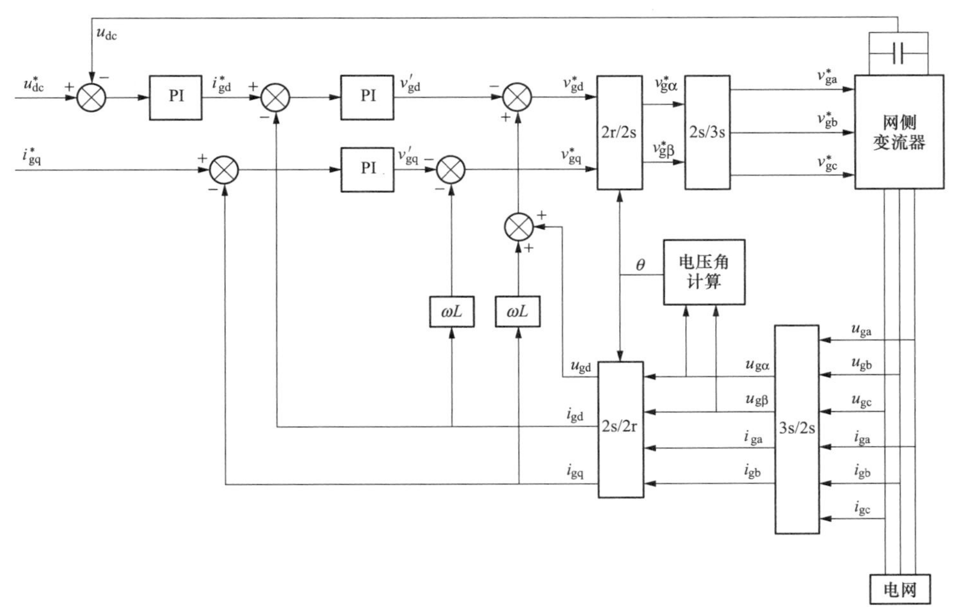

图 5-40 网侧变流器电压、电流双闭环矢量控制框图

电压矢量的相位。有功电流给定值为 i_{gd}^*，无功电流给定值为 i_{gq}^*。

2. 转子侧变流器控制策略

为了实现双馈风力发电机在同步旋转 d-q 坐标系中的解耦控制，本文采用基于定子电压定向的矢量控制方法。图 5-41 是基于定子电压定向的双馈感应风力发电机矢量控制框图。

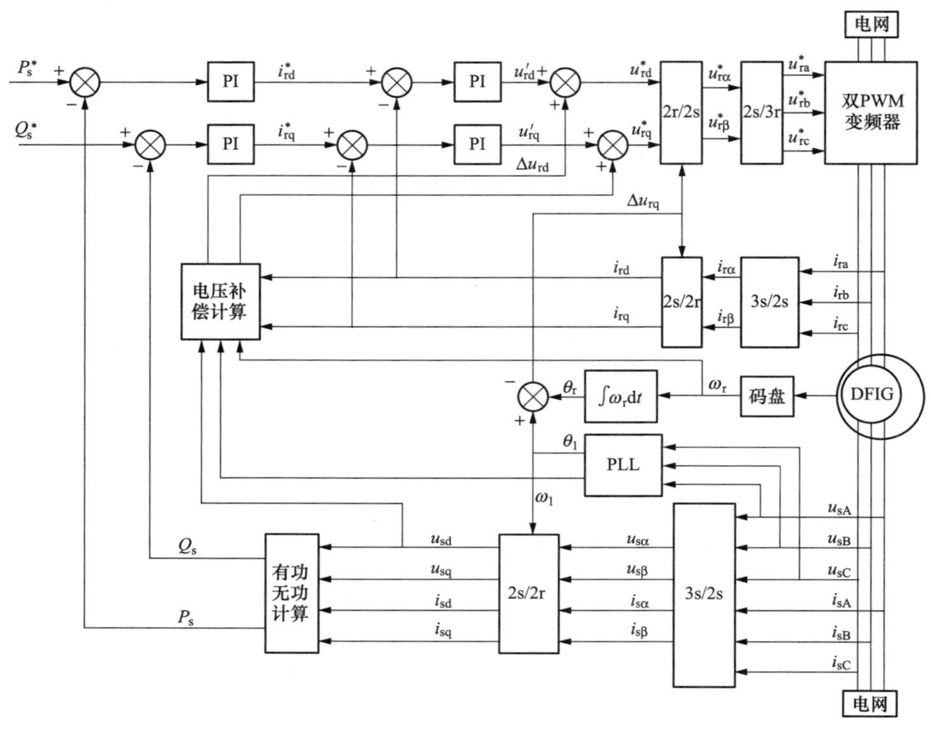

图 5-41　基于定子电压定向的双馈感应风力发电机矢量控制框

在图 5-41 所示系统中，采用双闭环控制策略。在功率闭环中，有功指令 P_s^* 由风力机特性根据风力机最佳转速给出，无功指令 Q_s^* 根据电网需求设定。对转子坐标系下的转子电流进行坐标变换，可以得到在定子电压定向矢量坐标系下转子电流的 d、q 轴分量 i_{rd}、i_{rq}，这两个分量作为实际电流反馈值分别与参考值 i_{rd}^*、i_{rq}^* 进行比较，其误差分别经 PI 调节器，产生解耦电压 u_{rd}^*、u_{rq}^*。根据 $\theta_1-\theta_r$ 对 u_{rd}^*、u_{rq}^* 进行旋转变换，得到其变换到转子 $\alpha-\beta$ 坐标系中的 $u_{r\alpha}^*$、$u_{r\beta}^*$ 值。再将其通过坐标变换，就得到三相坐标系中的 u_{ra}^*、u_{rb}^*、u_{rc}^*。然后用其进行 PWM 调制，产生频率、幅值、相位可变的三相交流励磁电压，输出 PWM 脉冲，从而通过转子侧变流器实现对定子侧输出功率的解耦控制。

根据能量流动的角度分析机侧变流器，主要为双馈发电机提供交流励磁电流，完成 DFIG 调节，最终实现风能最大功率追踪；当发电机运行在亚同步状态，即 $n<n_1$（n 是发电机的转速，n_1 是发电机的同步转速）时，转子向电网吸收电能，转子侧变流器作为

逆变器；发电机运行在同步状态 $n=n_1$，变流器向发电机提供直流励磁；发电机运行在超同步状态 $n>n_1$ 时，机侧变流器向发电机的转子吸收电能，变流器是整流电路，通过网侧变流器输送向电网。整个控制过程是网侧变流器配合机侧变流器实现电能的双向流动，实现整个系统的有功和无功调节。

二、 全功率变流器

同双馈型变流器一样，全功率变流器采用交-直-交的电压源型拓扑结构。与双馈变流器通过控制发电机转子间接控制定子相比，全功率变流器直接将发电机定子输出的电能经过变流器馈入电网，且仅有定子回路一条功率通道。

（一）全功率变流器功能

风力发电机组全功率变流器，与网侧相连的 AC/DC 部分为网侧变流器，与双馈发电机转子相连的 DC/AC 部分为机侧变流器。网侧变流器主要控制目标为维持直流侧电压稳定。机侧变流器调整发电机输出电压的幅值和相位，实现对风电机组有功功率和无功功率的控制。

（二）全功率变流器的拓扑结构

1. 全功率变流器组成

全功率变流器一般由预充电回路、电网侧主接触器、RC 滤波单元、网侧电抗、网侧变流器、机侧变流器、机侧电抗（du/dt）、Crowbar 等部分组成。直驱型风力发电机组机侧变流器具有不同的拓扑结构，机侧变流器常见类型有被动整流拓扑结构和主动整流拓扑结构，如图 5-42 所示。

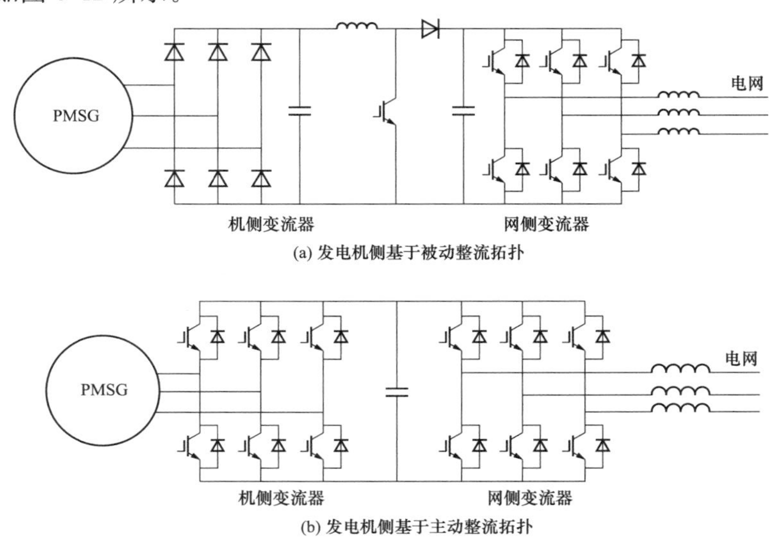

图 5-42　全功率变流器拓扑图

根据其不同的电力电子变换拓扑的特性，系统的控制策略会发生相对变化。对于被动整流拓扑，BOOST 升压环节可以将整流后的较低直流侧电压提升至一个可利用的稳定值。同时 BOOST 升压电路可进行整流电路的功率因数校正，降低发电机定子电流的谐波含量，通过对 BOOST 升压电路的电流控制，在一定程度上可以对发电机的转矩进行简单控制。然而这种结构存在功率单向流动，不能直接有效实施发电机控制，并且大功率 BOOST 升压电路设计较困难。相对于被动整流拓扑，主动整流采用背靠背双 PWM 变流器，可实现能量的双向流动，通过 PWM 技术很好地控制电流波形，使发电机的输出电流达到近乎无谐波，同时 PWM 可在四象限运行。主动整流拓扑中风力发电机组变速范围不受限制，风能利用率得到提高。随着可控半导体器件的等级不断提高以及成本的越来越低，主动整流的双 PWM 四象限变流器是直驱风力发电技术的主要趋势之一。

2. 全功率变流器并网流程

并网启动时，先启动预充电回路，通过网侧变流器给直流母线进行预充压；当直流侧电压达到设定值时切出预充电回路，电网侧主接触器闭合，同时投入支路滤波单元、准备电网侧变流器调制；当电网侧变流器建立起稳定的直流母线电压后，且发电机转速在运行范围内，机侧变流器调试运行，为发电机转子提供交变励磁电流，控制发电机定子并网，并网后功率（无功）控制。

启动时，首先闭环预充电开关，为直流侧充电，待电压达到母线设定值时，闭合主回路开关，切出预充电开关，网侧变换器开始调制，建立稳定的直流母线电压；当直流侧建立起稳定的直流母线电压后，此时闭合机侧定子开关，机侧 PWM 变换器开始调制。

3. 直流卸荷电路

全功率变流器风力发电机组的直流母线必须配备有直流卸荷电路（DC Chopper 电路）。当电网发生故障时，发电机输入能量与网侧变流器输出能量不匹配，导致直流电压上升，因此在直流母线侧增加直流卸荷电路以消耗多余的能量；若电压跌落时间较长，可以采用变桨控制来限制风力发电机组捕获的风能，以达到功率平衡目的。

（三）主动整流变流器控制策略

1. 网侧变流器控制策略

网侧变流器通过调节直流母线的电压，将直流电转换成工频的交流电输送入电网。直流母线电压的变化直接反映了发电机发出的功率的变化。直流输入有功功率下降到小于输送到电网的有功功率时，直流母线电压会下降。而当直流母线上输入有功功率增加到大于通过网侧模块输送到电网上的有功功率时，将导致直流母线电压上升，网侧功率模块通过监测直流母线电压的波动，就可以得到输出有功电流的大小。网侧变流器控制原理图如图 5-43 所示。

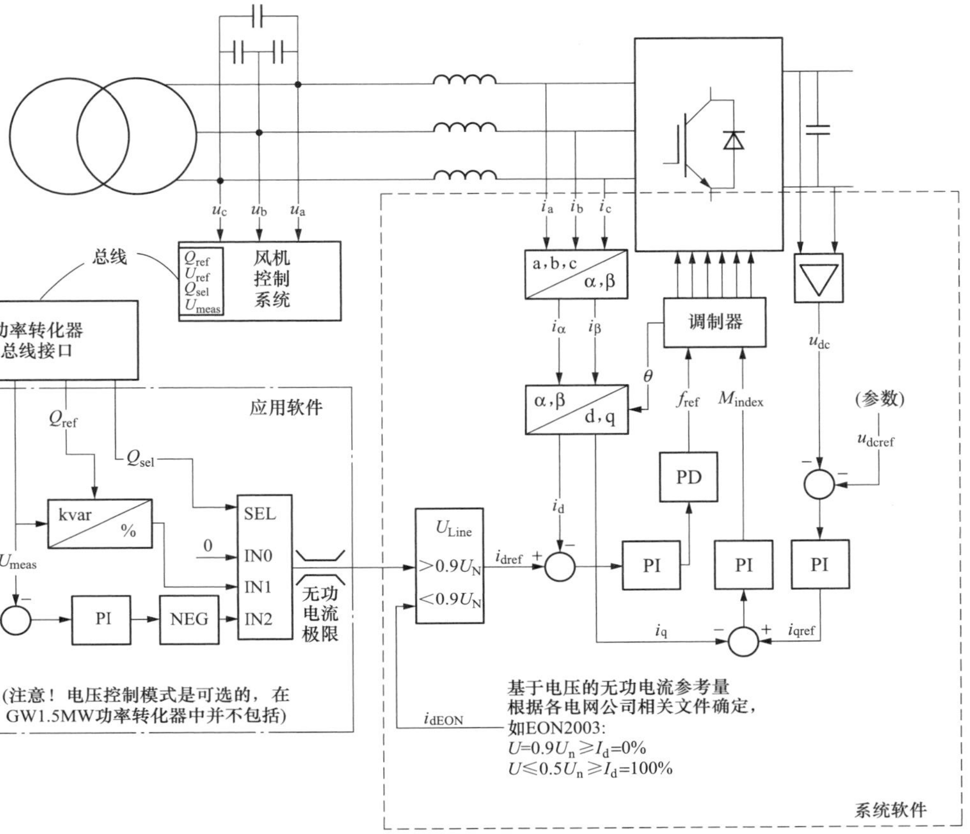

图 5-43　网侧变流器控制原理图

2. 机侧变流器控制策略

机侧变流器采用直接转子磁场定向控制，如图 5-44 所示。在得到励磁电流/转矩电流的给定和反馈之后，通过电流调节器可以得到转矩电压/励磁电压的参考给定值 U_{dref}/U_{qref}，再根据转子磁场位置角 θ_r，对这两个给定进行两相同步旋转坐标系到三相静止坐标系的变换，得到发电机机端三相电压的给定。根据三相给定，PWM 模块给出功率器件的驱动脉冲。

三、 低电压穿越

低电压穿越是指当电网故障或扰动引起风力发电场并网点的电压跌落时，在电压跌落的范围内，风力发电机组能够不间断并网运行。风力发电机组都要求具有低电压穿越功能，低电压穿越曲线如图 5-45 所示。

对风力发电机组低电压穿越能力的技术要求有：风力发电场并网点电压跌至 20%标称电压时，风力发电场内的风力发电机组能够保证不脱网运行 625ms；风力发电场并网

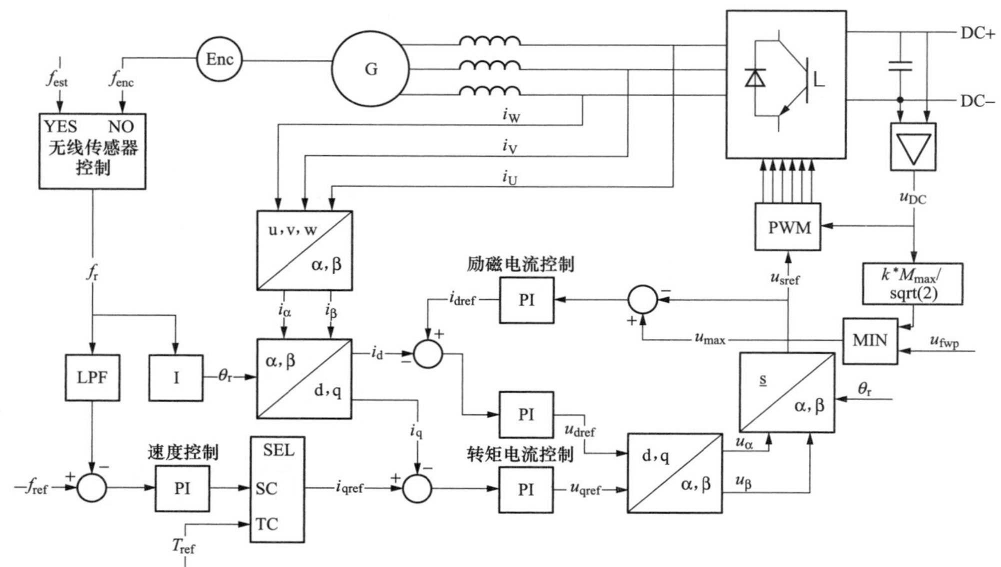

图 5-44 发电机侧功率模块控制原理框图

点电压在发生跌落后 2s 内能够恢复到标称电压的 90%时，风力发电场内的风力发电机组能够保证不脱网连续运行；自故障清除时刻开始，以至少 10%额定功率的功率变化率恢复至故障前的值；如果是对称跌落，当风力发电场并网点电压处于标称电压的 20%～90%区间内时，风力发电场应能够通过注入无功电流支撑电压恢复，自并网点电压跌落出现的时刻起，动态无功电流控制的响应时间不大于 75ms，持续时间不小于 550ms；注入电力系统动态无功电流。

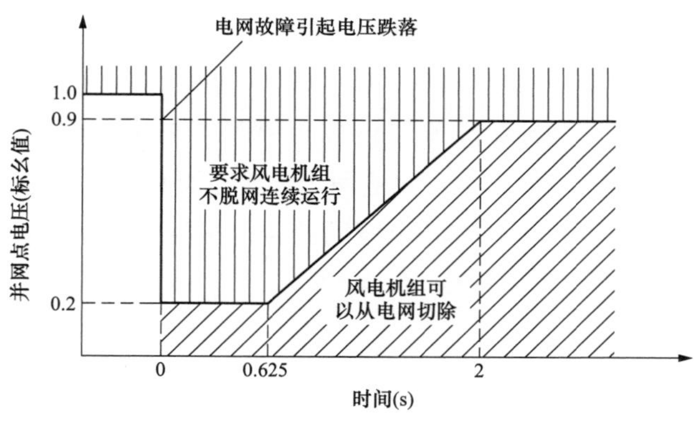

图 5-45 低电压穿越曲线图

四、 高电压穿越

高电压穿越是指当电网故障或扰动引起电压升高时，在一定的电压升高范围和时间

间隔内，风力发电机组保证不脱网连续运行的能力。

对风力发电机组高电压穿越能力的技术要求有：风力发电机组具有测试点电压升高至130%额定电压时，能够保证不脱网连续运行500ms的能力；风力发电机组具有测试点电压升高至125%额定电压时，能够保证不脱网连续运行1000ms的能力；风力发电机组具有测试点电压升高至120%额定电压时，能够保证不脱网连续运行10s的能力；风力发电机组具有测试点电压升高至110%额定电压时，能够保证不脱网连续运行的能力。

第六节　防　雷　系　统

雷电的危害方式可分为直击雷、雷电感应和雷电波侵入等三种，根据某风能协会的统计数据表明，德国在六年内风力发电机的雷击毁坏率为8%，其中，70%左右为雷电感应和雷电波侵入所引起，由于雷击而损坏的主要风力发电机组部件是叶片、电控系统和风力发电场SCADA电力监控系统故障，事故中的40%～50%涉及电控系统的损坏，15%～25%涉及通信系统，15%～20%涉及叶片，5%涉及发电机。由于雷击引起的维修成本，包括材料费、人力以及应用的其他服务等，由大到小依次是叶片、发电机、电控系统、通信系统。所以大型并网风力发电机的防雷保护很重要，也很必需。

一、 风力发电机防雷区和保护等级的确定

依据《风力发电机组防雷保护》（IEC 61312-1）确定风力发电机的防雷区和保护等级。风力发电机组应达到下列最低保护等级：轮毂高度不超过60m的风力发电机组保护等级为Ⅲ/Ⅳ；轮毂高度60m以上的风力发电机组保护等级为Ⅱ。设计中可根据保护等级的大小，采取相应的保护措施。不同保护等级与防雷装置的效率、雷电参数、雷击距离、滚球半径、国家标准中建筑物和相应的滚球半径的分类对应关系见表5-5。

表5-5　　防雷参数表

保护等级	雷电参数				防雷装置的效率（%）	雷击距离（m）	滚球半径（m）	国家标准中的建筑物类别	国家标准中的滚球半径（m）
	幅值（kA）	波长（μs）	半波（μs）	电荷（Q）					
Ⅰ	200	10	350	100	98	342	20	Ⅰ	30
Ⅱ	150	10	350	75	95	282	30		
Ⅲ	100	10	350	50	90	215	45	Ⅱ	45
Ⅳ	100	10	350	50	80	215	60	Ⅲ	60

应将需要保护的空间划分为不同的防雷区，防雷区的任务是将电磁场和来自发射源的电磁骚扰减小到限定值，以规定各种空间不同的雷电电磁脉冲的严重程度，并指明各区交界处等电位连接点的位置。各个防雷区以其交界处电磁环境的明显改变作为其划分的特征，根据 IEC 61400-24，防雷区分为 $LPZ0_A$、$LPZ0_B$、LPZ1、LPZ2 等。

如图 5-46 所示，风力发电机组按位置的不同，防雷区的可划分为：

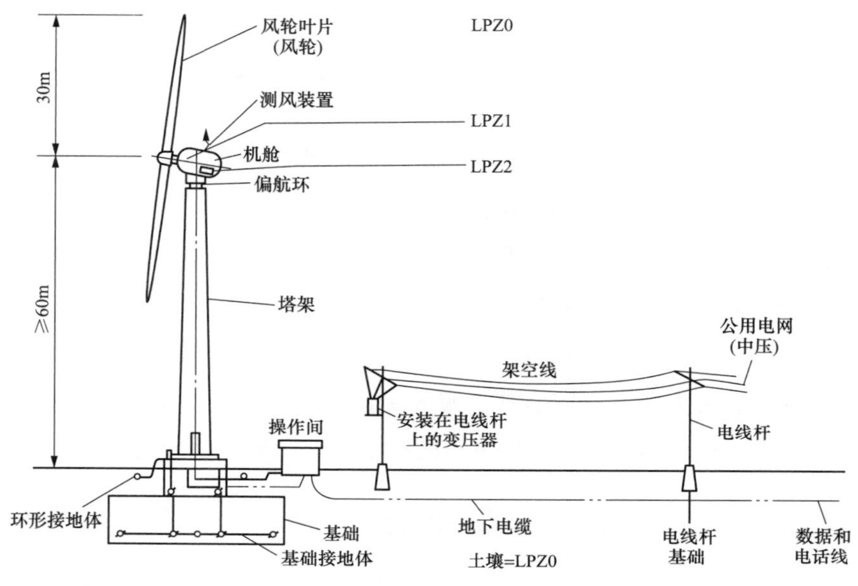

图 5-46　防雷区划分和疏雷通道

（1）$LPZ0_A$：受直接雷击和全部雷电电磁场威胁的区域，该区域的内部系统可能受到全部或部分雷电浪涌电流的影响。

（2）$LPZ0_B$：没有直接雷击，但该区域的威胁仍是全部雷电电磁场。该区域的内部系统可能受到部分雷电浪涌电流的影响。

（3）LPZ1：由于分流和边界处浪涌保护器的作用使浪涌电流受到限制的区域。该区域的空间屏蔽可以衰减雷电电磁场。

（4）LPZ2 ：由于分流和边界处附加浪涌保护器的作用使浪涌电流受到进一步限制的区域。该区域的附加空间屏蔽可以进一步衰减雷电电磁场。

风力发电机组的防雷装置的材料应能经受雷电流的电磁效应以及可预见到的意外应力而不会损坏。选择材料及其尺寸时，应考虑到被保护的风力发电机组和防雷装置本身受腐蚀的可能性，见表 5-6～表 5-8。

表 5-6 防雷装置材料的最小截面积

保护等级	材料	接闪器（mm^2）	引下线（mm^2）	接地装置（mm^2）
Ⅰ-Ⅳ	Cu（铜）	35	16	50
	Al（铝）	70	25	—
	Fe（铁）	50	50	80

表 5-7 流过大于或等于 25%总雷电流的连接导线的最小截面积

保护等级	材料	截面积（mm^2）
Ⅰ-Ⅳ	Cu（铜）	16
	Al（铝）	25
	Fe（铁）	50

表 5-8 流过小于 25%总雷电流的连接导线的最小截面积

保护等级	材料	截面积（mm^2）
Ⅰ-Ⅳ	Cu（铜）	6
	Al（铝）	10
	Fe（铁）	16

二、 风力发电机各部位防雷设计

（一）塔架基础接地体

（1）基础接地体的设计应注意，当塔架用放入混凝土内的预应力拉桩螺栓固定时，不应将这些元件用于接地目的。

（2）塔底直径不超过 3m 时，从基础接地体到塔架钢结构应至少有两处相连接；对于更大的塔底直径应至少有三处相连接。

（3）基础接地体应是可延伸的，以便必要时连接环形接地体或者连接已有的接地设施（风力发电场、配电系统），如图 5-47 所示。

（4）基础接地体和环形接地体的端部接线夹应进入塔架内部，并连接到一个有适当标记的等电位连接带。

（5）所有从基础接地体或混凝土的外部加强转接到空气中其他连接体的电缆应为绝缘电缆。

（6）如果混凝土的加强具有较高的导电率并且与接地排的接点在两点及以上，则附加的基础接地体可免设。

（二）塔架设计

（1）柱型钢塔、桁架式钢塔和钢筋混凝土塔架特别适合于防雷措施。这些类型的塔

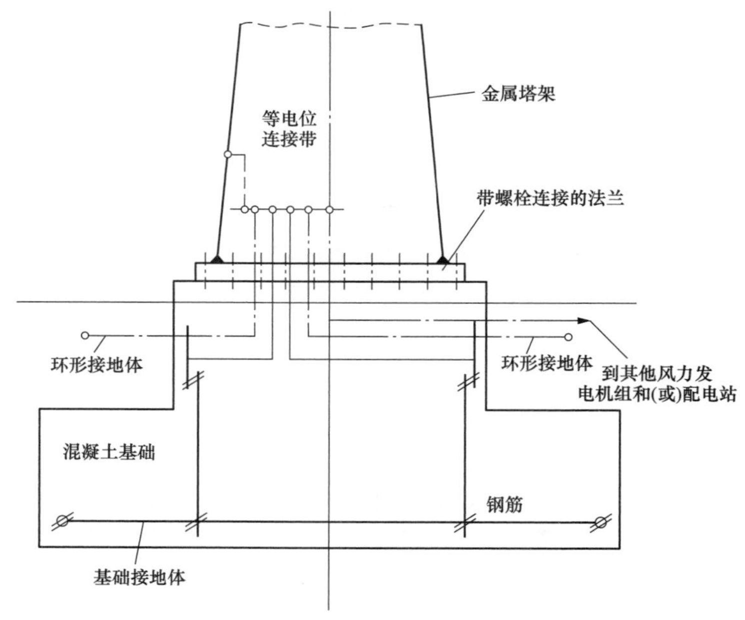

图 5-47　接到基础接地体的等电位连接的接法

架固定在已准备好的基础上，通过它们提供了塔架直至偏航环高度的连续接地保护。欲达到 LPZ1 防雷区要求只有使用封闭的钢塔或钢筋混凝土塔，桁架式塔结构内部只能满足 $LPZ0_B$ 防雷区的要求。

（2）对于钢筋混凝土结构，建造期间应使用专用的线夹在尽可能多的点将钢筋相互连接，以保证电气互连，并经由塔内的一个或多个接地基准点引伸到塔体外面。金属连接的法兰（在基础底部和偏航环顶部）应接到钢筋上。如果符合上述条件，则塔架内部可认作 LPZ1 防雷区。

（三）偏航轴承处的连接

为将基础接地体经塔架到机器底座达到连续的接地连接，应采用高导电、低电感的接法。由于偏航环处需要较长的连接电缆，不宜采用电缆连接，以防塔和机器底座间通过高频雷电流时连接电缆两端产生高电压，故应采取下列适当的措施：能传导雷电流的集电环（这些集电环也可在偏航环的内部）和金属滑动触头；能传导雷电流的轴承；放电间隙。

（四）机舱底座与接地装置的连接

一般机舱底座通过偏航环的螺栓连接，能良好地接到接地装置。如机器底座是用柔性阻尼元件与偏航环连接，则所有阻尼元件应采用有足够截面积的扁铜带跨接。

（五）发电机和齿轮箱与接地装置的连接

通常齿轮箱和发电机通过机器底座的连接螺栓与接地装置保持良好的连接。如齿轮

箱和发电机用柔性阻尼元件与机器底座连接，则所有阻尼元件应采用有足够截面积的扁铜带跨接。

（六）机舱中其他部件的连接

包含电气元件（执行器、开关装置、金属开关等）的所有部件应在电气上相互连接并与机器底座连接。最佳方法是采用等电位连接带与底座相连。该连接带应尽可能短，如采用铜导体时，截面积不应小于 $10mm^2$。

（七）机舱罩

如使用金属罩，则金属罩应包含在等电位连接中，可使金属罩在较大范围内多点用钢带与机器底座连接来实现。任何铰链应尽可能用宽的柔性铜带跨接；如使用非金属罩，则应装置避雷针和相应的外部导体，并连接到机器底座。避雷针和导体的高度与数目取决于机舱罩的尺寸。在决定避雷针高度时，应假定避雷针提供最大 45°的保护角，这个保护角必须覆盖整个机舱。

（八）风速风向传感器的防雷保护

风速风向传感器由于暴露在机舱外面，工作环境恶劣，直接受雷击的可能性较大，而且还要做好防侧击雷和统击雷的防雷设计。设立避雷针，高度随风速风向传感器高度的不同而定。轮毂高度 60m 以上的风力发电机组的测风传感器应装设“屏蔽型”避雷针和相应的外部导线；轮毂高度不超过 60m 的风力发电机组的测风传感器可装设普通避雷针和相应的外部导线；在所有情况下，导线应引至机器底座，并与机器底座连接。

（九）轮毂防雷保护

轮毂为全金属结构，有较好的雷电流传导作用，轮毂处的雷电流向后传向传动系统，放置能够传导雷电流的集电环和与其可滑动接触的滑块，轴承可传导雷电流，有放电间隙。

（十）叶片防雷保护

目前普遍采用的叶片保护装置是在叶尖置放接闪器捕捉雷电，并在叶片内腔安置导雷线，叶片的导雷线通过一个金属刷与轮毂轴承的放电槽连接，当遭到雷击时，在放电槽上将形成一个电弧，这种冲击电压通过连接主轴和机舱底盘的金属刷导出，这样雷电就引导到机舱底盘上，而不伤害主轴的滚珠轴承。

如果叶片带叶尖刹车机构，则钢丝绳控制叶尖刹车的同时作为下引线，引导雷击电流到轮毂处。下引线在其整个长度范围内，应至少具有如下截面积：铜或铝合金 $50mm^2$；钢带 $60mm^2$；圆钢 $78mm^2$。此外，设计下引线时，应考虑到雷电流的传输不应使风轮叶片的温度超过允许值。

第七节　风力发电机组常用传感器

传感器是一种检测装置，能感受到被测量的信息，并能将感受到的信息按一定规律变换成为电信号或其他所需形式的信息输出，以满足信息的传输、处理、存储、显示、记录和控制等要求。传感器具有微型化、数字化、智能化、多功能化、系统化、网络化等特点，它是实现自动检测和自动控制的首要环节。

传感器一般由敏感元件、转换元件、变换电路和辅助电源四部分组成。敏感元件直接感受被测量，并输出与被测量有确定关系的物理量信号；转换元件将敏感元件输出的物理量信号转换为电信号；变换电路负责对转换元件输出的电信号进行放大调制；转换元件和变换电路一般还需要辅助电源供电。

传感器按照不同方式分类主要分为以下几种：

（1）按照用途可分为压力敏和力敏传感器、位置传感器、液位传感器、能耗传感器、速度传感器、加速度传感器、射线辐射传感器、热敏传感器等。

（2）按照原理可分为振动传感器、湿敏传感器、磁敏传感器、气敏传感器、真空度传感器、生物传感器等。

（3）按照输出信号可分为模拟传感器、数字传感器、开关传感器等。

一、压力传感器

压力传感器是一种将压力信号转变成电信号的传感器，一般普通压力传感器的输出为模拟信号。风力发电机组中压力传感器主要安装在齿轮油系统、液压系统、冷却系统等回路中，用于监测系统压力信息，从而控制泵的启动及停止，使系统压力符合运行要求。

图 5-48　压力传感器

通常使用的压力传感器主要是利用压电效应制造而成的，这样的传感器也称为压电传感器。压电式压力传感器原理基于压电效应，压电效应是某些电介质在沿一定方向上受到外力的作用而变形时，其内部会产生极化现象，同时在它的两个相对表面上出现正负相反的电荷。当外力去掉后，它又会恢复到不带电的状态，这种现象称为正压电效应。当作用力的方向改变时，电荷的极性也随之改变。压力传感器的输出信号可以是电流信号，也可以是电压信号，可测量的压力值从 0 到几百 bar 不等。如图 5-48 所示的压力传感器，其输出为 4～20mA 的电流信号，可测量压力范围

为 0～250bar。

二、压力开关

压力开关是一种简单的压力控制装置，当被测压力达到压力开关动作额定值时，改变开关元件的通断状态，达到控制被测压力的目的，从而发出警报或控制信号。风力发电机组中压力开关主要安装在齿轮油系统、液压系统、冷却系统等回路中，用于监测系统压力是否达到最大值或最小值，从而向控制系统反馈信号。

压力开关的开关形式有常开式和常闭式两种，又可分为机械式、电子式。机械式压力开关采用的弹性元件有单圈弹簧管、膜片、膜盒及波纹管等，如图 5-49 所示。开关元件有磁性开关、水银开关、微动开关等。当压力增加时，作用在不同的传感压力元器件（膜片、波纹管、活塞）上产生形变，将向上移动，通过弹簧等机械结构，最终启动最上端的微动开关，使电信号输出。

如图 5-50 所示的压力开关，在压力值未达到设定值时，压力开关中的微动开关处在压下状态。当压力值达到预调的设定值时，微动开关动作。外面的压力通过小柱塞与压在滑块上的弹簧力平衡，柱塞上的压力由弹簧力的大小而定，弹簧力可由另一侧的螺帽来调节，调好后可用锁紧螺栓锁紧。滑块在弹簧力作用下使微动开关处在压下状态，而当作用在小柱塞另一侧的外部压力达到设定值时，小柱塞推动滑块移动，释放微动开关。

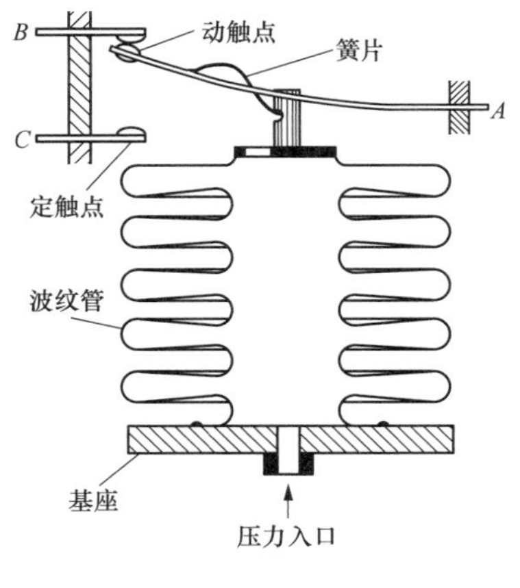

图 5-49　机械式压力开关

图 5-50　压力开关

电子式压力开关使用压力传感器测量介质压力，而后把被测得的压力信号转换为电信号，放大和处理成为标准的模拟量信号，输出到控制器，控制其上下限压力，当压力达到预设定的压力时输出电压，驱动电机或者其他可控制器件。

三、 温度传感器

温度传感器是指能感受温度并转换成可用输出信号的传感器。风力发电机组通常的温度传感器有 PT100 和热敏电阻。

图 5-51　PT100 温度传感

如图 5-51 所示 PT100 是铂热电阻，由纯铂金属制成，它的阻值会随着温度的变化而改变。PT（铂元素）后的 100 即表示它在 0℃时阻值为 100Ω，在 100℃时它的阻值约为 138.5Ω。热电阻是中低温区最常用的一种温度检测器，它只会感测温度变化没有控制作用。它的主要特点是测量精度高、性能稳定。其中铂热电阻的测量精确度是最高的，被制成标准的基准仪，并广泛应用于风力发电机组测温。

如图 5-52 所示热敏电阻是敏感元件的一类，按照温度系数不同分为正温度系数热敏电阻器（PTC）和负温度系数热敏电阻器（NTC）。PTC 正温度系数热敏电阻器是一种典型具有温度敏感性的半导体电阻，超过一定的温度时，它的电阻值随着温度的升高呈阶跃性的增高。PTC 器件即高分子聚合物正温度系数器件，该器件能在电流浪涌过大、温度过高时对电路起保护作用。使用时，将其串接在电路中，在正常情况下，其阻值很小，损耗也很小，不影响电路正常工作；但若有过流（如短路）发生，其温度升高，它的阻值随之急剧升高，达到限制电流的作用，避免损坏电路中的元器件。

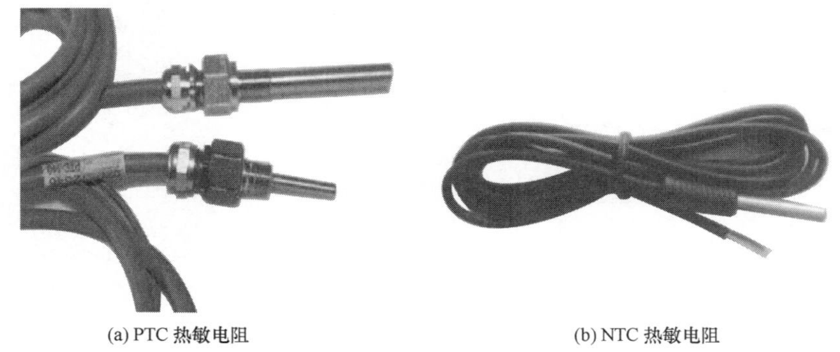

(a) PTC 热敏电阻　　(b) NTC 热敏电阻

图 5-52　热敏电阻

NTC 负温度系数热敏电阻是以锰、钴、镍和铜等金属氧化物为主要材料，采用陶瓷工艺制造而成的。因为在导电方式上完全类似锗、硅等半导体材料，这些金属氧化物材料都具有半导体性质，温度低时，这些氧化物材料的载流子（电子和空穴）数目少，所以其电

阻值较高；随着温度的升高，载流子数目增加，所以电阻值降低，且电阻随温度的变化极为灵敏。风力发电机组变流器运行过程中会产生电磁干扰，温升较快，因此变流器功率单元、控制板等部件的温度测量，一般采用灵敏度高、抗电磁干扰能力强的 NTC 传感器。

四、温度开关

温度开关使用的是热敏开关，如图 5-53 所示。热敏开关是一种用双金属片作为感温元件的开关，利用双金属片热膨胀系数不同，当温度变化时，主动层的形变要大于被动层的形变，从而双金属片的整体就会向被动层一侧弯曲，产生形变实现电流的通断。风力发电机组中温度开关主要安装在加热、冷却等控制回路中，从而控制加热器、冷却风扇的启动及停止。有的温度开关，也用于向控制器反馈信号。

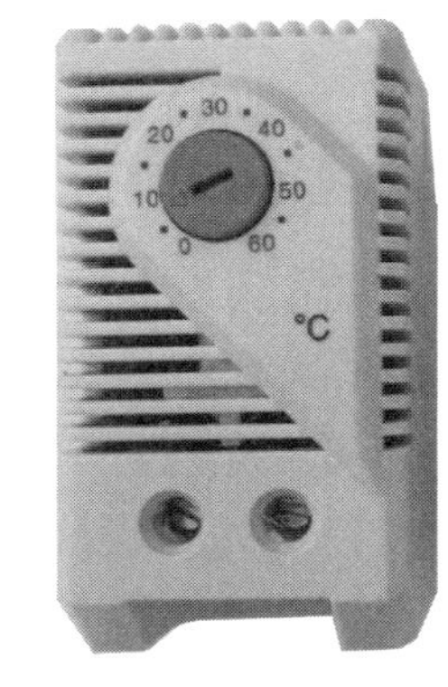

图 5-53　温度开关外形图

温度开关内部结构如图 5-54 所示，电器正常工作时，双金属片处于自由状态，触点处于闭合或断开状态，当温度升高至动作温度值时，双金属元件受热产生内应力而迅速动作，打开或闭合触点，切断或接通电路，从而起到热保护作用。当温度降到设定温度时，触点自动闭合或断开，恢复正常工作状态。

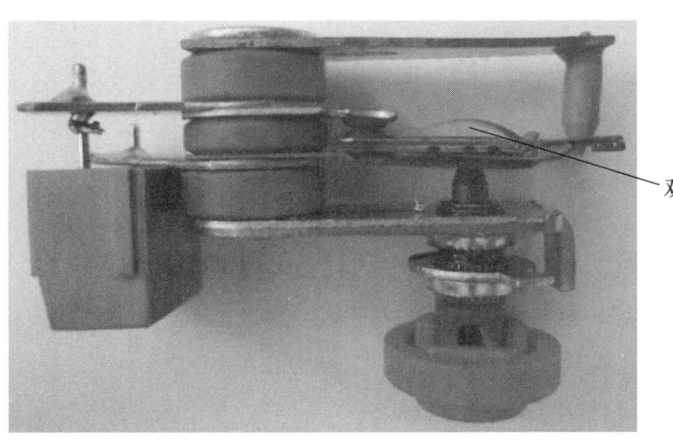

图 5-54　温度开关内部结构图

五、振动传感器

振动传感器有振动位移、振动速度和振动加速度传感器。振动位移传感器根据振动位移变化与输出电压的变化关系原理制成，振动速度传感器根据相对运动切割磁力线产生电压的变化关系原理制成，振动加速度传感器根据形变与电荷的关系原理制成。风力发电机组中振动传感器主要安装在齿轮箱或发电机底部的机舱机架上，用于监测风力发电机组的振动情况，向控制系统反馈振动值信息，实现超限停机、数据积累等功能。

风力发电机组中常用的一种振动传感器，如图5-55所示。其主要应用于机舱、塔架的低频振动监测，内置X、Y和Z方向上的3个加速度计，可以进行三轴向测量，可测量有效值、最大值、峰值或峰一峰值，输出4～20mA信号，或通过RS232或RS485与控制系统进行通信，且可以通过PLC或者计算机软件显示振动值信息。控制系统根据检测到的加速度值做出判断，当加速度值超过规定的限值时，风力发电机组报警停机。

六、 振动开关

振动开关一般设置在机舱机架处，如图5-56所示。功能是在机舱较大的振动下使风力发电机组紧急停机。振动开关内部设置为一个开关量节点，此节点一般串入到风力发电机组安全链中，当机舱振动超过设定值后，节点断开，从而断开安全链，使风力发电机组紧急停机。

图5-55　3轴振动传感器

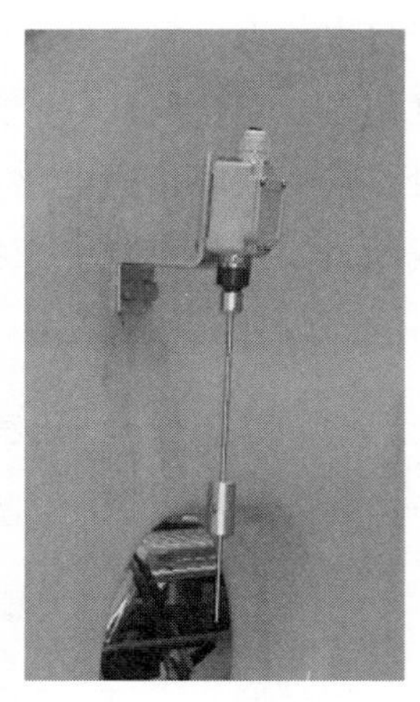

图5-56　振动开关

七、 编码器

编码器是将信号或数据进行编制、转换为可用以通信、传输和存储的信号形式的设备。编码器把角位移或直线位移转换成电信号，前者称为码盘，后者称为码尺。编码器可分为光电式、电磁式、电容式等类型，风力发电机组中常用光电式编码器，一般又可分为增量型和绝对值型两种。其主要安装在变桨齿圈或变桨电机、齿轮箱空心轴、偏航齿圈或偏航电机、发电机转子轴等位置，用于测量角度或转速，向控制系统反馈信号，控制相关设备的启动、停止。

（一）增量型编码器

增量型编码器是将位移转换成周期性的电信号，再把这个电信号转变成计数脉冲，用脉冲的个数表示位移的大小，每转过单位的角度就发出一个脉冲信号，如图 5-57 所示。增量型光电式编码器内部有一个中心带轴的光电码盘，其上有环形通、暗的刻线，光电发射器发射光源，由码盘另一侧的接收器件读取，接收器件有 2 个（或 4 个），可以获得 A、B 两个信号（或 A、A－、B、B－四个信号），每个正弦波相差 90°相位差（相对于一个周波为 360°），由于 A、B 两相相差 90°，可通过比较 A 相在前还是 B 相在前，以判别编码器的正转与反转。每转输出一个 Z 相脉冲以代表零位参考位，即每圈发出一个脉冲。编码器的输出脉冲信号直接输入给 PLC，利用 PLC 的高速计数器对其脉冲信号进行计数，以获得测量结果。

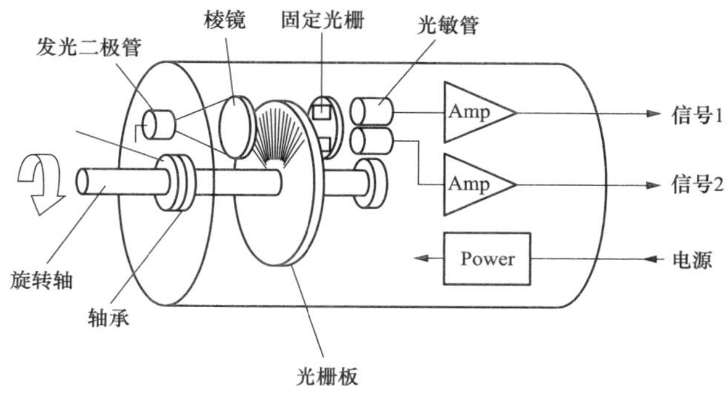

图 5-57　光电式编码器

例如，圆光栅每周刻有 360 条刻线，每个刻线产生的一个脉冲就相当于 1°，测得脉冲累计增加 30 个，就是正向旋转了 30°。

根据输出不同，编码器有多种接线方式，其中单相连接，用于单方向计数，单方向测速；A、B 两相连接，用于正反向计数、判断正反向和测速；A、B、Z 三相连接，用于带参考位修正的位置测量；A、A－，B、B－，Z、Z－连接，由于带有对称负信号的连接，电流对于电缆贡献的电磁场为 0，衰减最小，抗干扰最佳，可传输较远的距离。旋转编码器还有一条屏蔽线，使用时要将屏蔽线接地，提高抗干扰性。

例如，偏航传感器中的编码器主要用于测量机舱的角度位置，其增量型编码器向 PLC 发送脉冲信号。编码器会发送编码器 A、编码器 B 等 2 个信号，根据基准点信号、当前信号值、原有信号值比较，PLC 就可以判断出风力发电机组顺时针或者逆时针偏航，同时，通过偏航齿圈的齿数、检测脉冲的个数（即脉冲数对应偏航角度）则可以计算出风力发电机组的偏航角度。某型号风力发电机组偏航齿圈转动一个齿数时，带动与其啮合的偏航传感器小齿轮转动，其内部编码器会向 PLC 发送 14.4 个脉冲，偏航齿圈共有

144 个齿数，则机舱旋转一周是 2074 个脉冲信号，用一周 360°除以 2074，得到一个脉冲信号对应的机舱转动角度为 0.173°，从而通过 PLC 接收到的脉冲信号个数计算出机舱转动的角度。

（二）绝对值型编码器

绝对值型编码器光码盘上有许多道光通道刻线，每道刻线依次以 2 线、4 线、8 线、16 线……编排，在编码器的每一个位置，通过读取每道刻线的通、暗，获得一组 $2^0 \sim 2^{n-1}$ 的唯一的二进制编码（格雷码），称为 n 位绝对编码器。

因此绝对值型编码器是由光电码盘的机械位置决定的，每一个位置对应一个确定的数字码每个位置是唯一的，它的示值只与测量的起始和终止位置有关，而与测量的中间过程无关，它无须记忆，无须找参考点，而且不用一直计数，需要知道位置时直接读取即可。每个基准的角度发出一个唯一与该角度对应二进制的数值，通过外部记圈器件可以进行多个位置的记录和测量。

旋转单圈绝对值编码器，以转动中测量光电码盘各道刻线，以获取唯一的编码，当转动超过 360°时，编码又回到原点，这样就不符合绝对编码唯一的原则，这样的编码只能用于旋转范围 360°以内的测量，称为单圈绝对值编码器。如果要测量旋转超过 360°范围，就要用到多圈绝对值编码器。

绝对值型编码器内部由于是多码道读数，数值是 $2^0 \sim 2^{n-1}$ 的编码，所以绝对值型的输出不同于增量型的脉冲输出，以物理器件分类来看，可分为并行输出、串行同步输出、串行异步总线式输出、转换模拟量输出等。

八、 风速、风向传感器

风力发电机组中风速、风向传感器主要安装在机舱顶部靠近尾部位置，用于监测风速、风向变化，向控制系统反馈相应数据，从而控制风力发电机组偏航系统、变桨系统动作。风力发电机组中常用的风速、风向传感器有机械式、超声波式两种。

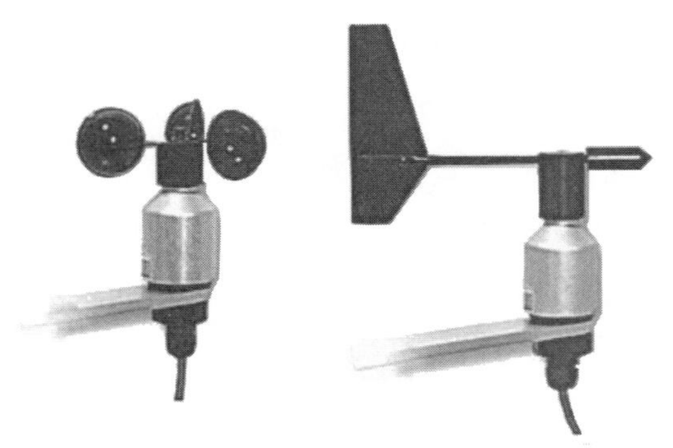

图 5-58 机械式风速、风向传感器

（一）机械式风速、风向传感器

机械式风速、风向传感器是分体的两个独立单元，如图 5-58 所示。风速仪一般由 3 个半球形或抛物锥形的空心杯壳组成，杯壳互成 120°，杯的凹面顺着同一时针方向排列，固定在能旋转的垂直轴上。当有风作用时，凹面和凸面所受的风压不

相等形成扭力作用使其旋转，根据风杯对风响应的转动速度曲线测量风速的大小。风向标是靠尾翼工作的，在风的作用下不停摆动，尾翼的反方向就是风吹来的方向。

机械式风速、风向传感器装置体积较大，转动惯性会引起迟滞效应，响应速度慢。转动部件容易产生磨损，易产生机械损耗。机械结构也会受到恶劣天气的损害，而逐渐失准，如遇风沙卡涩、雨水锈蚀、盐雾腐蚀。低温高湿度天气加热困难，容易结冰结霜。由于机械摩擦的存在，低于启动风速的微风将无法被测量。

（二）超声波风速、风向传感器

超声波风速、风向传感器是将超声波信号转换成其他能量信号（通常是电信号）的传感器。超声波风速、风向仪的测量方法一般分为时差法、相位差法、频差法、多普勒法等，其中时差法是风力发电机组中使用较为广泛的方法。时差法是利用超声波在顺风和逆风路径上传播的时间差来确定风速大小和方向的。

超声波风速、风向传感器的优点：集风速、风向测量于一体，无旋转部件；全封闭外壳，可防止雨水沙尘进入产品内部，优良的抗风沙、雨水能力；容易实现金属外壳整体均匀加热，不结冰结霜；采用非接触式测量，基本上不干扰风电场，压力损失小，对测量环境要求不高，适用范围广；可捕捉瞬时的风速微小变化，测出风速中的高频脉动成分，易于实现数字化输出及计算。

1. 二维式超声波风速、风向传感器

二维式超声波风速、风向传感器如图5-59所示，有4个超声波探头，分为2对，每对互相对立，这样两种测量结果互相垂直，每个超声波探头都有声音发送和声音接收两种功能，通过电子控制选择它们分别得到的测量结果。当开始测量时，从一个传感器向正对的传感器发送信号，方向测量（超声波的方向）以顺时针方向旋转，4个方向的8个独立的测量结果以最快的速度开始循环，先从南方到北方，然后从西方到东方，北方再到南方，最后从东方到西方，8个独立的测量结果取平均后用于数据的计算。

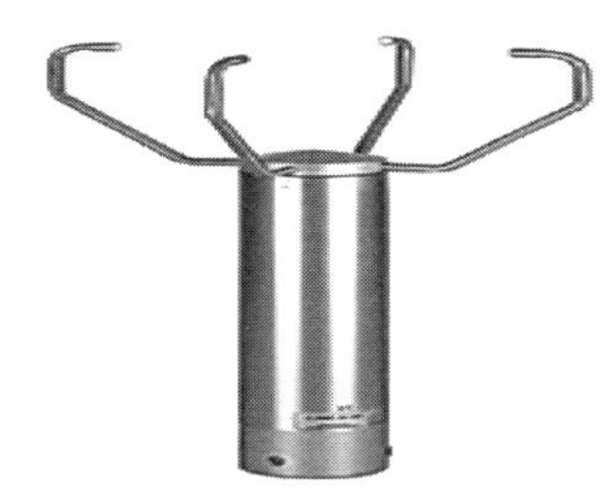

图5-59　二维式超声波风速、风向传感器

如图5-60所示风速为13m/s、风向为45°时的测量过程，信号沿着风向移动，两黑点连线取中心点，两中心点连线的中心点，被风力发电机组控制系统采集，这点坐标为(1，−2)，风力发电机组控制系统将采集到的坐标换算成风速和风向。

2. 共振式超声波风速、风向传感器

共振式超声波风速、风向传感器如图5-61所示，采用了声谐振气流监测技术，这种技术采用了小型腔体内声波（超声波）共振进行测量，如图5-62所示。

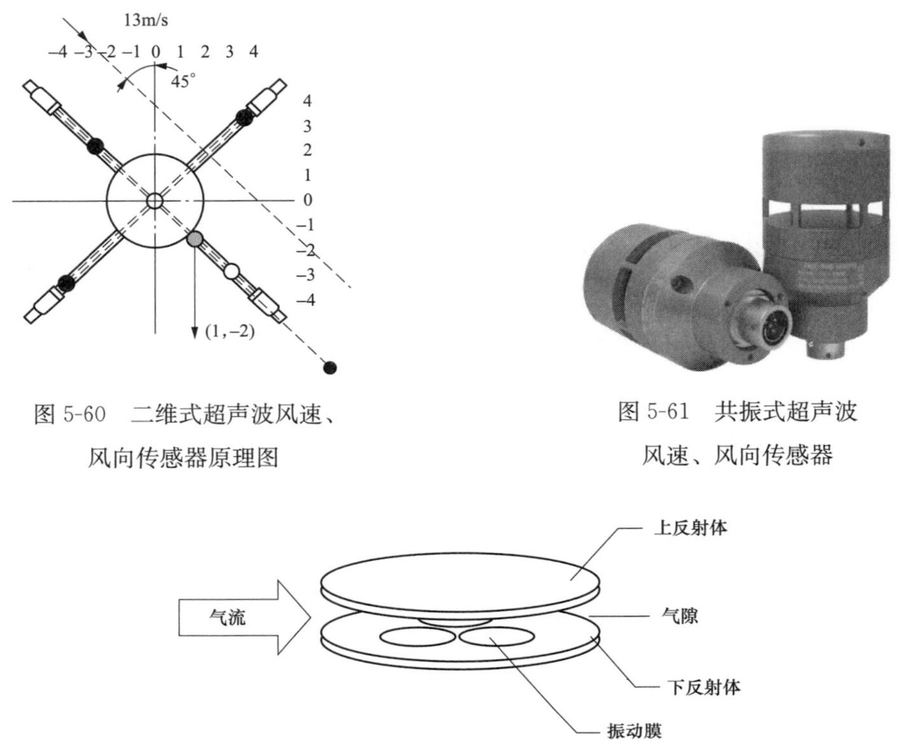

图 5-60　二维式超声波风速、风向传感器原理图

图 5-61　共振式超声波风速、风向传感器

图 5-62　共振式超声波风速、风向传感器原理图

在基本构成上，装置由一对用作上、下反射体的小平行板及三个振动膜组成，振动膜呈三角形分布，振动膜产生或接收超声波，超声波持续在一对反射体之间弹跳，直到被在周围介质中的能量损失和不完全反射充分削弱为止。当空气流过两块板之间时，任意两个振动膜之间，可通过空气沿两块板中心轴的流动显示出来。测量了全部三对振动膜后，即能确定气流沿三角形（三个振动膜组成）各边的成分向量，将这些向量结合在一起即可得到总风速和风向。

九、 位移传感器

位移传感器又称为线性传感器，如图 5-63 所示，是一种属于金属感应的线性器件，作用是把直线机械位移量转换成电信号。风力发电机组中位移传感器主要安装在液压变桨系统的变桨液压缸中，用于检测液压杆伸缩长度，从而为控制系统控制变桨角度提供参数依据。

风力发电机组上测量液压缸活塞动作的一种微脉冲位移传感器如图 5-64 所示，该传感器包括一个感应杆，一个位置磁铁连接到液压缸的活塞部分，当位置磁铁在感应杆上移动

时，测量结果被转换成模拟电压信号，并通过元器件采集发送到风力发电机组控制器。

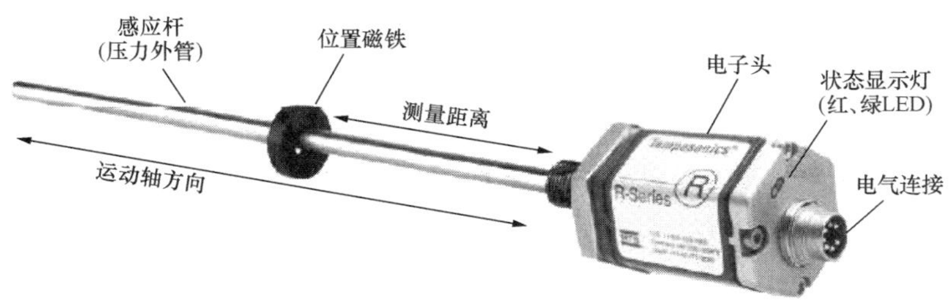

图 5-63　位移传感器

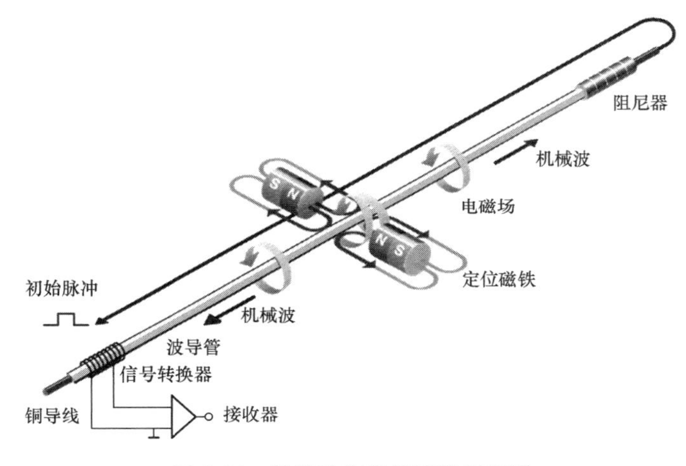

图 5-64　微脉冲位移传感器原理图

检测元件（波导管）由特种镍铁合金制成，内部中空，管内设有一根铜导线，定位磁铁与检测部件相连。测量部件动作情况时，首先产生一个瞬时电流脉冲，该电流产生了一个围绕波导管旋转的圆形磁场。在被测位置作为标示块的永磁铁，其磁力线垂直于电磁场。在两个磁场交会的波导管中，由于磁致伸缩效应使波导管在极小范围内产生了一个弹性形变，并以机械波的形式沿波导管同时向两个方向传播。在波导管中，机械波的传播速度非常快，几乎不受环境的影响。到达波导管远端的机械波在那里衰减，而到达信号转换器的机械波由磁致伸缩的反效应转换为电信号。从波发生点到信号转换器机械波传播的时间，与磁铁到信号转换器的距离直接对应，从而通过检测时间，可以高精度地测出距离。

十、 光敏传感器

光敏传感器一般用于光的测量、光的控制和光电转换（将光的变化转换为电的变化）。光敏传感器中最简单的电子器件是光敏电阻，利用半导体的光电导效应制成，其电阻值随入射光的强弱而改变，因此光敏电阻器是又称为光电导探测器。光敏电阻器对光的敏感性（即光谱特性）与人眼对可见光（0.4～0.76μm）的响应很接近，只要人眼可感受的光，都会引起它的阻值变化。光敏电阻是用硫化镉或硒化镉等半导体材料制成的特殊电阻器，光照越强，阻值就越低，随着光照强度的升高，电阻值迅速降低，亮电阻值可小至 1kΩ 以下。光敏电阻对光线十分敏感，其在无光照时，呈高阻状态，暗电阻一般可达 1.5MΩ。

通常，光敏电阻器都制成薄片结构，如图 5-65 所示，以便吸收更多的光能。当它受到光的照射时，半导体片（光敏层）内就激发出电子—空穴对，参与导电，使电路中电流增强。为了获得高的灵敏度，光敏电阻的电极常采用梳状图案，它是在一定的掩膜下向光电导薄膜上蒸镀金或铟等金属形成的。

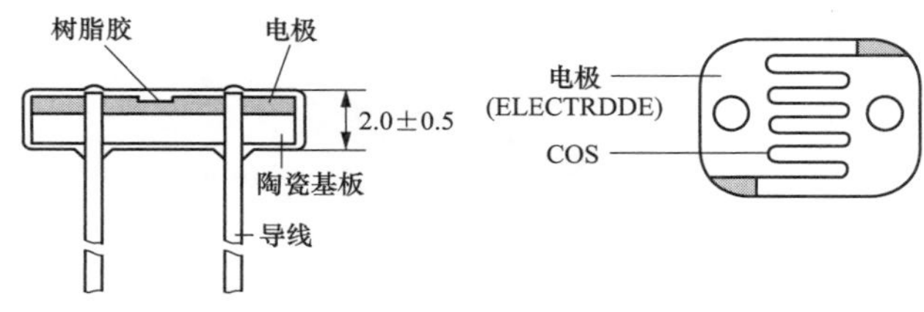

图 5-65　光敏电阻结构图

十一、 位置开关

位置开关，又称限位开关，是一种将机器信号转换为电信号，以控制运动部件位置或行程的自动控制电器。位置开关又分为两类：一类是以机械行程直接接触驱动，作为输入信号的行程开关和微动开关；另一类是非直接接触，以电磁信号作为输入动作信号的接近开关。

（一）行程开关

行程开关如图 5-66 所示，是利用生产机械运动部件的碰撞使其触头动作来实现接通或分断控制电路，达到一定的控制目的。通常，这类开关被用来限制机械运动的位置或行程，使运动机械按一定位置或行程自动停止、反向运动、变速运动或自动往返运动等。

风力发电机组中行程开关主要安装在变桨齿圈、高速轴刹车卡钳、碳刷等部位，用于反馈部件动作的位置，向控制系统发送相应信号，控制相关回路或部件的启停及报警停机。

1. 直动式行程开关

当外界运动部件上的撞块碰压按钮使其触头动作，在运动部件离开后，在弹簧作用下，其触头自动复位。其结构原理如图 5-67 所示，其动作原理与按钮开关相同，但其触点的分合速度取决于生产机械的运行速度。

图 5-66　行程开关

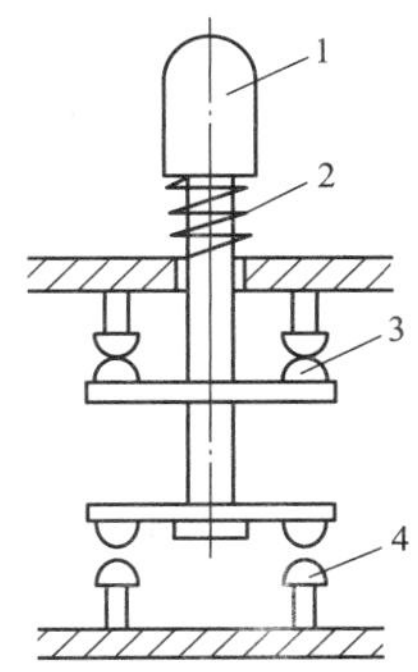

图 5-67　直动式行程开关组成

1—推杆；2—弹簧；3—动断触点；4—动合触点

2. 滚轮式行程开关

当运动机械的挡铁（撞块）压到行程开关的滚轮上时，传动杆连同转轴一同转动，使凸轮推动撞块，当撞块碰压到一定位置时，推动微动开关快速动作。当滚轮上的挡铁移开后，复位弹簧使行程开关复位。其结构原理如图 5-68 所示，当被控机械上的撞块撞击带有滚轮的撞杆时，撞杆转向右边，带动凸轮转动，顶下推杆，使微动开关中的触点迅速动作。当运动机械返回时，在复位弹簧的作用下，各部分动作部件复位。

滚轮式行程开关又分为单滚轮自动复位和双滚轮（羊角式）非自动复位式，双滚轮行移开关具有两个稳态位置，有"记忆"作用，在某些情况下可以简化线路。

3. 微动式行程开关

微动式行程开关结构原理如图 5-69 所示。

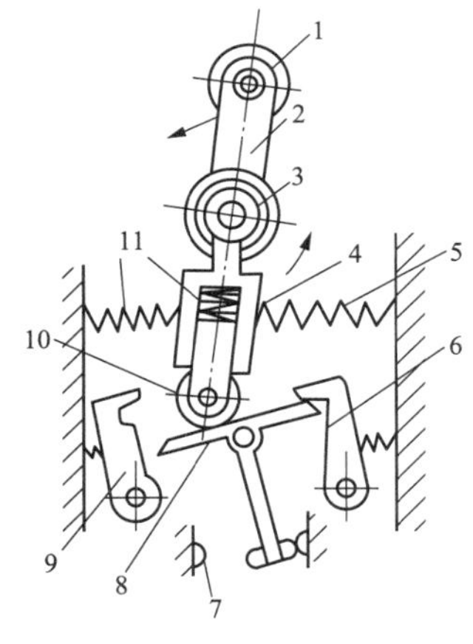

图 5-68　滑轮式行程开关

1—滚轮；2—上转臂；3、5、11—弹簧；4—套架；6—滑轮；7—压板；8、9—触点；10—横板

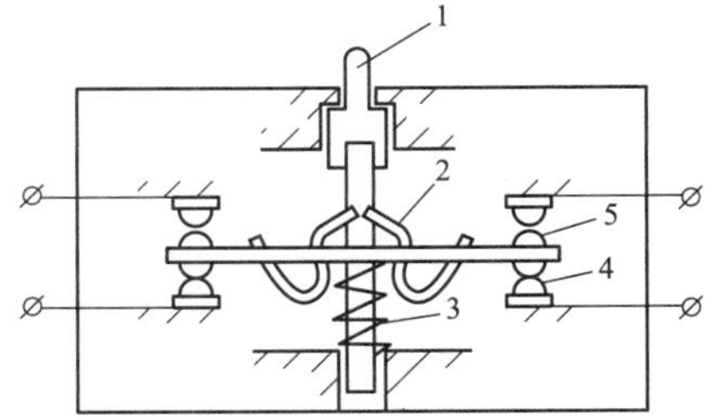

图 5-69　微动式行程开关

1—推杆；2—弹簧；3—动合触点；4—动断触点；5—压缩弹簧

例如，如图 5-70 所示某风力发电机组偏航传感器中的扭缆开关使用的微动式行程开关共有 4 个行程开关。机舱旋转时，齿轮的旋转带动扭缆开关内部的机构转动，该机构上共有 4 个凸轮，通过凸轮旋转，使 4 个开关动作或复位，从而向 PLC 发送相应监测信号，可监测偏航系统的偏航停止、偏航脉冲、顺时针偏航、逆时针偏航等。

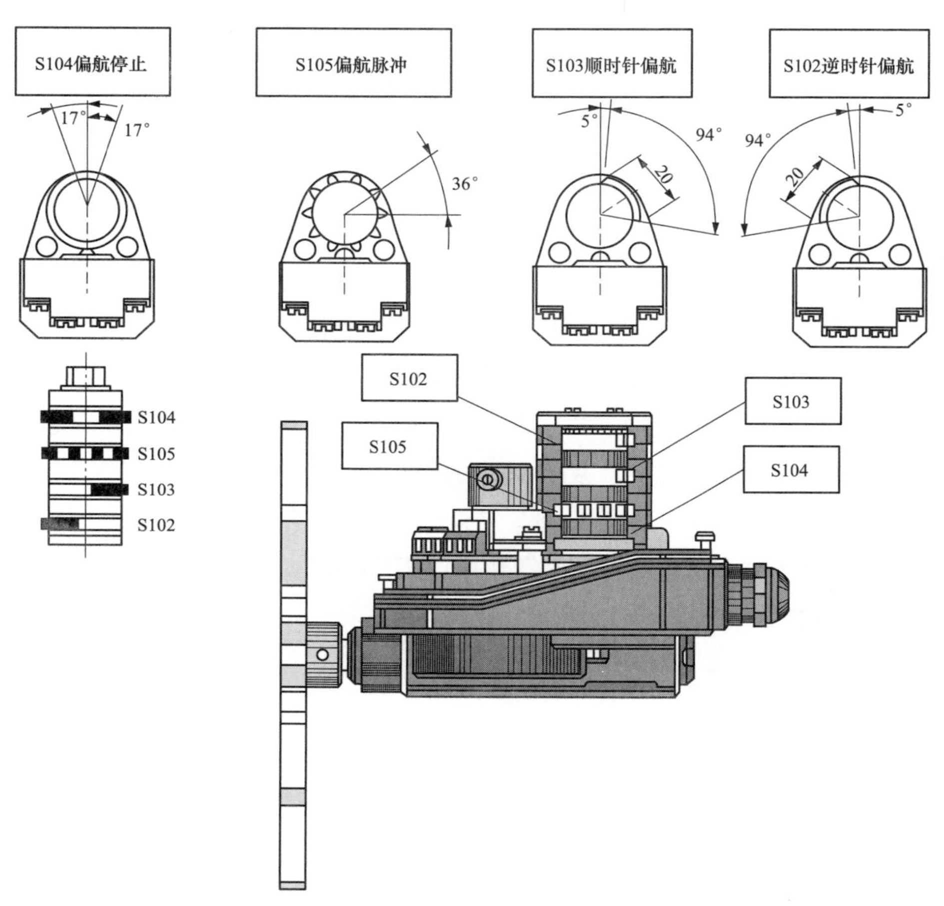

图 5-70　偏航传感器上的行程开关

（二）接近开关

接近开关如图 5-71 所示，是一种无须与运动部件进行机械直接接触而可以操作的位置开关，当物体接近感应面动作距离时，不需要机械接触及施加任何压力即可使开关动作，从而驱动直流电器或给计算机装置提供控制指令。风力发电机组中接近开关主要安装在变桨齿圈、主轴与轮毂连接法兰、高速轴刹车盘、偏航齿圈等位置，用于测量位置、角度、转速等信息，向控制系统反馈相应数值或控制相关部件启停。

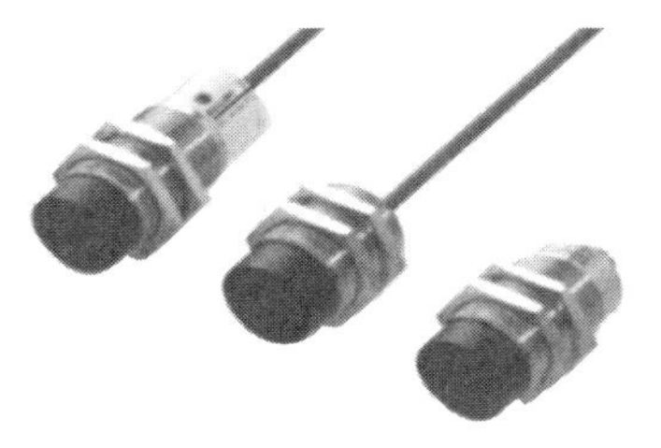

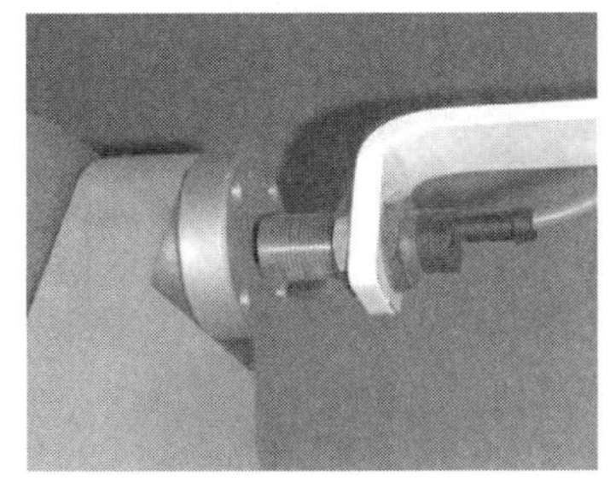

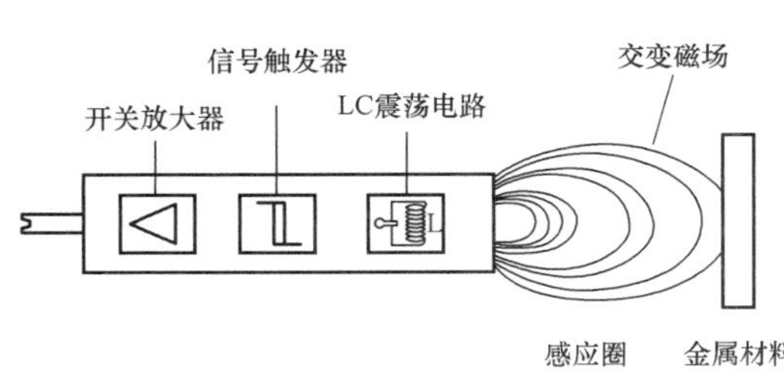

图 5-71　接近开关

1. 电感式接近开关

电感式接近开关如图 5-72 所示，是利用电磁感应原理制成的，把被测的物理量转换成线圈的自感系数和互感系数的变化，再由电路转换为电压或电流的变化量输出，实现非电量到电量的转换。接近开关内部的电感线圈、电容及晶体管组成振荡器，并产生一个交变磁场，当有金属物体接近这一磁场时就会在金属物体内产生涡流，从而导致振荡停止，这种变化被放大处理后转换成晶体管开关信号输出。由此识别出有无金属物体移近，进而控制开关的通或断，向控制系统发出信号。

图 5-72　电感式接近开关外形图

一般此类接近开关的输出为 PNP 结构，开关功能为动合触点，开关频率可以达到几百赫兹，工作电压为 10～30V DC，工作电流为 100～300mA。需要注意的是，接近开关的安装位置需要保证感应面距离测量物体 1～2mm，且这种接近开关所能检测的物体必须是金属物体，如钢、不锈钢、黄铜、铜。

例如，某风力发电机组上应用的偏航传感器中的接近开关，采用电感式接近开关，主要用来复位角度信号，当机舱旋转时，每次越过固定在塔架上的金属板时，接近开关发送一个信号给 PLC，信号监测风力发电机组是否旋转了一整圈，并且重置机舱偏航度数，使编码器测量的机舱角度在 0～360°之间变化。当风力发电机组安装时，使接近开关正对金属板，当机舱位置值为 0 时，表明风力发电机组朝向正北方，如果朝向正北方时位置值不为 0，则需要将相应控制参数进行修改。

2. 电容式接近开关

电容式接近开关如图 5-73 所示，这种开关的测量对象通常构成电容器的一个极板，而另一个极板是开关的外壳。这个外壳在测量过程中通常接地或与设备的机壳相连接。当有物体移向接近开关时，不论它是否为导体，由于它的接近，总要使电容的介电常数发生变化，从而使电容量发生变化，使得和测量头相连的电路状态也随之发生变化，由此便可控制开关的接通或断开。电容式接近传感器能检测金属物体，也能检测非金属物体，对金属物体可以获得最大的动作距离，对非金属物体动作距离决定于材料的介电常数，材料的介电常数越大，可获得的动作距离越大。

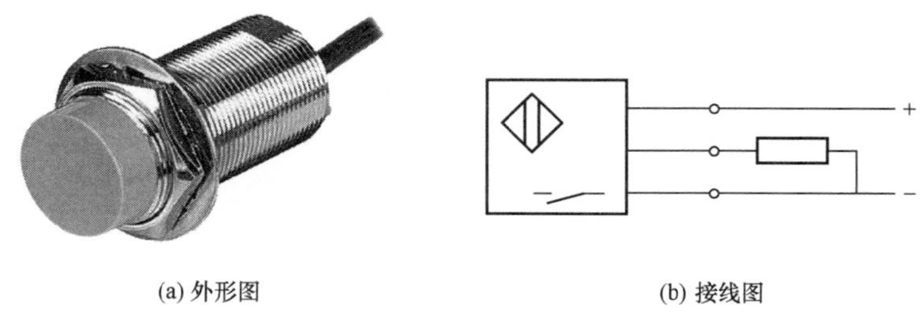

(a) 外形图　　(b) 接线图

图 5-73　电容式接近开关

电容式传感器有面积变化型和介质变化型两种。面积变化型的电容式转速传感器由两块固定金属板和与转动轴相连的可动金属板构成。可动金属板处于电容量最大的位置，当转动轴旋转 180°时则处于电容量最小的位置。电容量的周期变化速率即为转速。可通过直流激励、交流激励和用可变电容构成振荡器的振荡槽路等方式得到转速的测量信号。介质变化型是在电容器的两个固定电极板之间嵌入一块高介电常数的可动板而构成的。可动介质板与转动轴相连，随着转动轴的旋转，电容器板间的介电常数发生周期性变化而引起电容量的周期性变化，其速率等于转动轴的转速。

3. 磁电式接近开关

磁电式接近开关又称磁电转速传感器，如图 5-74 所示，能将转角位移转换成电信号供计数器计数，只要非接触就能测量各种导磁材料，如齿轮、叶轮、带孔（或槽、螺钉）圆盘的转速及线速度。

磁电式转速传感器由铁芯、磁钢、感应线圈等部件组成。它是利用磁电感应来测量

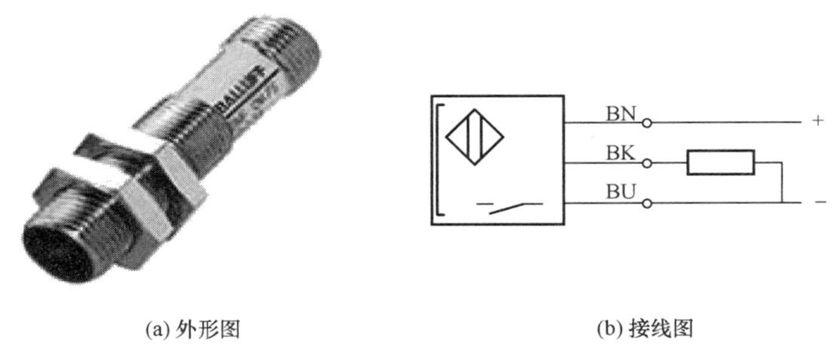

(a) 外形图　　(b) 接线图

图 5-74　磁电式接近开关

物体转速的，属于非接触式转速测量传感器。磁电式转速传感器可用于表面有缝隙的物体转速测量，有很好的抗干扰性能，多用于发动机等设备的转速监控，在工业生产中有较多应用。

测量对象转动时，传感器的线圈会产生磁力线，齿轮转动会切割磁力线，磁路由于磁阻变化，在感应线圈内产生电动势。电动势产生的电压大小与被测对象转速有关，被测物体的转速越快输出的电压也就越大，也就是说输出电压和转速成正比。但是在被测物体的转速超过磁电式转速传感器的测量范围时，磁路损耗会过大，会使输出电动势饱甚至是锐减。

十二、液位开关

液位开关，也称水位开关，是用来测量液位的开关。当液位开关检测到所测量的液位低于或高于设定值时，液位开关断开或接通，反馈信号给控制系统。风力发电机组中液位传感器主要安装在齿轮箱、液压站、冷却水箱等箱体上，用于监测箱体内液位，当液位过低达到最低限位值时，液位开关断开，向控制系统反馈信号，风力发电机组报警停机。

液位开关从形式上主要分为接触式和非接触式两类，常用的非接触式开关主要有电容式液位开关，接触式开关主要有浮球式液位开关。风力发电机组中一般常用磁力浮球式液位开关，如图 5-75 所示，其通常将密封的非磁性金属或塑胶管内根据需要设置一点或多点磁簧开关，再将中空而内部有环形磁铁的浮球固定在磁簧开关相关位置上，使浮球在一定范围内上下浮动，当浮球随着被测液位上升或下降时，利用浮球内的磁铁去吸引磁簧开关，使开关动作，从而检测液位。

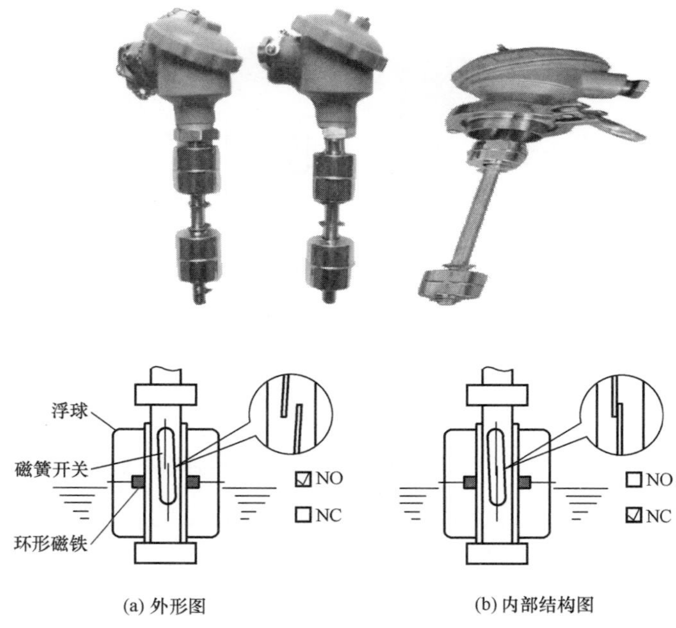

(a) 外形图　　(b) 内部结构图

图 5-75　磁力浮球式液位开关

第六章　风力发电机组新技术应用

风力发电行业的发展是一个系统工程，随着中国风力发电市场的扩大，如何保证中国风力发电行业健康、快速、稳定的发展是当今摆在人们面前的一个重大课题。由于近几年中国的风力发电装机容量增长迅猛，但受到当时风力发电机组设计、生产水平的限制，造成很多设备型号与风力发电场资源不匹配的情况出现。同时由于弃风限电、补贴发放滞后等因素的影响，不少风力发电场项目实际收益率远未达到可行性研究水平，严重影响了资本的健康程度。开展存量机组的提效、检测对风力发电产业的健康发展有重大的推进作用。本章主要介绍风力发电机组的提效技术和检测技术。

第一节　风力发电机组提效技术

现阶段，全球风力发电机组制造技术向大型化、高效率、低风速、智能控制等方向发展，追求使用周期内的最大发电效率。从经营理念上讲，既要在新投产的项目中选用技术成熟、效率较高的机组，又要重视存量机组的技术革新，发挥现有存量资产的最大效能。因此，对于现有存量机组的技术改造，提高产能将成为风力发电行业技术研究的重心。

一、 风力发电机组叶片加长技术

由于我国风力发电行业发展迅速，大量早期安装的机组存在与当地风资源不匹配的情况，简单地说就是小叶轮直径的风力发电机组安装在风速不高的地区。增加风力发电机组叶片长度可以增大风力发电机组的有效扫风面积，从而增加风力发电机组吸收的风能，对于年平均风速偏低或高海拔地区的风力发电场，加长叶片是提高风力发电机组发电量的重要途径之一。增加叶片长度的方法很多，较为常见的有叶根加长、中段加长、叶尖加长。

（一）叶片长度影响发电量的原理

风力发电机组吸收风能的原理为

$$P_w(v)=\frac{1}{2}\rho A C_p \eta v^3 \tag{6-1}$$

式中　η——传动效率；

A——扫风面积；

v——轮毂高度处风速。

由此很容易得出，功率与扫风面积成正比，一定风速下，增大风力发电机组的扫风面积必然提高发电功率，而前提是 C_p 值也保持不变，C_p 为风力发电机组的气动效率，$C_p=4a\ (1-a)^2$，a 为轴向诱导因子。

由叶素动量定理可知，叶素产生的风轮角动量为

$$\frac{1}{2}\rho W^2 N_c(C_I\sin\varphi - C_D\cos\varphi)r\delta_r = 4\pi\rho v_\infty(\omega r)a'(1-a)r^2\delta_r \tag{6-2}$$

式中　C_I——升力系数；

C_D——阻力系数。

通过求解得到

$$\frac{a}{1-a}=\frac{\delta_r}{4\sin^2\varphi}(C_I\cos\varphi + C_d\sin\varphi) \tag{6-3}$$

$$\frac{a'}{1+a'}=\frac{\delta_r(C_I\sin\varphi - C_D\cos\varphi)}{4\sin\varphi\cos\varphi} \tag{6-4}$$

由上述理论可知风力发电机组的 C_p 值实质上由叶片翼型的升阻力系数和气流攻角决定，如图 6-1 所示。对于叶片延长的技术，原有叶片气动外形已经固定，升阻力系数、安装角已经不能改变，影响 C_p 的主要决定因素为气流攻角，因此在风速不变的情况下，C_p 实际由各叶素的运行速度决定。采用叶根延长提高叶轮扫风面积的方案，在叶轮转速不变的情况下，实质上提高了每层叶素的水平速度，减小了叶片的攻角，这就必然牺牲叶片的 C_p 值（如果原始叶片设计合理），也使失速区后移，对失速型风力发电机组提效显著，但负荷大大增加。而采用叶尖延长的方案，原有叶片区域保持原有气动特性，不

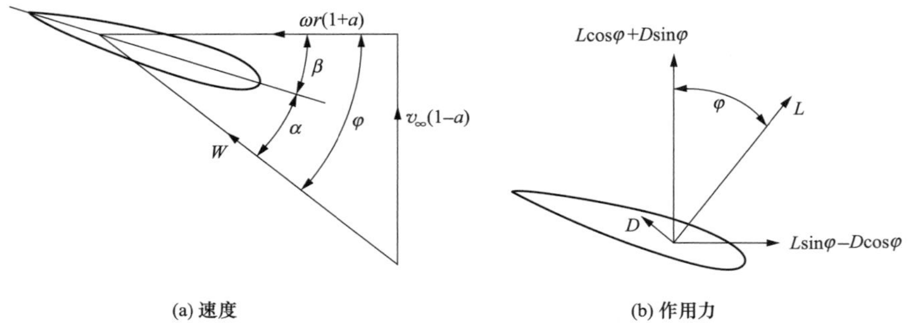

图 6-1　叶素速度与作用力

会牺牲 C_p 值，而后延长部分也很容易按原设计理念布局相应转速下获得最大 C_p 的气动外形。因此，如果叶尖延长段设计合理，则一定风速下的提效比例可以直接按照扫风面积计算。例如叶片长度提高 5%，功率则提高到 1.052，即功率提升 10%。该比例为风力发电机组运行在最大 C_p 下的提高比例，对于变桨变速风力发电机组，在切入和额定风速附近，由于转速限制，不能工作在最大 C_p 值上，因此提效表现不同，超过额定风速后限制功率运行，也没有提效效果，但是能够将额定风速提前。

（二）叶尖延长案例分析

以某 1.5MW 77m 风轮风力发电机组为设计原型，在原有叶片靠近叶尖处，使用原叶片翼型族进行插值，顺延 1.5m 叶尖设计，如图 6-2 所示。

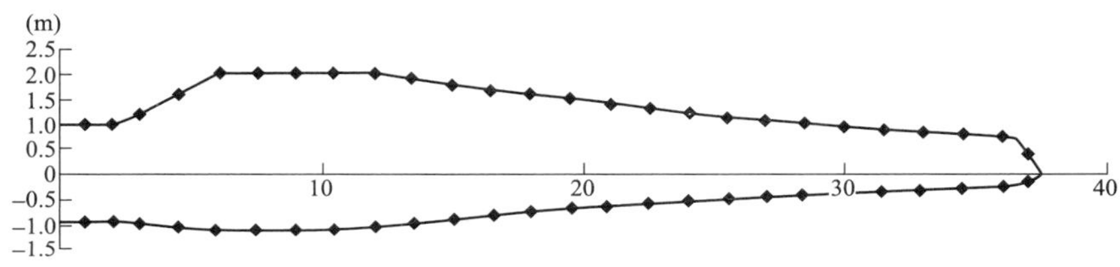

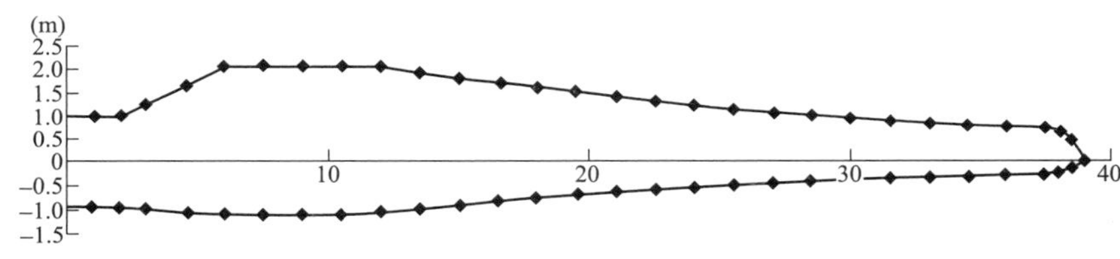

图 6-2　叶片延长前后模型对比

1. 发电量提升理论设计

在保持原机组系统参数不变的情况下，进行理论功率曲线计算，计算结果及各风速段下的对比见表 6-1。

对比叶尖延长前后的 C_P 曲线，风力发电机组的 C_P 值在追踪最优控制阶段均达到气动 C_P 最大值，叶片延长后保持不变。

年发电量计算方法如下：

$$\mathrm{AEP}=N\sum_{i=1}^{N} f_i P_i h \tag{6-5}$$

式中　AEP——年发电量；

f_i——风速标准频率；

P_i——风速对应的电功率；

h——全年小时数。

表 6-1　　　　　　　　　　　**各风速段功率提升比**

风速（m/s）	各风速段提升百分比（%）	图　　形
3	11.65	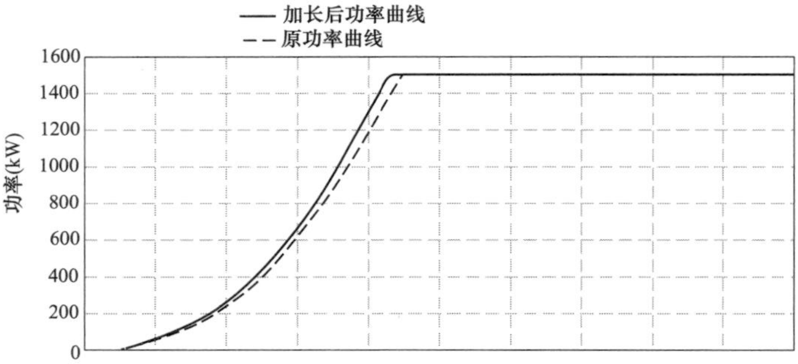
3.5	20.67	
4	10.66	
4.5	10.30	
5	8.03	
5.5	9.44	
6	9.26	
6.5	8.06	
7	8.81	
7.5	8.88	
8	8.81	
8.5	8.63	
9	8.66	
9.5	8.31	
10	7.92	
10.5	7.50	
11	0.00	
11.5	0.00	
12	0.00	

通过切入到切出范围内风速标准频率分布乘以该风速对应的电功率再乘以全年小时数，得到年发电量，对比改造前后的年发电量提升进而计算出在不同风速等级的风力发电场电量提升对比，见表 6-2。

表 6-2　　　　　　　　　**不同年平均风速的标准风频分布**

参数	不同年平均风速的标准风频分布					
	8.5m/s	8m/s	7.5m/s	7m/s	6.5m/s	6m/s
原年发电小时（h）	4255.80	3929.50	3568.32	3177.04	2762.33	2333.15
加长后年发电小时（h）	4407.58	4083.89	3723.50	3330.56	2911	2473.09
年提升电量（MWh）	227.66	231.58	232.76	230.26	223.00	209.91
电量提升百分比（%）	3.57	3.93	4.35	4.83	5.38	6.00

从理论电量提升可以看出，叶尖加长后在切入风速到额定风速范围内，各风速点提升发电功率 7.5%以上，超过额定风速均限制在额定功率。所以年平均风速较低的地区，低风速出现频次高，累计提升电量比例高，而年平均风速较高的地区发电量高，总发电量基数大。综合比较，在年平均风速为 7.5m/s 的标准 IEC3 类风电力发电场，增加年发电量最高，为 232.76MWh。

2. 载荷安全性分析

风力发电机组主要载荷由叶片吸收风能产生。叶片延长，扫风面积增大，载荷必然提高，根据叶素理论，风在叶片半径为 r 处长度为 $\mathrm{d}r$ 的叶素产生的推力为

$$\mathrm{d}T=\frac{1}{2}\rho W^2(C_L\cos\varphi+C_D\sin\varphi)c\,\mathrm{d}r \tag{6-6}$$

叶轮推力为各叶素推力合力，因此叶尖延长部分虽然弦长短，但速度高，仍然产生额外的推力叠加到原推力上。同时，加长部分距离旋转中心远，同样的力产生的弯矩更大，加之叶轮最高点与最低点风剪切引起风速差，都将带来倾覆力矩的增加。叶片加长会增加额外质量，使叶片固有频率改变，风力发电机组动力学特性发生变化，需要进行模态分析，避免共振。

通过整机动态仿真，得到各主要零部件的设计载荷。动态模拟计算部分包括正常运行工况模拟、启动、正常和紧急刹车、空转和停机等内容。按照 IEC61400-1 标准要求 IIIA 类风况计算叶片延长前后载荷，对其做出关联比较。以 15m/s 湍流风为例，叶片加长后载荷明显增加，如图 6-3 所示。

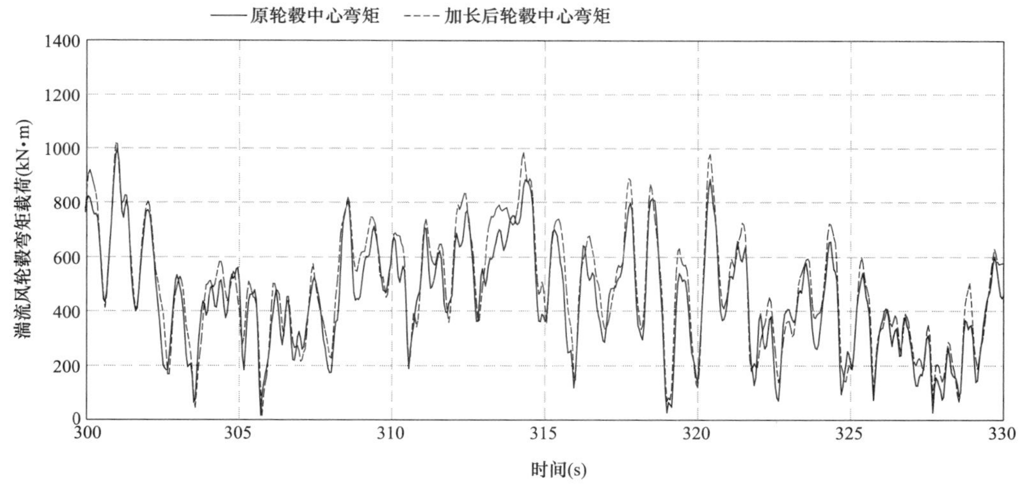

图 6-3 叶片加长前后 15m/s 湍流风轮毂弯矩载荷对比

通过对比标准要求的全工况极限和疲劳载荷，叶片延长后各部位载荷增加明显，通过简单调整控制参数能够适当控制载荷，业内普遍认为载荷不超过 5%，则能保证强度在裕度范围内，但也要根据主要载荷特点具体分析。通过对比一系列叶尖延长不同长度的计算分析，一般叶片长度增加不超过 4%，载荷能够控制在合理范围内。但延长段翼型弦长、风力发电机组整机控制参数调整、机组原始设计安全裕度都会对载荷安全有不同影响。

3. 模态分析

通过仿真分析叶尖加长前后的叶片各阶挥舞和摆振模态，可知叶尖加长后叶片固有频率降低，其对比见表 6-3，叶片二阶阵形如图 6-4 所示。

表 6-3　　叶片各阶挥舞和摆振模态

模态	原有频率（Hz）	加长后频率（Hz）
一阶挥舞模态	0.788	0.699
一阶摆振模态	1.267	1.176
二阶挥舞模态	2.197	1.874
二阶摆振模态	4.140	3.680

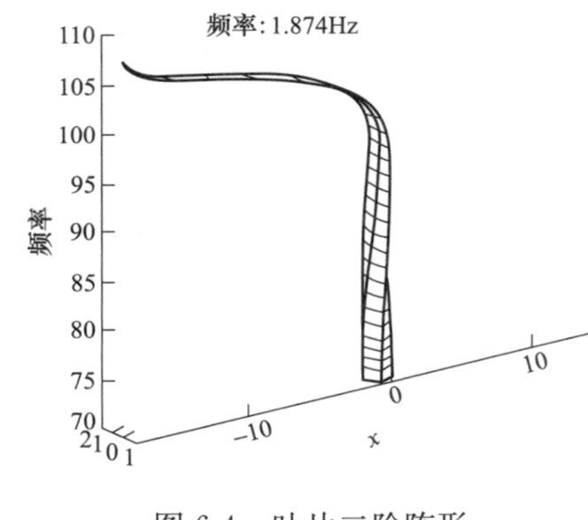

图 6-4　叶片二阶阵形

4. 全场技改后发电量和安全影响因素

（1）尾流对发电量的影响。叶尖加长后风力发电机组扫风面积增大，气动特性发生变化，推力系数曲线增加，导致改造后风力发电机组尾流增加。在不同风力发电场进行风力发电机组叶尖加长改造，面临的当地风资源条件不同，加长后的风力发电机组是否仍然适合或者说更适合当地场址，则需要进行研究分析，这不仅关系到风力发电机组的安全，尾流影响过大还会导致其他风力发电机组产能降低，造成整场发电量降低。

对某风力发电场进行 66 台风力发电机组叶尖加长前后尾流影响分析，尾流损失比原风力发电场平均提高 0.7%，见表 6-4。

表 6-4　　叶尖加长前后尾流影响分析表

风力发电场	叶尖加长前		叶尖加长后	
风力发电机组	年发电量（MWh）	尾流损失（%）	年发电量（MWh）	尾流损失（%）
A1	3453.40	6.40	3664.70	6.50
A2	3346.20	14.20	3553.60	14.50
A3	3229.80	13.10	3437.20	13.50
A4	3269.30	9.00	3475.60	9.20
A5	3275.80	4.70	3481.80	4.80
A6	3261.80	4.50	3467.40	4.60
平均尾流影响		7.6		8.3

如单台风力发电机组提效可达 5%，则在整场技改后提效仅有 4.3%。

（2）尾流对疲劳载荷的影响。《风力发电机组　第 1 部分：风力发电机设计要求》由于尾流增加，导致下风向风力发电机组疲劳载荷受到影响，需要进行分析计算。根据（IEC 61400-1）规定，计算部件有效湍流强度，叶片有效湍流值超过标准规定湍流强度，需要

对叶片的疲劳寿命进行复核分析。

（3）环境因素对极限载荷的影响。叶片加长后带来风力发电机组载荷增加，而载荷也受到风力发电场当地地形和风资源的影响，需要针对风力发电场中影响载荷的关键因素进行分析：入流角，如图 6-5 所示；风切变，如图 6-6 所示；极限风速，如图 6-7 所示。通过仿真某风力发电场叶片加长前后的变化，得出改造对这些参数影响较小，只需要考虑这些参数是否超过载荷计算标准值即可。

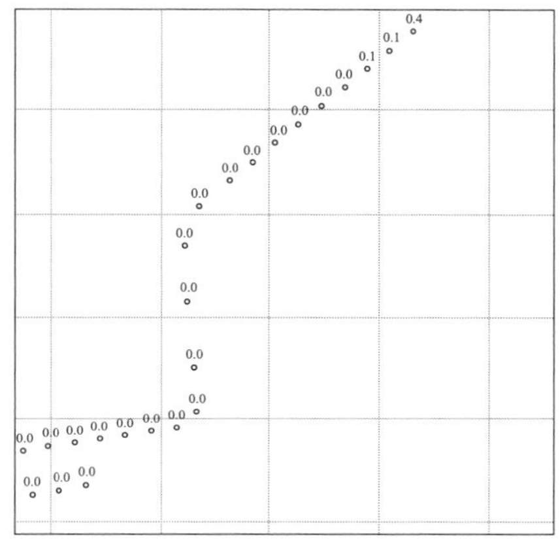

图 6-5　某风力发电场风力发电机组入流角

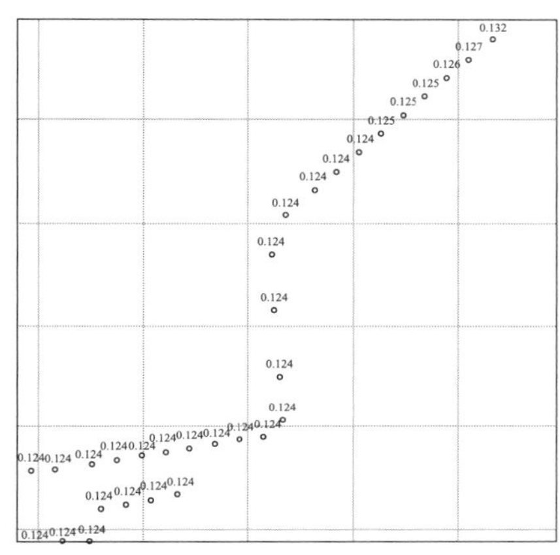

图 6-6　某风力发电场风力发电机组风切变

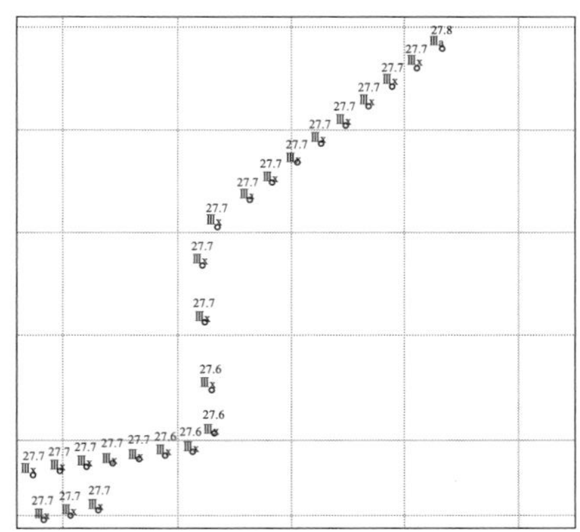

图 6-7　某风力发电场风力发电机组极限风速

（三）地面试验、安装与验证

1. 试验

按照设计方式进行叶片延长翼的模具设计及制作，重点保证叶片延长段的翼型一致性和重量一致性。待设计好的延长翼进行固化后在地面进行抗拉和抗弯的静力测试，与叶片设计的原始数据比较，利用可能承受的最大弯矩和拉力进行测试，以满足实际应用中的强度要求，现场试验连接示意图如图 6-8 所示。

图 6-8　现场试验连接示意图

2. 一种叶尖延长的安装方法（适用于较短的延长段空中作业）

（1）使用专门设计的吊升工作平台；

（2）先移除叶片接闪器（铝叶尖）；

（3）对叶片表面进行打磨，去除表面聚氨酯漆和腻子，使表面无污染；

（4）进行初步安装，内部放置橡皮泥，用于计算使用胶量和厚度；

（5）重新连接叶片接闪器接线并固定；

（6）延长叶尖内部涂胶，叶片表面涂胶，进行黏接；

（7）使用专用工装进行安装固定，将叶尖上下表面固定；

（8）使用加热毯进行加热使树脂胶固化。

其现场安装示意图如图 6-9 所示。

图 6-9　现场安装示意图

3. 样机运行验证

记录改造前的一整年运行数据和改造后半年数据，采用临近测风塔数据计算空气密度，并对风速进行修正，根据《风力发电机组第 12 部分：风轮发电的动力性能测试》（IEC 61400-12）按 0.5m/s 间隔划分区间筛选数据，计算风速和功率。如图 6-10 所示，

对改造前后的功率曲线进行对比分析，计算年发电量，并对比理论计算的一致性。

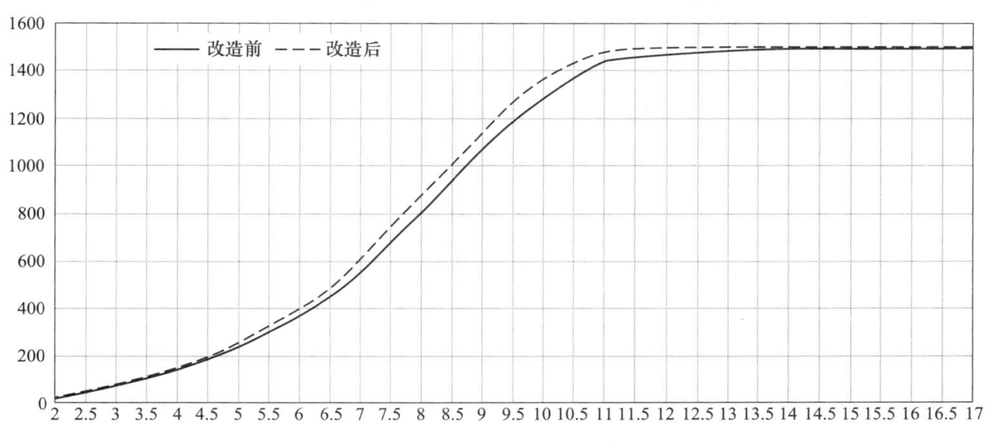

图 6-10　改造前后功率曲线对比分析图

二、 风力发电机组塔架提高

塔架不但起着支撑风力发电机组的作用，而且塔架的高度对机组的发电量有一定的影响。随着技术的进步及资源的开发，针对高风切变、低风速风能区域，提高塔架高度成为提升发电量的有效途径。截止到 2016 年有效数据查询，在国内山东省某风力发电场出现了 137m 高度的塔架。欧洲 K2 Management 公司则称采用模块化的混凝土结构方案，可将塔架高度提升至 170m。

(一) 决定风力发电机组塔架高度的环境因素

风速：在风能资源评估中，风速的大小决定着风力发电机组把风能转化为电能的多少，风速是影响风能和发电量的最直接因素，塔架高度决定了可利用的风速大小。

风切变：在风能资源评价中，风切变指数是设计风力发电机组安全的一个重要参数，风力发电机组的设计和选型都要考虑风切变指数的大小，风力发电机组塔架高度的确定也要利用风能资源数据计算得出的风切变指数进行分析评价。

湍流强度：不同高度处受地面粗糙度影响程度和环境湍流度都不同，因而切变指数存在差别，有时候这种差别非常明显。同时在某些高湍流地区，为了降低湍流值，提高机组安全性，也会相应地提高塔架高度。

(二) 决定风力发电机组塔架高度的经济因素

在风力发电机组中塔架的重量占风力发电机组总重的 1/2 左右，其成本占风力发电机组制造成本的 15%左右，随着塔架高度的增加，其成本所占比例也在不断增加，到达 120m 时其成本将占总成本的 28%左右，同时大型风力发电机组随着塔架高度的增加，塔架价格、塔架运输成本、基础造价和塔架内电缆的费用都有不同程度的增加。因此，塔架高度的选择在风力发电机组经济性评价中具有重要意义。

（三）提高塔架高度的综合比选方案

在实际选择塔架高度时，必须要综合考虑增高塔架带来的新增发电量收入、增高塔架而新增的生产成本等项目，综合比较其成本效益是否合理。

需要通过测风塔完成对全场相关风资源参数的分析。如年平均风速、风向、风切变等，如图 6-11 所示。

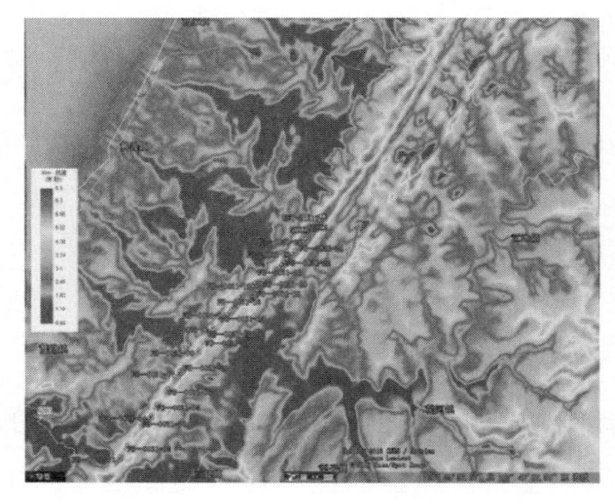

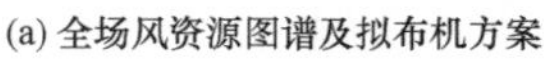
(a) 全场风资源图谱及拟布机方案

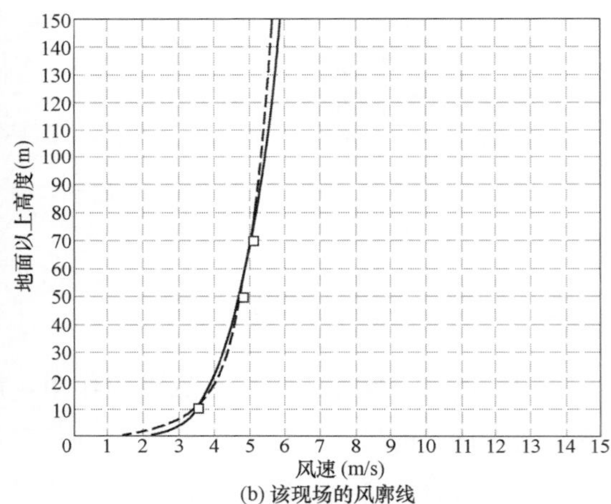

(b) 该现场的风廓线

图 6-11　风资源谱及风廓线

通过表 6-5 的对比结果可以看出，轮毂高度为 70m 时，综合经济性最优。

表 6-5　　不同轮毂高度下的发电量与经济性比较

机型	轮毂高度（m）	年发电量（GWh）	年等效满负荷运行小时数（h）	工程动态投资（万元）	单位电量投资（元/kWh）
WTG1500-82	65	398.2	1996	212600	0.529
	70	405.1	2031	213800	0.528
	80	420.0	2105	216900	0.531

（四）混合塔架技术介绍

混合塔架是钢段和混凝土段的组合式结构，可调节频率，是机电动力设备和建筑结构的一体化设计成果，经济性优异，适合于低风速区域和风切变系数高的区域。

目前，混合塔架可满足 120m 轮毂高度的需求，具有塔底空间大、动力特性好、建造成本低、运输方便、稳定可靠等多项优势。

该类产品主要分为两大类：一类是预应力现浇式混合塔架；二类是预应力装配式混

合塔架。其中预应力现浇式混合塔架混凝土高度在15～20m；而预应力装配式混合塔架由于不受现场施工等条件限制，配置较为丰富，混凝土装配高度可在15～90m之间选择。

三、叶片加装增功组件

机组在运行过程中，叶片表面出现的气流分离，将增加阻力、降低升力，导致提前失速、功率下降等。通过在叶片上加装增功组件，可提高低风速下机组发电量。增功组件一般包含涡流发生器、T型扰流板、格尼襟翼等。在实际应用中可根据叶片翼型特点进行多种组合。

（一）涡流发生器

当前风力发电行业使用的叶片，其气动设计依据叶片截面翼型升阻力特性，叶片成型后翼型气动特性随之固定，也就是只在特定的风速和叶轮转速下才能达到最佳效率，而自然界的风是时时变化的，叶轮运行转速变化始终滞后于风速的变化，当风速大于转速一定比值后就会出现短时间的失速现象，该现象将引起冲击载荷和发电量降低，该现象在行业内普遍存在。采用涡流发生器能够有效阻止在叶片附面层内发生涡流，阻止叶片瞬时失速。

1. 涡流发生器的原理

涡流发生器是以某一安装角垂直安装在翼型表面上的小展弦比的小翼。它在翼型表面附面层内产生翼尖涡，但是由于其展弦比小，翼尖涡的强度相对较强。这种高能量的翼尖涡与其下游的低能量边界层流动混合后，就把能量传递给边界层，使处于逆压梯度中的边界层流场获得附加能量，继续贴附在翼型表面不致分离。

2. 涡流发生器的设计

涡流发生器一般安装于叶片的背风面即吸力面，安装位置需要通过流体力学软件计算出该截面翼型的失速点，再根据当前截面翼型的工作状态，即入流角、雷诺数等来计算其必要的外形尺寸。通过CFD仿真计算反复迭代，控制涡流发生器的最优尺寸，最终设计结果进行风洞试验，来确定其最终方案。

（二）T型扰流板

叶根由于结构连接和变桨的需要往往设计成圆柱段。圆柱段与翼型平滑过渡，会出现很长一段翼型介于圆形和正常翼型之间的厚翼型，这些近似圆形截面的翼型都不能够提供有效的升力，而这段长度浪费了很大的扫风面积，使用T型扰流板的目的是将圆柱的外表面延伸，使其保持内部结构的同时，外表面也就是迎风面看起来更接近正常的翼型，使其能够提供一些升力，从而达到提效的目的。风力发电机组叶片T型扰流板结构图如图 6-12 所示。

图 6-12 风力发电机组叶片 T 型扰流板结构图

（三）格尼襟翼

格尼襟翼安装在叶片翼型压力面的尾边上，如图 6-13 所示，在尾边增加不同的压力，提高升力的同时也增加阻力到一个折中值，使叶片升阻比整体增加，以达到提高风能吸收的效果。

（四）增功组件设计方案确定

增功组件是将不同增效手段组合的技术，因此设计中不能用简单的工程计算方法进行设计，需要将全部外形建模后进行仿真计算，再结合风洞试验和样机试验来确定。流体力学计算仿真增功组件气动效率如图6-14 所示。

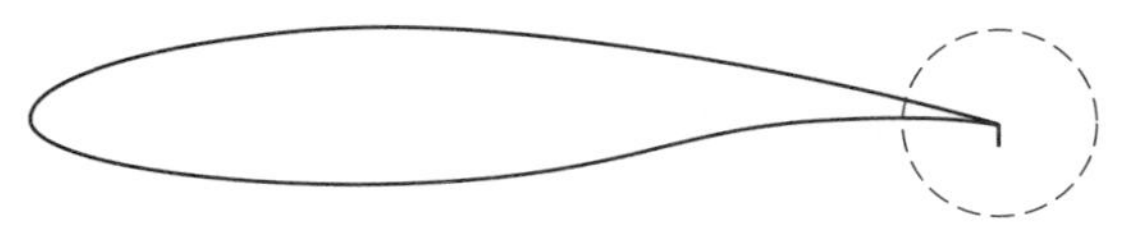

图 6-13 格尼襟翼安装示意图

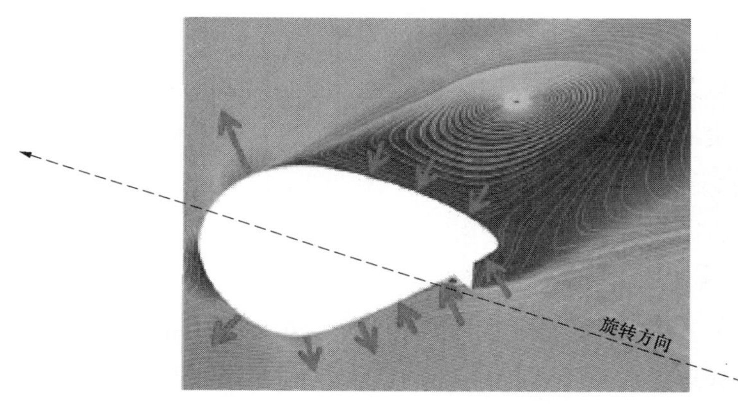

图 6-14 增功组件仿真图

验证功率曲线提升对比如图 6-15 所示。通过功率曲线提升计算不同风资源下的多种组合方案的经济性，以确定最佳的增功提效方案。

四、 机组控制系统优化升级

控制系统关系到风力发电机组的运行状态、发电能力、载荷安全和智能化程度等，是保证机组安全运行和风力发电场经济效益的关键因素之一。目前，各风力发电机组厂

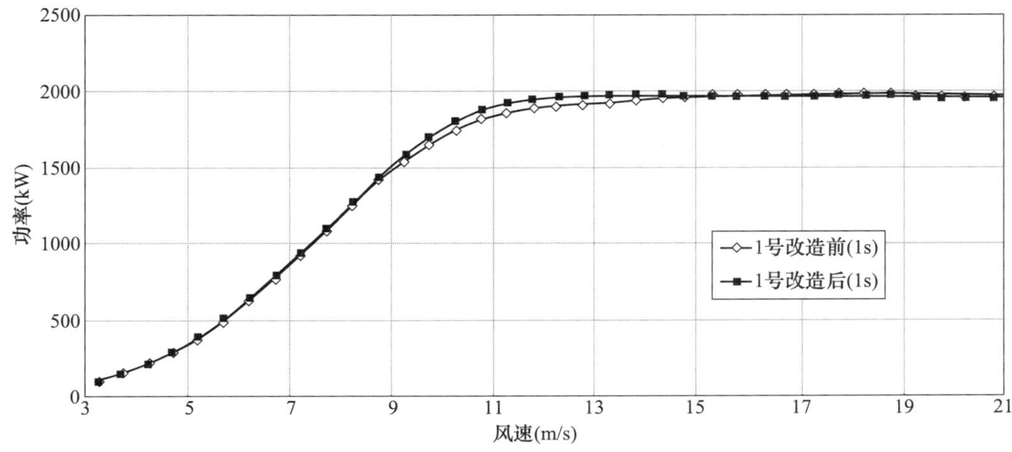

图 6-15　计算功率曲线图

家在役机组控制技术参差不齐，控制系统设计方案均有差异，控制策略也大多针对标准工况、标准机组进行设计开发，并不完全适合所有机组的运行环境，也没有针对风力发电机组不同生命周期阶段进行实时优化。通用的控制策略需要因机组而异、因环境而异。因此，对在役机组的控制系统优化，尤其是核心控制策略优化，是非常有必要的。对在役机组的优化提升工作主要围绕以下几方面进行：一是对故障率较高的风力发电机组进行故障机理深入研究，并进行适当的控制系统技改，以提升机组可利用率；二是在保证机组载荷安全的前提下，进行适当气动优化（如叶片加长、使用涡流发生器等），并配合控制策略优化，以提高机组风能捕获能力；三是在保证机组载荷安全的前提下，进行控制策略的优化提升，增强机组的环境适应能力，实现差异化、精细化控制，挖掘机组发电潜能；四是对具有安全隐患的风力发电机组进行安全系统优化设计，增强机组安全性。

对在役风力发电机组优化提升的过程中，需要综合考虑机组的运行环境、载荷安全、发电潜力、可靠性和系统兼容性等因素，绝对不可只顾发电性能提升，而忽略机组载荷安全、可靠性和系统兼容性等重要因素。

（一）切入、切出风速的优化

通过调整机组的切入、切出风速控制策略，提高机组可用发电范围，如图 6-16 所示。

风力发电机组功率曲线的 A 部分是机组降低切入风速的增发功率。该提效方式一般要配合进行叶片加长或使用延长节，以及叶片加装增功组件等措施提高机组启动风速才能实现。单纯的降低切入风速可能造成频繁并网，降低机组并网开关和传动链的疲劳寿命。同时在较低的风速切入运行，若机组的发电功率低于自耗功率，则会失去提前并网的经济性。

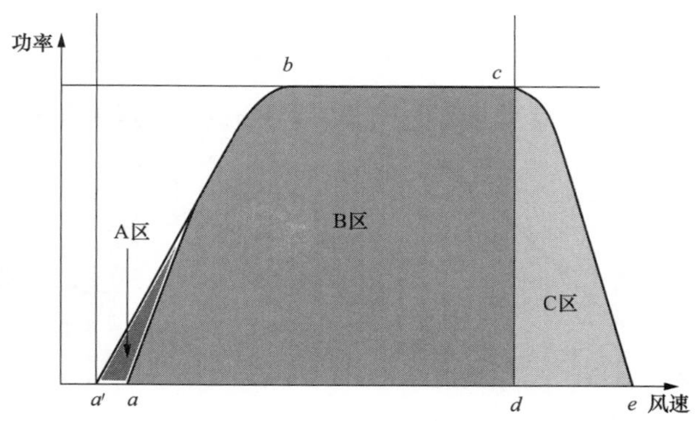

图 6-16　机组延迟切除风速的增发功率示意图

风力发电机组功率曲线的 C 部分是机组延迟切出风速的增发功率。该提效方式应进行载荷计算，根据载荷余度情况设计切除风速策略，同时对控制系统也提出了更高的要求。这种控制策略是在机组达到切出风速后不再直接切出风力发电机组，而是通过逐步收桨控制载荷，继续发电，随着风速增加在载荷允许的情况下继续出力，直至达到机组载荷限定的限值，机组执行顺桨切机甩负荷。

（二）空气密度优化

在风力发电机组控制算法中有一个最优增益模态值 K_{opt}，使风力发电机组在达到额定转速前的阶段能保持最佳叶尖速比运行，实现风能利用效率的最大化。

$$K_{opt}=\frac{1}{2}\rho\pi R^{5}C_{P\max}/(\lambda_{opt}^{3}N^{3}) \tag{6-7}$$

式中　ρ——空气密度；

R——叶轮半径；

N——齿轮箱齿数比；

$C_{P\max}$——最大风能利用系数；

λ_{opt}——最佳叶尖速比。

在一台风力发电机组已经设计好的情况下，风能利用系数 C_P 设为最大值，式中叶轮半径 R、齿轮箱齿数比 N、最佳叶尖速比 λ_{opt} 均为定值，式中可能变化的参量只有空气密度 ρ，风力发电机组在设计时，一般设定为标准值 1.225kg/m^3 或当地年均空气密度。因此，在实际工程应用中，可以针对实测变化的空气密度进行修正，以便优化控制参数，得到与当时空气密度更加匹配的控制曲线，提高风力发电机组的发电能力。在具体实施时，可以考虑根据一年内不同季节气温变化，把空气密度值设计成一个变量，实现动态的 K_{opt} 控制，将有利于风力发电机组发电能力的提高。

（三）偏航系统的优化

目前，在实际应用中风力发电机组的偏航控制普遍采用设置偏航容差角的控制方法。为了避免机舱的频繁动作，当机舱对风误差超过偏航容差角设定值时，按照风速大小设置偏航延时时间，机组进行偏航对风。该方法控制精度较低，直接影响机组的风能利用率。

不足之处有以下几方面：

（1）忽略了机组间的风况及性能差异，不同机位甚至不同风力发电场的机组均采用同一控制策略，偏航系统自适应水平很低。

（2）大小风的划分标准过于简单，缺乏准确理论依据，可能导致机组在小风速时对风动作频繁，而在大风速时对风失准，影响偏航控制的精度和机组的疲劳性能。

基于以上问题，目前针对偏航控制方面提出了一些新的方法和技术：

（1）基于优化的卡尔曼滤波算法的风向预测偏航控制器，能够在风向变化幅度不大的情况下有效减少偏航动作次数。

（2）一种模糊 PID 偏航控制器，将模糊控制与常规 PID 控制相结合，提高了偏航系统的鲁棒性和控制精度。

（3）根据激光雷达的测风数据提出了一种基于转速控制的偏航控制策略。当风速低于额定风速以下时，该方法能够有效减小对风误差。借助激光雷达检测叶轮正前方 150m 处的风速风向，并根据该数据优化偏航控制。

（四）变桨控制技术优化

目前，大多数风力发电机组在运行过程中变桨系统采用同步变桨控制驱动技术，这种技术不会根据叶轮周期性旋转、叶片上下位置风速差异、叶片扫掠塔架等状态差别进行适应性控制。独立变桨是指风力发电机组在运行过程中不同叶片的变桨角度独立控制，通过一定控制算法实时计算不同叶片的变桨角度，以减小由于风切变、风轮旋转等因素带来的风轮不平衡载荷。

国内外主流风力发电机组厂家都在研究独立变桨控制技术，有效降低了机组疲劳载荷。通过独立变桨控制技术的应用，增加了存量机组叶片加长改造技术的推广空间。

独立变桨控制技术方案一般可分为四种：基于模型预测算法的独立变桨控制技术、基于叶根载荷测量的独立变桨控制技术、基于塔架载荷测量的独立变桨控制技术、基于主轴载荷测量的独立变桨控制技术。其中基于叶根载荷测量的独立变桨控制技术较为成熟，效果也最好。主要方法：

（1）通过加装测量叶根载荷的载荷测量系统，实时获取风轮不同叶片叶根挥舞方向和摆振方向的载荷；

（2）参考直升机独立变桨方法，分别把三个叶片旋转过程中由于气动不平衡等引起的旋转动态载荷，通过 DQ 坐标变换转换成固定坐标系下的轮毂载荷；

（3）结合独立变桨控制算法，通过某种控制算法（如 PID 控制）将轮毂载荷变化转化为需求的变桨角度，再进行逆运算将变桨角度从 DQ 轴转化到旋转轴，从而得到三个独立的变桨角度辅助指令（针对三叶片变桨变速机组）；

（4）将三个独立的变桨角度辅助指令叠加到统一变桨控制指令上，得到三个独立的变桨角度控制指令发送给变桨控制系统执行独立变桨。目前该技术的主要核心：一是准确可靠且寿命长的载荷测量系统；二是独立变桨控制策略和控制算法；三是安全可靠的独立变桨退出策略。该技术能够达到降低机组载荷、减小机组结构振动、降低大功率长叶片机组的设计成本和设计难度、提高机组载荷安全性能的目的。

随着海上大功率和长叶片风力发电机组的商业化推广，独立变桨控制技术的优势和商业应用价值将会更加明显。

（五）基于激光雷达测风的辅助控制技术

基于激光雷达测风的辅助控制示意图如图 6-17 所示，通过激光雷达测量风轮前方的风速和风向，采用一定数据处理技术和控制算法，提前获得机组短时风速和风向，进行超前变桨控制和偏航控制优化，以提升机组发电能力，降低机组载荷，延长机组使用寿命。

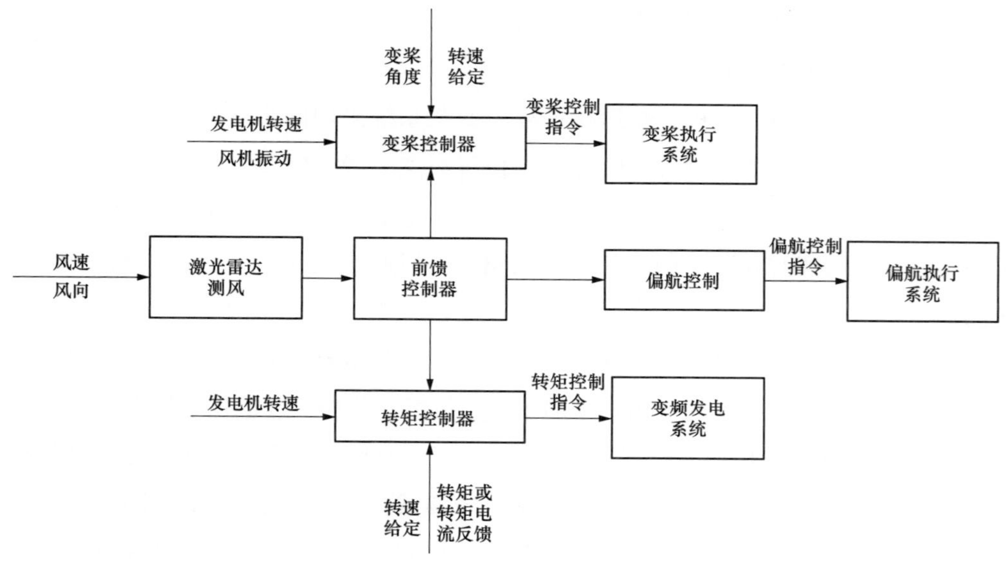

图 6-17　基于激光雷达测风的辅助控制示意图

风速这个参数在现有的控制策略中，主要参与风力发电机组的切入、切出等启停及

安全控制，并不直接参与发电运行时的变桨控制、偏航控制和功率控制等。如果能准确判断叶轮前方的风速变化情况，风力发电机组的控制策略就可以提前进行运算和执行。不再是仅依据风流过机组后的转速、功率、变桨角度等响应量来实时计算，并实现变桨控制、偏航控制和转矩控制等，可以在现有控制策略上增加基于激光雷达测风的前馈控制，来实现超前变桨控制、超前偏航控制、实时最优转矩控制等控制策略，从而更加准确地实现最优风能捕获和载荷安全控制，以提升机组发电能力、降低机组载荷。

（六）基于大数据的风力发电机组协同控制技术

风力发电机组控制技术主要是针对单一风力发电机组个体的控制技术，由于风力发电场不同风力发电机组个体之间会通过尾流等因素互相影响，因此风力发电场不同风力发电机组之间可以实现数据共享、冗余控制。基于大数据智能分析处理的协同控制，可以保证风力发电场效益最大化。通过对风力发电场风力发电机组尾流进行协同控制，提升整场发电能力。当某一风力发电机组风速、风向测量出现故障时，通过加装整场控制器，共享其他机组和测风塔数据，保证机组正常运行，提高机组可利用率等。

（七）基于大数据和智能调度系统的风电场集群控制技术

不同风力发电场之间，通过大数据共享，结合智能调度信息系统、智能风力发电场能量管理平台和风功率预测系统的风力发电场级集群控制技术，可实现多个风力发电场或区域电网内所有风力发电场的统一智能控制，在保证电网运行安全的前提下可以获得最大化收益。

第二节　风力发电机组检测技术

风力发电机组检测技术是通过对风力发电机组的检测，得出风力发电机组的电气设备和机械结构的特性，以便于分析故障原因，为解决风力发电机组故障提供技术支持，保证风力发电机组良好的运行状态，提供最大发电效率。

目前风力发电机组检测项目主要包括载荷测试、功率特性测试、振动测试、噪声测试、电能质量测试等。

一、载荷测试

随着现代风力发电机组尺寸和功率的增大，单纯对风力发电机组载荷的理论计算及仿真已经不能满足创新和优化设计的需求，需要对实际的风力发电机组零部件进行测试得到真实数据，并以此数据与设计数据进行分析比较，从而在分析及寿命计算方面对产品进行综合评估。

（一）所需测量的物理量

进行风力发电机组载荷测试时，需要对各种所需的物理量进行测量并进行数据记录。为了表征风力发电机载荷特性，所需测量的载荷量包括叶片、主轴及塔架的载荷，这些载荷对风力发电机组安全性来说至关重要。其中，叶片载荷包括叶根挥舞方向和摆振方向的弯矩；主轴载荷包括主轴两个垂直方向的弯矩和扭矩；塔架载荷包括塔顶两个垂直方向的弯矩和扭矩以及塔底两个垂直方向弯矩。

所需测量的气象量包括风速、风向、风切变、空气温度、大气压力、湿度等。这些外部条件需要在测量过程中进行量化处理，也可以根据传感器的标定手册确定大小。

所需测量的运行状态量包括电功率、风轮转速、叶片桨距角、偏航位置、风轮方位角、风力发电机组稳态运行和瞬态运行等。其中稳定运行状态包括正常发电状态、带故障发电状态、停机和空转等；瞬态运行状态包括启动、正常停机、紧急停机、过速保护和电网故障。运行状态量用于辨认风力发电机组处于哪种运行模式，使得机组零部件的疲劳问题在不同运行状态下能够进行独立分析。

（二）传感器的选择

目前，风力发电机组载荷测试中主要采用应变式载荷传感器。应变式传感器又称电阻应变片，是一种电阻式敏感元件。在测量应变时，用黏结剂把它牢牢地粘贴在被测点上。当零部件在外力作用下发生形变时，电阻应变片的阻值将发生相应变化，其电阻变化率的大小能够反映出应变片测点下面被覆盖材料表面处的平均应变值。

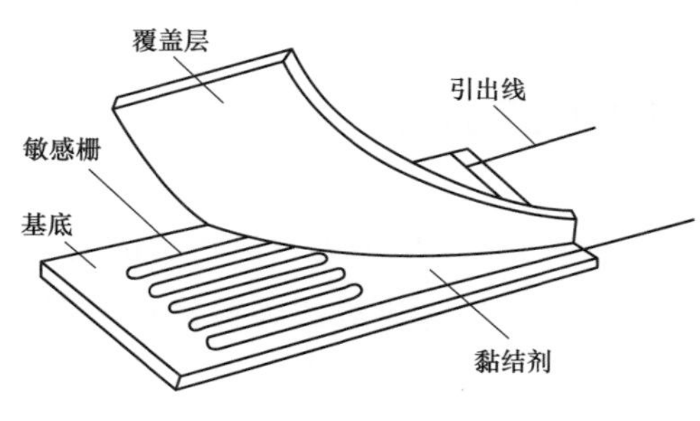

图 6-18　应变片的结构

应变片主要由敏感栅、基底、覆盖层及引出线组成，如图 6-18 所示。敏感栅是应变片的最主要组成部分，用黏结剂将敏感栅黏在基底与覆盖层之间。将敏感栅永久的或临时的安置于基底上，同时还要保证敏感栅和应变片粘贴的部件之间相互绝缘。

（三）传感器安装位置的确定

1. 叶片传感器

叶片的载荷信号测量主要针对叶根弯矩进行，其中包括摆振弯矩和挥舞弯矩。根据叶片几何形状确定测量位置，选择叶片根部距离法兰盘一定距离（一般为 1.2m，避免螺栓局部应力的影响）的圆柱形位置进行传感器的安装。保证在一个平面上，安装在叶片内部，达到防雷和保护的目的。分别在 0°和－180°、90°和－270°方位上安装。建立全电桥桥路，对摆振和挥舞弯矩分别进行测量。叶片在制造过程中由于两片叶片间有连接缝隙而导致局部应力十分不稳定，使得测量结果中掺杂了其他影响因素，需要对摆振信号

偏转一个角度（一般为 15°）进行测量。一般将传感器安装在叶片内部正交敏感度最小的位置上，如图 6-19 和图 6-20 所示。

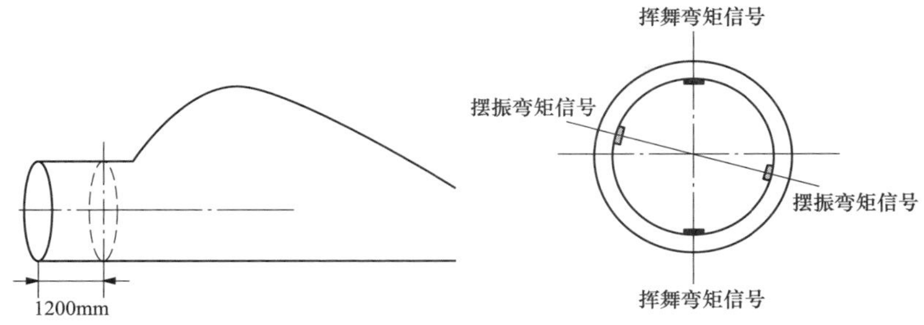

图 6-19　传感器在叶片根部安装位置简图

2. 主轴传感器

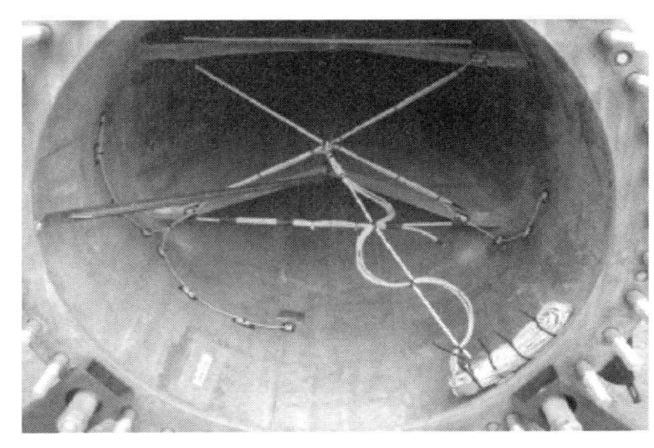

图 6-20　叶片内部传感器现场安装

主轴承受的载荷包括风轮扭矩、俯仰弯矩和偏航弯矩，传感器安装在主轴法兰盘后面。应变片应安装在一个平面上，建立完整的全电桥桥路进行测量。在主轴上定义的方位角为 0°、－180°和 90°、－270°，分别进行俯仰弯矩信号和偏航弯矩信号的测量。扭矩传感器和 0°位置弯矩传感器安装在同一平面的相邻位置上。其中，0°位置弯矩传感器一般与风轮方位角 0°位置一致。主轴应变片有两个安装位置的选择，如图 6-21 和图 6-22 所示。

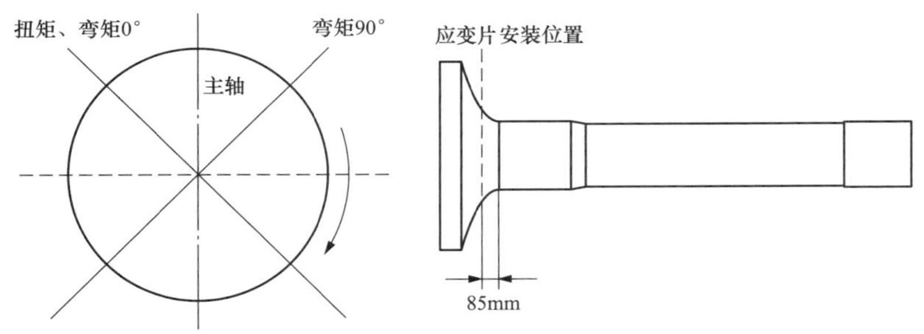

图 6-21　主轴传感器安装位置简图

3. 塔架传感器

塔架载荷包括塔顶（倾覆弯矩、俯仰弯矩和偏航扭矩）和塔底（倾覆弯矩和俯仰弯矩）两部分。需要在塔架圆柱形截面的 0°和－180°、90°和－270°方位上进行位置的确定

图 6-22　主轴传感器现场安装

及安装。建立全电桥桥路对倾覆和俯仰弯矩信号进行测量。塔顶和塔底弯矩测量的对应位置要保持一致。塔顶扭矩应变片需要安装在同一平面上，并保证同一高度处。此外应避免任何来自塔架门、塔架边缘、焊接接缝、螺栓、塔架平台和法兰盘的影响。为了防雷和避免环境影响，一般将传感器安装在塔架内部正交敏感度最小的位置上。偏航扭矩传感器位置应与 0°和－180°方向上弯矩测量传感器相差 5°，避免正交敏感。此外需要注意的是，由于材料厚度低而产生的塔顶扭矩信号强度较高，应定期检查信号的真实性，从而保证应变片的测量质量。塔架中传感器的安装位置如图 6-23 和图 6-24 所示。

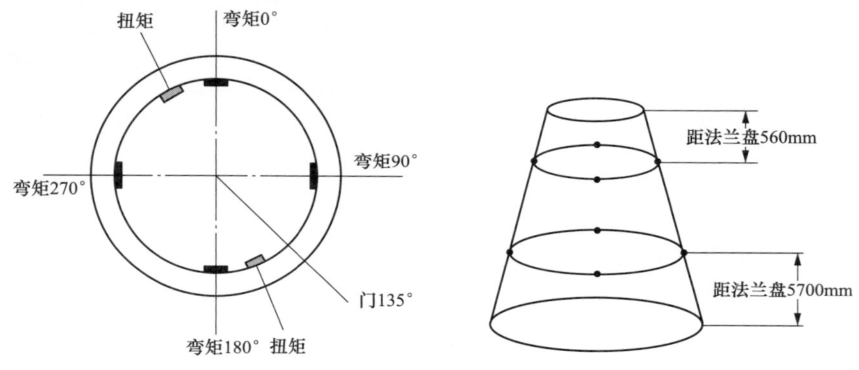

图 6-23　塔架传感器安装位置简图

（四）载荷测试系统组成

风力发电机组载荷测试系统可以分为数据采集部分和数据处理部分，这两部分又各自可分成硬件系统和软件系统。数据采集部分包括载荷信号采集部分和非载荷信号采集部分。对非载荷信号来说，大多数信号属于公用信号，包括风速、风向、温度、气压等数据，同时还包括风轮转速、有功功率、桨距角等风力发电机组运行数据。对载荷信号来说，主要就是叶片、塔架和主轴信号。数据处理部分包括数据存储、非载荷信号处理和

图 6-24　塔架传感器现场安装

载荷信号处理。

采集系统硬件包括桥式应变片传感器、杯式风速仪、温湿度传感器、电流和电压互感器、信号采集放大器、模拟/数字信号输入、数据采集器、防雷保护等主要设备；处理系统硬件主要指内置的 PC 机、控制器、显示器及一系列接口等，其结构原理图如图 6-25 所示。

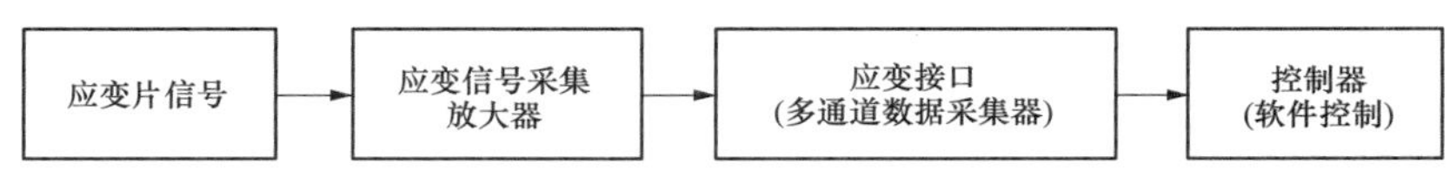

图 6-25　载荷测试系统结构原理图

信号调理模块和采集模块是整个信号采集系统的核心组成部分，主要由各个单元中的采集器及嵌入软件共同完成处理任务。

数据采集采用的是等时间间隔采样。等时间间隔采样是一个离散化的过程，即将连续随机载荷变化的模拟量离散成一系列的数字量，对载荷—时间历程以某一个时间间隔进行采样，采样后的载荷—时间历程用数字序列来表示。在采样程序执行的过程中需要考虑以下几个方面的问题：

（1）采样频率应比相关信号中任何有效频率大 8 倍；

（2）测量通道中的数据转换范围应有足够的宽度，以免通路饱和；

（3）所有测量的关键信号数字分量的分辨率推荐为 12bits 或更高；

（4）简要的统计数据的平均值、标准偏差、最大值和最小值，可以在预先处理过程中自动计算出来；

（5）应能连续进行数据自动采集并存储时间序列和统计数据；

（6）具有智能化储存能力，如能自动生成俘获矩阵；

（7）能够显示所选检测通路的实时数据；

（8）将一个连续的载荷—时间历程用一系列的离散数字表示必然要带来误差，消除误差的最好方法是缩小采样间隔。因此有一些基本要求是采样频率不能低于 10 倍的激励频率。

在测试系统中的传感器、信号调理装置、采集器及相关软件的共同作用下，得到了一系列测量结果。这些测量结果将为后续的载荷分析提供有力的依据。

在测量期间，应定期检查时间序列内的数据，保证测试结果的高质量和可重复性。此外，应以测量、计算物理量的统计全部汇总为基础，对数据进行第二阶段验证，一般对数据进行常规目视检查，以便找出未被检测出来的其他异常情况。对测量的气象物理量及载荷信号有效性进行检查，以便消除所有的错误记录。一般来说，不满足与传感器标定、传感器工作范围及噪声等有关判据的数据都要删除掉。如果数据是在非正常环境条件下而又不是极端条件（如下雨，结冰等）下记录的，那么应将这些数据归为特殊的一类，以便以后可能进一步分析时使用。

（五）数据处理

1. 数据核查与剔除

（1）风速和风向传感器位于测试风力发电机组或障碍物尾流中的数据应剔除；

（2）超出传感器限值的测量值应剔除；

（3）设备故障情况下的数据应剔除；

（4）温度导致的数据漂移可能会很大，需要核查；

（5）比较有关联的测试参数，例如风向和偏航角度、3 个叶片的弯矩等，如果出现大的偏移，需要核查；

（6）测试风力发电机组出现故障的情况。

2. 载荷谱计算流程

选取 10min 数据组进行雨流计数分析。雨流计数法是一种双参数计数法，记录载荷的半循环或全循环。应力—时间历程的全部过程都参与计数，且只能计数一次。因此这种双参数计数法可以将应力循环的全部信息记录下来，其计数结果可以用应力幅值和均值的二维数组来表示。另外，这种方法依据了充分的力学原理，具有很高的准确性，并且易于编程以便借助计算机处理。

风力发电机组载荷—时间历程在经雨流计数法处理后，就会得到一系列载荷循环次数。根据风速分布情况和风力发电机组设计寿命，就可以得到各个载荷工况在风力发电机组寿命期间的总循环次数，从而绘制风力发电机组疲劳载荷谱。用横坐标来表示载荷循环次数，用纵坐标表示疲劳载荷大小，即能完整的生成疲劳载荷谱。

二、 功率特性测试

风力发电机组功率特性测试是依据《风力发电机　第 12 部分：风轮发电的动力性能测试》（IEC 61400-12-1）的唯一可以测量真实功率曲线的一种方法。功率特性测试可以确定风力发电机组技改前后的经济性，保证良好的发电条件、熟悉风力发电机组功率特性测试与各方面工作的相关性是非常必要的。

（一）测试系统

为得到真实的风力发电机组功率曲线，应在待测场地待测风力发电机组附近竖立测风塔，通过在测风塔上安装风速仪、风向标、电流互感器、温度传感器、压力传感器等，确定风力发电机组的风速、风向、电流、空气密度等物理量。并在风力发电机组变压器

侧，使用功率变送器测得净有功功率，最终得出功率曲线、功率系数曲线、年发电量、不确定度分析等结果，其系统框图 6-26 所示。

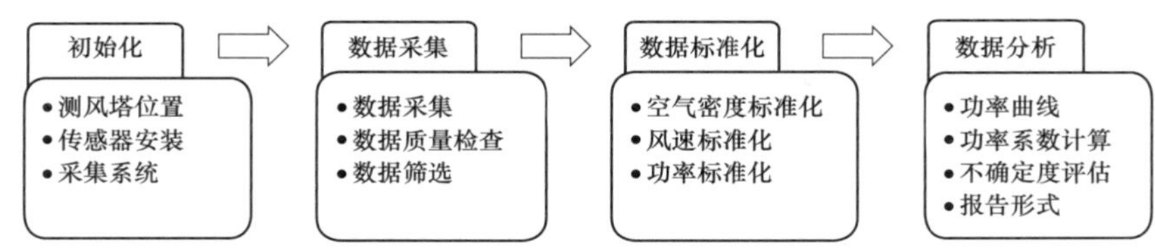

图 6-26　功率特性测试总体方法框图

（二）测试前期准备

1. 测风塔位置

测风塔的安装位置不是任意的，它不应距风力发电机组太近，也不应距风力发电机组太远，一般测风塔定在距风力发电机组 2.5*D* 的位置（*D* 为风力发电机组风轮直径）。

2. 传感器选择及安装

测量风力发电机组的功率曲线，需要安装相应的传感器，每个传感器需要有相应的精度，并且传感器在使用时需要按照《风力发电机组　第 12 部分：风轮发电的动力性能测试》（IEC 61400-12-1）进行安装。

3. 测试场地评估

由于地形变化可能引起气流畸变，应对测试场地进行评估，降低地形和障碍物对功率特性测试的影响。

（三）测试评估

1. 测试程序

（1）风力发电机组运行状态与数据收集。

1）在测试期间，风力发电机组应按其运行手册中的规定正常运行，同时风力发电机组的配置不能改变；

2）数据应以 1Hz 或更高的采样率连续采集。温度、气压、降雨量及风力发电机组状态可以用较低采样率采集，但至少每分钟一次。

（2）数据剔除。

1）确保只有在风力发电机组正常运行下采集的数据才用于分析，且数据没有被破坏；

2）测量期间特殊运行条件或大气条件下所收集的子数据库可以被选定为特殊数据库；

3）如果电网频率以 2Hz 或更高的阶次变化，应选择不同频率条件下的功率特性作为一个特殊数据库。

（3）完整数据库。

1）每一个区间至少包含 30min 的采样数据；

2）数据库包含至少 180h 的采样数据；

3）如果某一区间不完整导致测试不完整，则可用 2 个邻近区间的线性插值来估计其区间值；

4）对于风力发电机组额定功率 85%对应风速 1.6 倍以上的风速，测量扇区开放（0°～360°）。

2. 数据处理

对定桨距、定转速的失速调节风力发电机组

$$P_{\mathrm{n}}=P_{10\mathrm{min}}\cdot\frac{\rho_0}{\rho_{10\mathrm{min}}} \tag{6-8}$$

对有功功率控制的风力发电机组

$$v_{\mathrm{n}}=v_{10\mathrm{min}}\left(\frac{\rho_{10\mathrm{min}}}{\rho_0}\right)^{\frac{1}{3}} \tag{6-9}$$

式中 P_{n}——格式化的输出功率；

$P_{10\mathrm{min}}$——测量功率 10min 平均值；

ρ_0——标准空气密度；

v_{n}——规格化的风速；

$v_{10\mathrm{min}}$——测量风速 10min 平均值。

（1）确定测量功率曲线。

$$v_i=\frac{1}{N_i}\sum_{j=1}^{N_i}v_{\mathrm{n}.i.j} \tag{6-10}$$

$$P_i=\frac{1}{N_i}\sum_{j=1}^{N_i}P_{\mathrm{n}.i.j} \tag{6-11}$$

对某风力发电场规格化后的数据组用“区间法”确定功率曲线，如图 6-27 所示。

（2）确定年发电量。

$$F(v)=1-\exp\left\{-\frac{\pi}{4}\left(\frac{V}{V_{\mathrm{ave}}}\right)^2\right\} \tag{6-12}$$

1）年发电量由测量年度参考风速的频率分布根据功率曲线进行估计；

2）用与形状参数为 2 的威布尔分布完全相同的瑞利分布作为参考风速的频率分布，计算轮毂高度年平均风速分别为 4、5、6、7、8、9、10、11m/s 时的结果；

3）AEP-外推值从测量功率曲线得到，但认为在测量功率曲线上，在最低风速以下

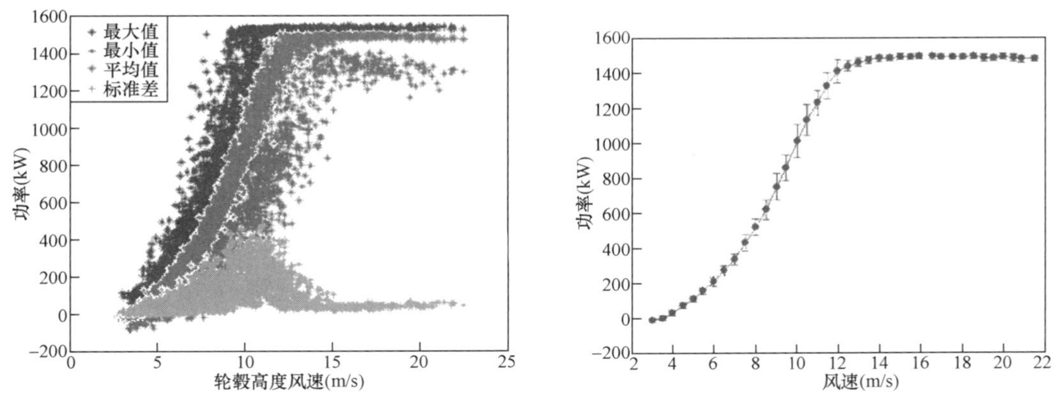

图 6-27　功率曲线图

风速对应的功率为零，在测量功率曲线的最高风速及切出风速之间的风速对应的功率为常数。

（四）功率曲线测试新技术

经过以上几个部分，便可以绘制出功率曲线，并评估出年发电量，但一般功率测试都是针对单台风力发电机组。而中国风力发电采取的是“大规模、高集中”的开发模式，在风力发电场中往往包含几十台甚至几百台风力发电机组，而配置测风塔的场地要求苛刻、费用昂贵、测试评估时间长。现实中一般只选取一台风力发电机组，并对这台风力发电机组配置测风塔进行功率特性评估，并以此结果代表整个风力发电场的评估结果。这种方法具有很大的随机性及不确定性，无法评估风力发电场所有风力发电机组的功率特性。

如何对风力发电场中未配置测风塔的风力发电机组进行功率特性评估，是需要进一步解决的问题。目前已经有相关研究，其中基于机舱风速计的风力发电机组功率特性的评估方法是利用机舱传递函数（Binned-NTF）对机舱风速进行校正，并用计算出的空气密度对数据进行标准化，得到机组的实测功率曲线、风能利用系数和年发电量。在不增加测风塔的基础上，可以对整场机组进行评估。但是，测量不确定度结果偏大，并与实际测量值存在一定的误差。所以实现对整场风力发电机组功率特性评估，仍是需要研究的问题。

三、振动测试

为了保证风力发电机组稳定运行和高效地利用风力资源，有必要对风力发电机组振动进行研究；为了保障风力发电机组的安全运行，对其运行状况进行振动测试与故障诊断非常重要。

风力发电机组在正常运行过程中叶轮、主轴、齿轮箱、发电机等部件运转都会产生振动。随着机组长时间运转，由于不平衡、不对中、机械磨损、螺栓松动等各方面的原因，致使风力发电机组振动加剧，严重的还会造成重大的设备损坏和事故。振动测试主要是根据所监测风力发电机组类型选择不同的监测部位，监测机组振动特征值的改变，评估机组的振动状态，准确查找振动过大原因，及早采取有效措施。

（一）振动测试系统

振动测试系统按照硬件安装方式可分为固定安装系统、半固定安装系统和便携式系统。

1. 固定安装系统

系统传感器、数据采集装置采用固定安装方式。数据采集可连续或周期性采集。固定安装系统通常用于具有复杂监测环境的风力发电机组。

2. 半固定安装系统

系统传感器采用固定安装方式，数据采集装置采用非固定安装方式，仅在采集数据时连接。数据采集为周期性采集。

3. 便携式系统

系统传感器和数据采集装置均采用非固定安装方式，数据通过便携式数据采集仪采集。数据采集为周期性采集。

（二）振动传感器

1. 传感器类型

风力发电机组振动测试所用传感器一般有，加速度传感器、速度传感器、位移传感器。风力发电机组滚动轴承和齿轮箱的振动测试应选择加速度传感器。风力发电机组机舱和塔架的振动测试应选择加速度或速度传感器。风力发电机组主轴位移的振动测试应选择位移传感器。

传感器测量不确定度应在±1%以内，传感器的线性频率范围一般应覆盖从0.2倍最低旋转频率到3.5倍所关注的最高信号频率（一般不超过40kHz）。一般风力发电机组上，加速度传感器频率范围为0.1Hz～30kHz；速度传感器频率范围为1Hz～2kHz；位移传感器频率范围为0～10kHz。

2. 传感器的选择原则

根据被测对象，首先要考虑使用何种类型的传感器，当选中某种类型的传感器时，还要考虑测试位置对传感器体积的要求、量程的要求，传感器使用接触式还是非接触式，信号通过什么方式引出来。在考虑上述的问题并选用了某种类型的传感器后，还应考虑传感器的性能指标，包括传感器测量精度、频率响应特性、线性范围、灵敏度选择、稳

定性等。

3. 传感器安装位置及精度要求

振动测试传感器一般安装在风力发电机组主轴轴承、齿轮箱、发电机轴承、机舱及塔架部位，用来测试其振动程度，振动测试数据采集应同时记录转速、风速、功率等参数，传感器安装位置及频率范围见表 6-6。

表 6-6　　风力发电机组振动测试传感器安装位置及频率范围

风力发电机组部件	每个部件需要的传感器支数	安装方向	频率范围（Hz）
主轴轴承	1	径向	0.1～100
齿轮箱（若有）	3	径向	0.1～100（行星齿轮，中间轴轴承） 10～10000（高速轴轴承）
发电机轴承	2	径向	10～10000
机舱	2	轴向及横向	0.1～100
塔架上部	2	轴向及横向	0.1～100

4. 传感器安装要求

安装固定传感器应采用刚性机械紧固方式。传感器安装表面应光滑、平整和清洁。当刚性机械紧固方式不便采用时，可使用黏结剂或磁座安装方式。测试时应建立统一的设备和测量点命名规则。便携式系统传感器安装时应清楚标识传感器位置，以保证在持续测量期间位置的可重复性。

（三）振动测点选取

振动测点位置的选取有一定的规定，一般来说，测点位置的选取应遵循传递路径最短、测点刚度最大的原则，且测点的数量和位置应能够反映设备的主要运行状态。通常测点选取应考虑以下几方面：

（1）测点应布置在设备的关键部位。这个关键部位就是指设备振动比较敏感、容易损坏的地方。将测试用传感器按照一定的方式安装在这些部位，则可以提前获取该部位异常工作的征兆，轴承和齿轮都是容易损坏的部件，应该重点监测。

（2）测点的数量要适中。布置测点的数量如果太少，有的部位就可能监测不到。但也并不是测点越多越好，过多的测点之间的传感器不但会相互干扰，而且会增加成本。所以，需要在关键的部位安装适量的测量传感器。

（3）测点应与被测对象靠近。测量传感器与被测对象越近越好，这样会减少中间环节带来的能量损失，使监测到的信号更加准确。测量不同部件的振动，测点的安装也有相应的要求。如测量轴承的振动应该把测点布置在轴承座上，测量齿轮等部件的振动就应该选择靠近齿轮的部位。这样可以保证测量的振动信号能充分体现被测对象的振动特点。

(4) 测点应避开恶劣工作环境的部位，避免温度、湿度、压力等因素影响传感器的测量精度及测量结果。

基于上述的限制条件，考虑到风力发电机组常见故障部位，测点的安装位置如图 6-28 所示，监测对象及其安装方向见表 6-7。

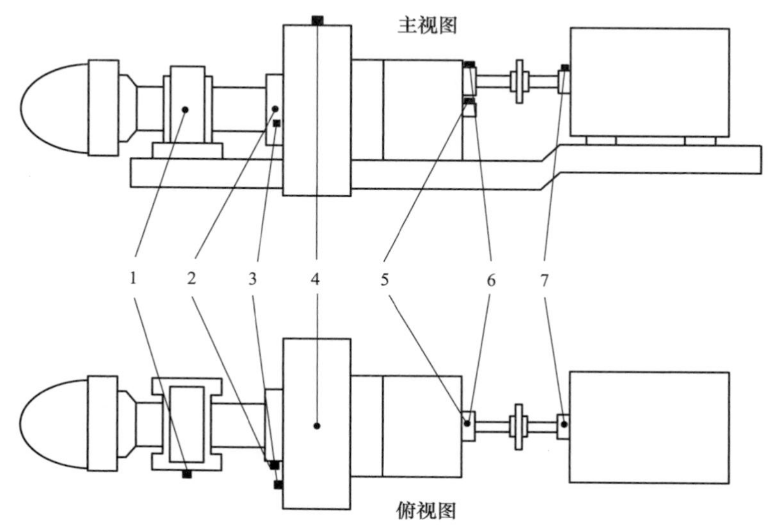

图 6-28 测点安装位置示意图

表 6-7 监测对象及其安装方向

序号	监测对象	监测方向
1	主轴轴承	水平径向
2	齿轮箱输入端轴承	水平径向
3	齿轮箱输入端轴承	水平轴向
4	齿轮箱行星轮系	垂直径向
5	齿轮箱中间轴轴承	垂直径向
6	齿轮箱输出端轴承	垂直径向
7	发电机输入端轴承	垂直径向

(四) 振动测量与评估

1. 基准测量

应以风力发电机组运行在并网状态时测量的振动数据作为基准，来衡量机组振动幅值和振动变化率。新机组和大修后的机组应在磨合期结束后再采集基准数据。

2. 振动值分析方法

按一定的采样频率采集振动信号，通过分析时域和频域信号，提取特征信号，并与被监测部件每个部位的故障特征频率对比分析，找出故障特征所在。信号分析技术包含多种信号分析方法，如小波分析、神经网络等。各种方法都有其适应的范围，简单实用是振动信号分析方法的基本原则。常用的信号分析方法有：

（1）信号特征的时域提取方法。时域统计特征只能反映机械设备运转状态是否正常，因而在设备故障诊断系统中多用于故障监测、趋势预报。主要提取平均值、均方根值、有效值、峰值、峰-峰值指标、脉冲指标、裕度指标等。

（2）信号特征的频域提取方法。频谱分析是将时域信号通过傅里叶变换为频域信号。通过对频谱图进行分析，能够反映故障的具体部位、类型，是一个较为常用的分析方法。

（3）自相关函数图像的判别法。周期信号的自相关函数仍然保留了信号的周期特征，特别是中低频信号的周期特征表现突出。而轴、轴承等零件的特征频率恰好在这个区间，能够快速地判定滚动轴承的故障。

（4）小波分析法。在信号分析中，当对信号进行采样后，就得到在一个大的有限频带中的一个信号，对这个信号进行小波分解，其实质就是把采集到的信号分成两个信号，即高频部分和低频部分，而低频部分通常包含信号的主要信息。根据分析的需要，可以继续对所得到的低频部分进行再分解，如此又得到了更低频率部分的信号和频率相对较高部分的信号。当然，也可以对高频部分进行分解，达到提取信号特征的目的。

3. 振动评估

能正确地对振动测试的结果进行评估，是振动测试中最重要的部分，它对后期采取的措施最具有指导意义。非固定安装系统评估应遵循以下原则：

（1）风力发电机组振动幅值在正常范围内评估。

1）当幅值没有明显变化时，不采取措施。

2）当振动增大，增加率为接近线性，而且预计在下次监测之前，幅值不会超过正常范围上限值时，不采取措施；当振动增大，增加率为接近线性，而且预计在下次监测之前，幅值将超过正常范围上限值时，应缩短监测周期。

3）当增加率为非线性，或者在预先设置的时间段内，历史数据变化率增加达到25%时，应缩短监测周期或采取连续监测。

（2）风力发电机组振动幅值在报警区域内评估。

1）当幅值不变化时，保持相同的监测周期。

2）当幅值呈接近线性增加，在计划维修之前或者在下一次的监测之前，预计幅值超过需采取措施的幅值时，或者当增加率为非线性时，应通过连续的或更频繁的监测来验证此增加率并重新安排维修计划。增加监测的次数应保证在重新安排维修之前采集三次数据。当振动幅值减小时，应继续执行原有监测周期。

固定安装系统评估原则与非固定安装系统类似，主要缩短数据分析周期。

四、 噪声测试

随着全球风力发电装机容量的增加，远离人群居住地带的空旷地带越来越少，风力发电机组的安装位置距离人群越来越近，导致噪声的问题日益突出。尤其是风力发电发展较快的欧洲国家，由于其国土面积的限制，现在很多新建的风力发电场只能建在居民区周围，使得噪声矛盾更加尖锐。噪声辐射也成了风力发电机组出口的一个重要指标。

（一）风力发电机组噪声产生的原因

风力发电机组辐射噪声按照其时频特性分为宽带噪声、低频噪声、脉冲噪声和音调四类。这些噪声产生的来源主要有空气动力噪声、机械噪声及结构噪声。

（二）噪声的测量方法

1. 测量条件

测量一般应在无雨、无雪、风速 10m/s 以下时进行。在特殊气象条件下测量时，应采取必要措施保证测量精度，同时注明当时所采取的措施及气象情况。测量应在被测声源正常工作时间进行，同时注明当时的工况。

2. 测量仪器

（1）声学测量仪器。声学测量仪器包括等效连续 A 计权声压级测试设备；1/3 倍频程带频谱测试仪；窄带频谱测试仪；带有底板和防风罩的麦克风；声音校准仪；数据记录/回放设备。

（2）非声学测量仪器。非声学测量仪器包括风速仪、电功率传感器和风向传感器风速仪及其信号处理设备在风速 4～12m/s 范围内最大标定偏差应为±0.2m/s，风速仪应能够在测量噪声时同步的时间间隔内测量平均风速；电功率传感器包括电流和电压传感器；风向传感器偏差应在±6°范围之内。

（3）其他仪器。其他仪器包括一部照相机和测量距离用的设备；测大气温度用的温度计，测量精度为±1°；测大气压用的气压计，测量精度为±1kPa。

3. 测量位置

（1）声音测量位置。麦克风放在 1 个基准位和 3 个可选位置进行测量，这四个位置应围绕风力发电机组塔架垂直中心分布，测量时各位置相对于风向的偏差应在±15°以内，如风力发电场无法定边界，附近也无噪声敏感建筑物时，测点位置与最外侧风力发电机组塔架垂直中心的水平距离为 R_0，偏差小于 20%，使用精度高于 2%的设备测量。

水平轴风力发电机

$$R_0 = H + \frac{D}{2} \tag{6-13}$$

垂直轴风力发电机

$$R_0 = H + D \tag{6-14}$$

式中　H——风力发电机塔架高度；

D——风力发电机风轮直径。

（2）风速、风向的测量位置。检测用风速仪和风向传感器应安装在风力发电机组的上风向，高度在 10m 到风轮中心之间，风向传感器应放在距风轮中心 $2D\sim4D$ 距离之间。

如果标准风速在 10m/s 以下，额定功率达到 95%，而且选定了机舱风速仪测量方法，风速就由机舱风速仪测量。如果没有机舱风速仪，就需在机舱上装一台风速仪。对于轮毂高度低于 30m 的风力发电机组，可安装测风仪，高度大于 10m 但小于轮毂高度，用于测量所有风速。

4. 测量方法

（1）声音测量。

1）A 计权声压级。风力发电机组噪声的等效连续 A 计权声压级应在基准位置测量，该测量与风速的测量同时进行，每组测量不应少于 30 次。每次测量不应小于 1min，每个整数风速的测量至少应进行 3 次，风速波动在±0.5m/s 以内。背景噪声测量总计不应少于 30 次，对应的风速应包含上述的风速范围。

2）1/3 倍频程带测量。基准位置风力发电机组噪声的 1/3 倍频程带频谱由至少三个频谱平均能量来确定，在各个整数风速测量时每次至少进行 1min，至少应测量中心频率 50Hz～10kHz 的 1/3 倍频程带。

风力发电机组停机时背景噪声测量应满足同样的要求。

3）窄带测量。对每个整数风速，至少需要 2min 的 A 加权风力发电机组噪声和背景噪声，这个 2min 要尽量接近整数风速。

（2）非声音测量。非声音测量主要包括风速和风向的测量。风速的测量可以由电功率输出和功率曲线确定，也可以由风速仪测量得到；风向的测量由风向传感器测量得到。

5. 测量时段

测量应在风力发电机组正常运行时间内进行，分为昼、夜间两部分。

6. 测量值

（1）稳态噪声。测量 1min 的等效声级，夜间同时测量最大声级。

（2）周期性噪声。测量一个周期的等效声级。

(3) 非周期性非稳态噪声。测量整个正常工作时间的等效声级。

7. 采样方法

用声级计采样时，仪器动态特性为“慢”响应，采样时间间隔为 5s；用环境噪声自动监测仪采样时，仪器动态特性为“快”响应，采样时间间隔不大于 1s。

8. 背景噪声测量

在进行背景噪声测量时，应与声源测量位置相同；与声源测量时间长度相同；与声源测量时段相近且测量时间间隔较短，采样间隔不大于 1s。

9. 测量记录与数据处理

(1) 记录数据。在每一测点测量时，记录内容应主要包括风力发电场名称、区域类别、气象条件、测量仪器、测点位置、测量时段、测量时间、主要声源、测量结果、测量工况、示意图（含测点、声源、敏感建筑物等）及与测量有关的信息等。

(2) 测量结果修正。只要相关参数等于或大于 0.8，即可用 4 阶回归分析法。否则在风速段（bin）内用线性回归法进行比恩分析，以确定整数风速的声压级。风速段宽 1m/s，低端敞开，高端闭合。在两侧的整数风速上至少应有一个点。

风力发电机组噪声 1/3 倍频程带声压级的值应对照背景噪声的 1/3 倍频程带声压级进行修正。

不同风速下噪声中出现的音调应在窄带分析基础上确定。下列程序用于分辨合理音调：找出频谱中局部最大值；计算以各局部最大值为中心的临界频带的平均能量，不包括局部最大值的谱线和两个毗连的谱线；如果局部最大值高于平均掩蔽噪声级 6dB 以上，它即是合理音调。

五、 风力发电机组电能质量测试

电能质量问题主要包括电压波动、闪变及谐波。电力系统的电压波动和闪变主要是由冲击负荷引起的，例如变频调速装置、炼钢电弧炉、轧钢机等。就风力发电场来说，由于风力发电受风速影响很大，如果风速超过机组的切出风速，为保护风力发电机组，就会退出运行。当风力发电场的所有风力发电机组几乎同一时间动作时，会对电网形成冲击，造成电压波动和闪变。此外，风力发电机组的变流器等电力电子设备运行时会产生谐波污染，也会对电能质量的造成影响。电能质量关系到电力系统及其电气设备的安全和效率，关系到节能降耗，关系到生产和生活以及国民经济的总体效益。实施对电能质量的科学监管是建设节约型社会的重要条件之一。

(一) 电压闪变

电压闪变是电能质量中的一项重要指标，是指由电压波动引起的照明闪烁。由于白

炽灯对电压波动的敏感度大于一般电气设备，因此选择人对白炽灯照度的主视感“闪变”作为衡量电压波动危害程度的评价指标。闪变是电压波动引起的结果，不属于电磁现象。人对闪变的最大觉察频率范围是 0.05～35Hz。

（二）电压波动

电力系统受到冲击性功率负荷影响时，这些负荷的有功和无功功率大幅变动，其波动电流流过供电线路阻抗时产生变动的压降，导致同一电网上其他用户以相同的频率波动。这种电压幅值在一定范围内（一般为额定电压的 90%～110%）随机或有规律的变化，称作电压波动。电压的波动值为电压方均根值的最大值 U_{max} 和最小值 U_{min} 之差，以 U_N 表示额定电压，则

$$\Delta U=\frac{U_{max}-U_{min}}{U_N}\times 100\% \tag{6-15}$$

《电能质量　电压波动和闪变》（GB/T 12326）规定了我国电力系统并网点允许的电压波动：10kV 及以下为 2.5%；35～110kV 为 2%；220kV 及以上为 1.6%。

测试风力发电机组电压波动时，分为连续运行和切换运行两种情况。连续运行是指风力发电机组连续运行的状态，期间不停机；切换运行是指风力发电机组停机和启动之间的切换。

1. 连续运行

反映风力发电机组连续运行状态下电压波动的指标是闪变系数，闪变系数为

$$C(\psi_k)=P_{st}\frac{S_k}{S_N} \tag{6-16}$$

式中　$C(\psi_k)$——电网阻抗相角为 ψ_k 时的闪变系数；

S_N——风力发电机组的额定视在功率；

S_k——公共连接点处的短路视在功率；

P_{st}——闪变发射值。

其中，闪变发射值 P_{st} 可通过下述方式获得：

符合 IEC 标准的闪变仪是国际上通用的测量闪变的仪器。闪变仪从电压互感器或输入变压器二次侧取得输入信号，经过一系列处理输出信号 $S(t)$。如图 6-29（a）所示，可对 $S(t)$ 作不同的处理来反映电网电压引起的闪变，对 $S(t)$ 值用积累概率函数 CPF 的方法进行分析，对观察期（通常为 10min）内的信号进行统计。为说明原理，图 6-29（a）共分为 10 级（实际仪器分级数不小于 64 级），以第 7 级为例，$T_7=\sum_{i=1t}^{5}$，用CPF_7代表 S 值处于 7 级的时间 T_7 占总观察时间的百分数，相继求出 $CPF_i(i=1\sim10)$，可以作出图 6-29（b）所示的 CPF 曲线。

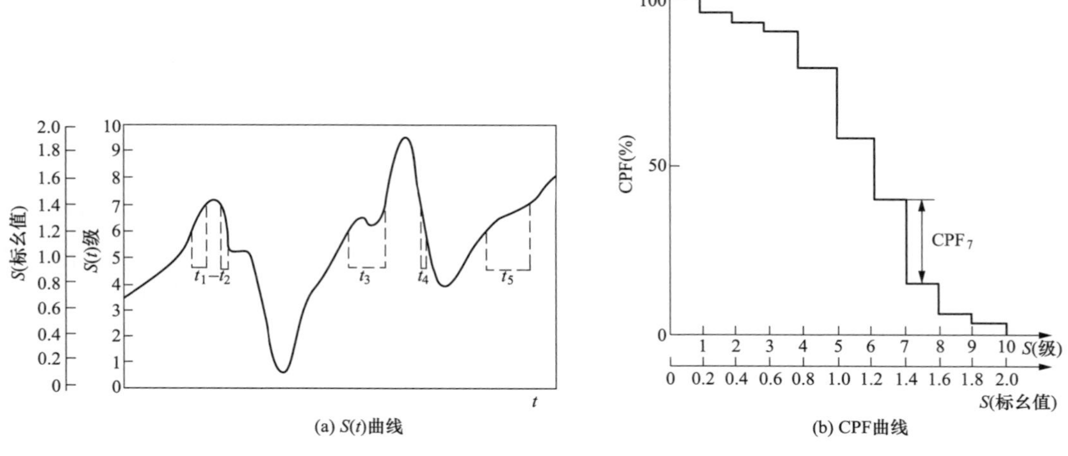

(a) $S(t)$曲线
(b) CPF曲线

图 6-29 由 $S(t)$ 曲线作出的 CPF 曲线

由 CPF 曲线获得短时间闪变值

$$P_{st}=\sqrt{0.0314P_{0.1}+0.0525P_{1}+0.0657P_{3}+0.28P_{10}+0.08P_{50}} \tag{6-17}$$

其中 $P_{0.1}$、P_1、P_3、P_{10}、P_{50} 分别为 CPF 曲线上等于 0.1%、1%、3%、10%、50%时间的 $D(t)$ 值。

因此，通过式（6-15）和式（6-16），可以计算风力发电机组连续运行状态下的闪变系数，以此来反映电压波动情况。

2. 切换运行

为反映风力发电机组切换运行状态的电压波动，需要计算闪变阶跃系数 $K_f(\varphi_k)$ 和电压变化系数 $K_u(\varphi_k)$。

闪变阶跃系数 $K_f(\varphi_k)$ 根据式（6-17）计算，则

$$K_f(\varphi_k)=\frac{1}{130}\frac{S_k}{S_N}P_{st}\,T_P^{0.31} \tag{6-18}$$

式中 T_P——闪变系数 P_{st} 的评估时间周期。

电压变化系数 $K_u(\varphi_k)$ 根据等式（6-18）计算，则

$$K_u(\varphi_k)=\sqrt{3}\,\frac{U_{fic.max}-U_{fic.min}}{U_N}\frac{S_k}{S_N} \tag{6-19}$$

式中 $U_{fic.max}$——虚拟电网中模拟相电压 $U_{fic}(t)$ 的最大值；

$U_{fic.min}$——虚拟电网中模拟相电压 $U_{fic}(t)$ 的最小值。

注：为确保测试结果不受测试场地电网条件的影响，利用风力发电机组输出端的电流和电压测量时间序列在虚拟电网中模拟电压波动的方法，此虚拟电网中除风力发电机

组外无其他电压波动源。

在中高压配电网中，电压波动主要与无功负荷的变化量和电网的短路容量有关。在电网短路容量一定的情况下，电压闪变主要是由于无功负荷的大幅度变动所致。因此，为抑制电压闪变，最常用的方法是加装静态无功补偿器（SVC）。由于某些类型的静态无功补偿器本身会产生低次谐波电流，须与无源滤波器并联使用。实际运行时，由于系统谐波的谐振，某些谐波会被严重放大。所以在进行补偿时，需要使用可以短时间响应并且能够直接补偿负荷的无功冲击电流和谐波电流的补偿器。

（三）电流谐波

谐波是指电流中所含有的频率为基波整数倍的电量，国际上对谐波的定义为："谐波是一个周期电气量的正弦波分量，其频率为基波频率的整倍数"。在电力系统中，非线性负载是谐波产生的根本原因。非线性负载包括电力电子元件、开关电源、电容器组等。流经这些负载的电流与所加的电压不呈线性关系，形成非正弦电流，产生谐波。谐波与基波电流叠加，造成原有波形畸变，对电能质量产生影响。谐波有诸多危害，如会降低变压器、断路器、电缆等的系统容量；加速设备老化甚至损坏设备；可能使设备产生误动作，危害生产安全与稳定；造成电量浪费。对于风力发电机组，现阶段使用广泛的双馈异步发电机转子侧由变频系统提供励磁电流，变频系统对谐波干扰十分敏感，如果谐波过大，易发生设备损坏，对风力发电机组自身运行产生危害。

测量电流谐波、间谐波和高频分量是电能质量测试的重要环节。将风力发电机组的有功功率输出分为0、10%、20%、…、100%P_N（P_N为风力发电机组额定功率）十一个区间，分别计算各区间电流分量（谐波、间谐波和高频分量）与风力发电机组额定电流I_N的百分比。

总谐波电流畸变率为

$$\mathrm{THC}=\frac{\sqrt{\sum_{h=2}^{50} I_h^2}}{I_N}\times 100 \tag{6-20}$$

式中　I_h——h次电流谐波的分组有效值（依据IEC 61000-4-7对谐波电流分量进行分组）；

I_N——风力发电机组的额定电流。

对于双馈式风力发电机，可以采取以下措施抑制谐波：

(1) 变流器的整流电路是变流器最主要的谐波来源，可以优化变流器本身的结构设计或者采用辅助控制策略来抑制谐波。还可以通过在双馈风力发电机组转子侧和电网侧加装脉冲宽度调制（PWM）变频器来抑制谐波。

(2) 在电源侧加装输入电抗器以提高电源阻抗，使换流阻抗增大，同时在转子侧加装输出电抗器，减少在变频器输出线路上产生的电磁辐射，降低谐波对电网电压波形和转子绕组的影响。

（3）使用滤波器滤除特定次数的谐波。除风力发电机组自身产生谐波以外，外部的谐波来源也会对机组造成影响。若风电场临近电气化铁道，则电气化铁道产生的大量谐波可能会导致双馈感应电机（DFIG）滤波回路的电阻烧毁，对此需要对原有的滤波回路进行改进。